高等学校水土保持与荒漠化防治专业教材

水土保持工程材料与施工

刘 静 胡雨村 主编

中国林业出版社

内容提要

本教材包括两大部分内容：水土保持工程材料与水土保持工程施工。水土保持工程材料属于土木工程材料范畴，本教材在讲解材料基本性质的基础上，分8章介绍水土保持工程常用工程材料，包括：无机胶凝材料、砂石材料、混凝土与砂浆、砌筑材料、防水材料、金属材料和土工合成材料。此外，在附录中介绍了土木工程材料试验的取样原则、试验误差的种类和误差范围控制以及试验数字修约的原则，编入了4类基本的材料试验，包括：水泥试验、混凝土用砂石骨料试验、混凝土性能检验和砂浆试验。对常用的工程质量检测技术进行了介绍。

水土保持工程施工部分首先介绍土木工程基本的工种施工方法，包括土工、砖石工、钢筋工、模板工、混凝土工。在此基础上分4章介绍4类水土保持工程的施工方法，包括：集水保土工程施工、山坡固定工程施工、治沟工程和淤地坝施工、河道治理工程施工，并对施工组织和施工管理进行扼要的介绍。

本教材适用于水土保持与荒漠化防治专业的本科教学，也可作为水土保持工程技术人员的参考书。

图书在版编目（CIP）数据

水土保持工程材料与施工/刘静，胡雨村主编．—北京：中国林业出版社，2014.2（2021.6重印）
高等学校水土保持与荒漠化防治专业教材
ISBN 978-7-5038-7357-7

Ⅰ．①水… Ⅱ．①刘…②胡… Ⅲ．①水土保持—工程材料—高等学校—教材 ②水土保持—工程施工—高等学校—教材 Ⅳ．①S157

中国版本图书馆CIP数据核字（2014）第011346号

中国林业出版社·教材出版中心

策划编辑：肖基浒	责任编辑：张东晓　肖基浒
电　　话：(010) 83143555	传　　真：(010) 83141516

出版发行　中国林业出版社（100009　北京市西城区德内大街刘海胡同7号）
　　　　　E-mail: jiaocaipublic@163.com　电话：(010) 83143500
　　　　　Http://www.forestry.gov.cn/lycb.html
经　　销　新华书店
印　　刷　三河市祥达印刷包装有限公司
版　　次　2014年2月第1版
印　　次　2021年6月第2次
开　　本　850mm×1168mm　1/16
印　　张　18.75
字　　数　447千字
定　　价　48.00元

未经许可，不得以任何方式复制或抄袭本书之部分或全部内容。

版权所有　侵权必究

高等学校水土保持与荒漠化防治专业教材
编写指导委员会

顾　问：关君蔚（中国工程院院士）
　　　　刘　震（水利部水土保持司司长，教授级高工）
　　　　刘　拓（国家林业局防沙治沙办公室主任，教授级高工）
　　　　朱金兆（教育部高等学校环境生态类教学指导委员会主任，教授）
　　　　吴　斌（中国水土保持学会秘书长，教授）
　　　　宋　毅（教育部高等教育司综合处处长）
　　　　王礼先（北京林业大学水土保持学院，教授）
主　任：余新晓（北京林业大学水土保持学院院长，教授）
副主任：刘宝元（北京师范大学地理与遥感科学学院，教授）
　　　　邵明安（西北农林科技大学资源与环境学院原院长，中国科学院水土保持研究所所长，研究员）
　　　　雷廷武（中国农业大学水利与土木工程学院，教授）
委　员：（以姓氏笔画为序）
　　　　王　立（甘肃农业大学林学院水土保持系主任，教授）
　　　　王克勤（西南林学院环境科学与工程系主任，教授）
　　　　王曰鑫（山西农业大学林学院水土保持系主任，教授）
　　　　王治国（水利部水利水电规划设计总院，教授）
　　　　史东梅（西南大学资源环境学院水土保持系主任，副教授）
　　　　卢　琦（中国林业科学研究院，研究员）
　　　　朱清科（北京林业大学水土保持学院副院长，教授）
　　　　孙保平（北京林业大学水土保持学院，教授）
　　　　吴发启（西北农林科技大学资源与环境学院党委书记，教授）

　　　　吴祥云(辽宁工程技术大学资源与环境学院水土保持系主任,教授)
　　　　吴丁丁(南昌工程学院环境工程系主任,教授)
　　　　汪　季(内蒙古农业大学生态环境学院副院长,教授)
　　　　张光灿(山东农业大学林学院副院长,教授)
　　　　张洪江(北京林业大学水土保持学院副院长,教授)
　　　　杨维西(国家林业局防沙治沙办公室总工,教授)
　　　　范昊明(沈阳农业大学水利学院,副教授)
　　　　庞有祝(北京林业大学水土保持学院,副教授)
　　　　赵雨森(东北林业大学副校长,教授)
　　　　胡海波(南京林业大学资源环境学院,教授)
　　　　姜德文(水利部水土保持监测中心副主任,教授级高工)
　　　　贺康宁(北京林业大学水土保持学院,教授)
　　　　蔡崇法(华中农业大学资源环境学院院长,教授)
　　　　蔡强国(中国科学院地理科学与资源研究所,研究员)
秘　书：牛健植(北京林业大学水土保持学院,副教授)
　　　　张　戎(北京林业大学教务处,科长)
　　　　李春平(北京林业大学水土保持学院,博士)

《水土保持工程材料与施工》编写人员

主　　编：刘　静　胡雨村
副 主 编：许　丽　孙　旭
编写人员：（以姓氏笔画为序）
　　　　　于庆峰（内蒙古农业大学）
　　　　　王曰鑫（山西农业大学）
　　　　　许　丽（内蒙古农业大学）
　　　　　孙　旭（内蒙古农业大学）
　　　　　刘　静（内蒙古农业大学）
　　　　　胡雨村（北京林业大学）
　　　　　杨久和（内蒙古农业大学）
　　　　　段海侠（辽宁工程技术大学）
　　　　　谌　芸（西南大学）

序

随着社会经济的不断发展，人口、资源、环境三者之间的矛盾日益突出和尖锐，特别是环境问题成为矛盾的焦点，水土流失和荒漠化对人类生存和发展威胁日益加剧。据统计，世界上土壤流失每年 $250 \times 10^8 t$，亚洲、非洲、南美洲每公顷土地每年损失表土 $30 \sim 40 t$，情况较好的美国和欧洲，每公顷土地每年损失表土 $17 t$，按后者计算，每年损失的表土比形成的表土多 16 倍。而我国是世界上水土流失与荒漠化危害最严重的国家之一。全国水土流失面积 $367 \times 10^4 km^2$，占国土总面积的 38.2%，其中水蚀面积 $179 \times 10^4 km^2$、风蚀面积 $188 \times 10^4 km^2$，年土壤侵蚀量高达 $50 \times 10^8 t$ 以上。新中国成立以来，特别是改革开放后，中国政府十分重视水土流失的治理工作，投入巨大的人力、物力和财力进行了大规模的防治工作，尽管如此，但生态环境仍然十分脆弱，严重的水土流失已成为中国的头号生态环境问题和社会经济可持续发展的重要障碍。水土保持和荒漠化防治已成为我国一项十分重要的战略任务，它不仅是经济建设的重要基础、社会经济可持续发展的重要保障，也是保护和拓展中华民族生存与发展空间的长远大计，是调整产业结构、合理开发资源、发展高效生态农业的重要举措，是实施扶贫攻坚计划、实现全国农村富裕奔小康目标的重要措施。

近年来，国家对水土流失治理与荒漠化防治等生态环境问题给予高度重视，水土保持作为一项公益性很强的事业，在"十一五"期间，被列为中国生态环境建设的核心内容，这赋予了水土保持事业新的历史使命。作为为水土保持事业培养人才的学科与专业，如何更好地为生态建设事业的发展培养所需各类人才，是每一个水土保持教育工作者思考的问题。水土保持与荒漠化防治专业是1958年在北京林业大学（原北京林学院）创立的，至今在人才培养上已经历了50年，全国已有20多所高等学校设立了水土保持与荒漠化防治专业，已形成完备的教学体系，但现在必须接受经济全球化的挑战，以适应知识经济时代前进的步伐，找到适合自身发展的途径，培养特色鲜明、竞争力强的高素质本科专业人才。其中之一就是要搞好教材建设。教材是体现教学内容和教学方法的知识载体，是进行教学的基本工具，也是深化教育教学改革，全面推进素质教育，培养创新人才的重要保证。组织全国部分高校编写水土保持与荒漠化防治专业"十一五"规划教材就是推动教学改革与教材建设的重要举措。

由于水土保持与荒漠化防治专业具有综合性强、专业基础知识涉及面广的特点，既需要较深厚的生态学和地理科学的知识基础，又要有工程科学、生态经济学和系统工程学的基本知识和技能。因此，在人才培养计划制定中一直贯彻厚基础、宽口径、门类多、学时少的原则,重点培养学生的专业基本素质和基本技能,这有利于学生根据社会需求和个人意向选择职业,并为学生毕业后在实际工作中继续深造奠定坚实的基础。

本套教材的编写,我们一直遵循理论联系实际的原则,力求适应国内人才培养的需要和全球化发展的新态势,在吸纳国内外最新研究成果的基础上,树立精品意识。精品课程建设是高等学校教学质量与教学改革工程的重要组成部分。本套教材的编写力求为精品课程建设服务,能够催生出一批精品课程。同时,力求将以下理念融入到教材的编写中:一是教育创新理念。即以培养创新意识、创新精神、创新思维、创造力或创新人格等创新素质以及创新人才为目的的教育活动融入其中。二是现代教材观理念。传统的教材观以师、生对教材的"服从"为特征,由此而生成的对教学矛盾的解决方式表现为"灌输式"的教学关系。现代教材观是以教材"服务"师生,即将教材定义为"文本"和"材料",提供了编者、教师、学生与真理之间的跨越时空的对话,为师生创新提供了舞台。本套教材充分体现了基础性、系统性、实践性、创新性的特色,充分反映了要强化学生的实践能力、创造能力和就业能力的培养目标,以适应水土保持事业的快速发展对人才的新要求。

本套教材不仅是全国高等院校水土保持与荒漠化防治专业教育教学的专业教材,而且也可以作为林业、水利、环境保护等部门及生态学、地理学和水文学等相关专业人员培训及参考用书。为了保证教材的质量,在编写过程中经过专家反复论证,教材编写指导委员会遴选本领域高水平教师承担本套教材的编写任务。

最后,借此机会感谢中国林业出版社和北京林业大学对本套教材编写出版所付出的辛勤劳动,以及各位参与编写的专家和学者对本套教材所付出的心血!

教育部高等学校环境生态类教学指导委员会主任 **朱金兆** 教授
高等学校水土保持与荒漠化防治专业教材编写指导委员会主任 **余新晓** 教授

2008 年 2 月 18 日

前 言

水土保持工程材料与施工是水土保持与荒漠化防治专业的一门专业课,为学生在进行水土保持工程设计时正确选用工程材料,以及从事水土保持工程的施工奠定基础。

从20世纪50年代水土保持专业成立至2000年前后,多数院校都没有设置水土保持工程材料和水土保持工程施工课程,仅在水土保持工程学中对各类水土保持工程的施工方法做简要的介绍。20世纪90年代以来,随着国家对水土保持的重视,投资力度不断加大,以骨干坝为代表的水土保持重点工程数量逐渐增多,水土保持工程的设计和施工逐步规范。特别是SL 204—1998《开发建设项目水土保持方案技术规范》颁布以后,又陆续颁布了规范水土保持工程建设和管理的SL 289—2003《水土保持治沟骨干工程技术规范》、SL 312—2005《水土保持工程运行技术管理规程》、SL 336—2006《水土保持工程质量评定规程》等一系列行业标准,使水土保持工程建设进一步规范化。这就要求水土保持技术人员掌握水土保持工程材料的主要性质、基本用途,掌握各类水土保持工程的施工方法和质量评定要求。基于水土保持工作的新特点,2000年以后,各个设置水土保持专业的院校陆续开设了水土保持工程材料与施工课程。然而,相应的教材建设滞后于专业的发展,迄今为止,鲜有水土保持工程材料与施工教材问世。各院校只能选用土木工程类的《建筑材料》或《土木工程材料》作为水土保持工程材料的教材;对于水土保持工程施工部分,往往选用水利工程施工教材,参照水利工程施工的内容讲解。但是,水土保持工程的重点是以山坡固定工程和沟道固定工程为主的土壤侵蚀治理工程以及集水保土工程,主要包括坡面排水工程,各类护坡工程,各类谷坊、淤地坝以及各类水窖、涝池等,而水利工程施工很少涉及上述内容。因此,各院校迫切需要体现水土保持工程特色、适用于水土保持与荒漠化防治专业的专用教材。

本教材按30~40学时编写,主要内容有两大部分。

第一部分为水土保持工程材料。它属于土木工程材料的范畴。水土保持工程重点使用的是结构材料,即构成建筑物受力构件和结构所用的材料,主要有砂、石、水泥、石灰、混凝土和钢筋混凝土等。此外,水土保持工程常常处于水环境中或受水的影响,还要用到防水材料;在施工缝、沉降缝的处理上也要用到密封材料。本教材对上述工程材料分章节进行了专门论述。近年来,在护坡等水土保持工程中,土工合成材料的使用逐渐推广,本书单设一章介绍土工合成材料的基本性质和常用土工合成材料的特点。水土保持工程材料的很多技术指标都是由建材试验测定的,本教材的附录中编入了4类试验,目的是使学生了解各类技术指标的测定方法,加强学生对各类材料的性质和影响因素的理解。试验部分各院校可根据具体情况安排。

第二部分为水土保持工程施工。水土保持工程施工必然涉及土工、砖石工、钢筋工、模板工和混凝土工等基本工种的施工,本教材从应用的角度做了较详细的介绍。水土保持工程施工和水利工程施工相似,要避免水流对施工的干扰,具有短期内高强度施工的特点。但是,水土保持的山坡固定工程、沟道固定工程、集水保土工程和河道治理工程,与水利水电工程相比多属于小型工程,工程建设费用不高,施工必须因地制宜,不能完全照搬水利工程的施工方法,本教材分章较系统地介绍了上述各类水土保持工程的施工方法。

本教材由5所院校的教师共同编写,具体分工如下:北京林业大学的胡雨村编写第6章、第7章和第14章;西南大学的谌芸编写第2章;辽宁工程技术大学的段海侠编写第3章;山西农业大学的王曰鑫编写第5章以及第4章的第6节;内蒙古农业大学的杨久和编写第9章;许丽编写第10章,第11章的第1、2节以及第12章;孙旭编写第8章、第11章的第3节以及第13章的第3节,并协助完成了第11章和第12章基本资料的收集;内蒙古农业大学职业技术学院的于庆峰编写第4章的第1至5节;内蒙古农业大学的刘静编写第1章、第13章的第1节和第2节,以及附录部分。在本教材前7章的编写过程中,编者参阅了大量的国家和相关行业的技术标准,在参考文献中未能一一列出,在此向标准的制订者和出版方致谢!本教材将应用于水土保持工程的建筑材料与水土保持工程施工结合起来是一个新的尝试,特别是水土保持工程施工部分,没有相关教材作为参考。编者必须将各类水土保持工程的技术要点、工程规范和各地的施工经验进行分析、提炼、总结,成为具有科学性、系统性和实用性的教材,这无疑具有很大的难度。由于时间仓促、编者水平有限,教材中不妥之处在所难免,敬请使用者指正。

编 者

2013年4月

目 录

序
前 言

第 0 章 绪 论 ·· 1
  0.1 水土保持工程材料的特点 ··· 1
  0.2 水土保持工程施工的特点 ··· 2
  0.3 本课程的特点和基本要求 ··· 2

第 1 章 水土保持工程材料的基本性质 ·· 4
  1.1 材料的基本物理性质 ·· 4
    1.1.1 密度 ··· 4
    1.1.2 表观密度 ·· 4
    1.1.3 堆积密度 ·· 5
    1.1.4 孔隙率 ··· 5
    1.1.5 密实度 ··· 5
    1.1.6 空隙率 ··· 6
  1.2 材料的力学性质 ··· 6
    1.2.1 材料的强度 ··· 6
    1.2.2 材料的持久强度和疲劳极限 ······································· 7
    1.2.3 材料的弹性和塑性 ·· 7
    1.2.4 材料的脆性和韧性 ·· 8
    1.2.5 材料的硬度与耐磨性 ·· 8
  1.3 材料与水有关的性质 ··· 9
    1.3.1 材料的吸水性和吸湿性 ··· 9
    1.3.2 材料的耐水性 ·· 9
    1.3.3 材料的抗渗性 ··· 10
    1.3.4 材料的抗冻性 ··· 10
  1.4 材料的耐久性 ··· 11

第2章 无机胶凝材料 ... 13

2.1 气硬性胶凝材料 ... 13
2.1.1 石灰 ... 13
2.1.2 石膏 ... 17

2.2 硅酸盐水泥 ... 19
2.2.1 硅酸盐水泥的分类及生产过程 ... 19
2.2.2 硅酸盐水泥的矿物组成及水化特征 ... 20
2.2.3 硅酸盐水泥的凝结硬化 ... 22
2.2.4 硅酸盐水泥的技术性质 ... 24
2.2.5 硅酸盐水泥的腐蚀及其防止措施 ... 26
2.2.6 硅酸盐水泥的特性与应用 ... 29

2.3 掺混合材料的硅酸盐水泥 ... 29
2.3.1 混合材料 ... 29
2.3.2 普通硅酸盐水泥 ... 31
2.3.3 矿渣硅酸盐水泥、火山灰质硅酸盐水泥及粉煤灰硅酸盐水泥 ... 31
2.3.4 复合硅酸盐水泥 ... 34

2.4 其他品种水泥 ... 36
2.4.1 铝酸盐水泥 ... 36
2.4.2 快硬硫铝酸盐水泥 ... 38
2.4.3 快硬硅酸盐水泥 ... 39
2.4.4 中热硅酸盐水泥、低热硅酸盐水泥和低热矿渣硅酸盐水泥 ... 40
2.4.5 膨胀水泥 ... 41

2.5 水泥的选用原则和贮存 ... 42
2.5.1 水泥的选用原则 ... 42
2.5.2 水泥的贮存和保管 ... 43
2.5.3 受潮水泥的处理 ... 44

第3章 砂石材料 ... 46

3.1 砂石材料的技术性质 ... 46
3.1.1 集料的物理力学性质 ... 46
3.1.2 集料的化学性质 ... 50

3.2 砂石材料的级配和组成设计 ... 51
3.2.1 级配曲线 ... 51
3.2.2 集料的组成设计 ... 53

第4章 混凝土与砂浆 ... 59
4.1 混凝土分类 ... 59
4.2 普通混凝土的技术性质 ... 60
4.2.1 新拌早期混凝土的性能 ... 60
4.2.2 混凝土的强度 ... 63
4.2.3 混凝土的耐久性 ... 67
4.3 普通混凝土的组成材料 ... 70
4.3.1 骨料的技术要求 ... 70
4.3.2 水 ... 74
4.3.3 外加剂 ... 74
4.4 普通混凝土的配合比设计 ... 76
4.4.1 混凝土配合比设计的目的 ... 76
4.4.2 混凝土配合比设计的步骤 ... 77
4.5 其他品种混凝土 ... 85
4.5.1 抗渗混凝土（防水混凝土）... 85
4.5.2 抗冻混凝土 ... 86
4.5.3 高强混凝土 ... 87
4.5.4 大体积混凝土 ... 87
4.6 砂浆 ... 88
4.6.1 砂浆的组成材料和技术性质 ... 88
4.6.2 砌筑砂浆 ... 91
4.6.3 其他砂浆 ... 92

第5章 砌筑材料 ... 95
5.1 砌筑用石材 ... 95
5.1.1 天然岩石的主要性质 ... 95
5.1.2 砌筑用石材 ... 96
5.2 砌墙砖 ... 97
5.2.1 烧结砖的主要品种 ... 98
5.2.2 烧结普通砖的技术要求 ... 98

第6章 防水材料 ... 103
6.1 沥青 ... 103
6.1.1 石油沥青的基本性质 ... 103
6.1.2 石油沥青的标准与选用 ... 105

6.2 沥青混合料 ... 107
6.2.1 沥青混合料的分类 ... 107
6.2.2 沥青混合料的技术性质 ... 107
6.3 防水涂料 ... 109
6.3.1 防水涂料的特点和用途 ... 109
6.3.2 常用防水涂料 ... 110
6.4 防水卷材 ... 111
6.5 密封材料 ... 111

第7章 金属材料 ... 113
7.1 钢材的分类和力学性能 ... 113
7.1.1 钢材的分类 ... 113
7.1.2 钢材的力学性能 ... 114
7.2 建筑钢材的品种选用 ... 116
7.2.1 建筑钢材的主要品种 ... 116
7.2.2 常用钢筋 ... 116

第8章 土工合成材料 ... 120
8.1 土工合成材料的工程特性 ... 120
8.1.1 土工合成材料的物理性质 ... 120
8.1.2 土工合成材料的力学性质 ... 121
8.1.3 土工合成材料的水力学性质 ... 122
8.1.4 土工合成材料与土的相互作用性质 ... 123
8.1.5 土工合成材料的耐久性 ... 123
8.2 土工织物 ... 124
8.2.1 土工织物的特点 ... 124
8.2.2 土工织物的应用 ... 124
8.3 土工膜 ... 124
8.3.1 土工膜的特点 ... 124
8.3.2 土工膜的应用 ... 125
8.4 其他土工织物 ... 125

第9章 工种施工 ... 127
9.1 土工 ... 127
9.1.1 土方的开挖和运输 ... 127

9.1.2 土方压实 ··· 132
9.1.3 土方工程的冬季和雨季施工 ·· 137
9.2 砖石工 ·· 139
9.2.1 砌砖 ··· 139
9.2.2 砌石 ··· 143
9.3 钢筋工 ·· 144
9.3.1 钢筋配料 ··· 144
9.3.2 钢筋加工 ··· 147
9.3.3 钢筋现场作业 ·· 150
9.4 模板工 ·· 151
9.4.1 模板荷载及侧压力计算 ·· 151
9.4.2 常用模板 ··· 154
9.5 混凝土工 ··· 157
9.5.1 骨料的制备 ·· 157
9.5.2 混凝土的拌制 ·· 159
9.5.3 混凝土的运输 ·· 161
9.5.4 混凝土的浇筑与养护 ··· 163
9.5.5 混凝土的冬季与夏季施工 ····································· 166

第10章 集水保土工程施工 ··· 170
10.1 水窖和涝池施工 ·· 170
10.1.1 黏土水窖施工 ··· 170
10.1.2 浆砌石窖窖施工 ·· 172
10.1.3 混凝土水窖施工 ·· 174
10.1.4 涝池施工 ··· 176
10.2 梯田施工 ·· 177
10.2.1 土坎梯田施工 ··· 177
10.2.2 生物埂梯田修筑 ·· 180
10.2.3 机修梯田修筑 ··· 181
10.3 水土保持整地工程施工 ··· 183
10.3.1 水平阶整地 ·· 183
10.3.2 水平沟整地 ·· 184
10.3.3 鱼鳞坑整地 ·· 184
10.4 小型渠道施工 ·· 185
10.4.1 渠道开挖 ··· 185

  10.4.2 渠堤填筑 ······ 186
  10.4.3 渠道衬砌 ······ 187

第 11 章 山坡固定工程施工 ······ 191
 11.1 坡面排水工程施工 ······ 191
  11.1.1 截水沟与排水沟施工 ······ 192
  11.1.2 蓄水池与沉沙池施工 ······ 192
 11.2 沟头防护工程施工 ······ 192
  11.2.1 蓄水型沟头防护工程施工 ······ 192
  11.2.2 排水型沟头防护工程施工 ······ 193
 11.3 护坡工程施工 ······ 193
  11.3.1 挡土墙施工 ······ 194
  11.3.2 锚固护坡工程施工 ······ 197
  11.3.3 抹（捶）面护坡 ······ 198
  11.3.4 勾、灌缝护坡 ······ 198
  11.3.5 土工合成材料护坡 ······ 198
  11.3.6 植被防护工程施工 ······ 199

第 12 章 治沟工程和淤地坝施工 ······ 202
 12.1 土谷坊施工 ······ 202
  12.1.1 谷坊的类型 ······ 202
  12.1.2 土谷坊的施工 ······ 202
 12.2 碾压式土坝施工 ······ 203
  12.2.1 土坝坝体施工 ······ 203
  12.2.2 溢洪道施工 ······ 208
  12.2.3 泄水洞施工 ······ 209
 12.3 其他治沟工程施工 ······ 209
  12.3.1 格栅坝施工 ······ 209
  12.3.2 木料谷坊施工 ······ 210
  12.3.3 铁丝笼谷坊施工 ······ 210
  12.3.4 生物谷坊施工 ······ 210
  12.3.5 沙棘植物"柔性坝"施工 ······ 211

第 13 章 河道治理工程施工 ······ 213
 13.1 施工导流和截流 ······ 213

13.1.1　施工导流的基本方法 …………………………………………… 213
　　　13.1.2　围堰工程 …………………………………………………………… 216
　　　13.1.3　截流 ………………………………………………………………… 221
　　13.2　基坑施工 …………………………………………………………………… 223
　　　13.2.1　基坑排水 …………………………………………………………… 223
　　　13.2.2　基坑开挖 …………………………………………………………… 226
　　　13.2.3　地基处理 …………………………………………………………… 229
　　13.3　丁坝和顺坝施工 …………………………………………………………… 231
　　　13.3.1　丁坝施工 …………………………………………………………… 231
　　　13.3.2　顺坝施工 …………………………………………………………… 234

第14章　施工组织与施工管理 ……………………………………………… 237
　　14.1　施工组织设计 ……………………………………………………………… 237
　　　14.1.1　施工组织设计的作用和内容 ……………………………………… 237
　　　14.1.2　施工组织设计的编制 ……………………………………………… 238
　　14.2　施工进度计划 ……………………………………………………………… 240
　　　14.2.1　施工进度计划的类型 ……………………………………………… 240
　　　14.2.2　施工进度计划的编制 ……………………………………………… 241
　　14.3　施工总体布置 ……………………………………………………………… 244
　　　14.3.1　施工总体布置的原则、任务 ……………………………………… 244
　　　14.3.2　施工总体布置图 …………………………………………………… 244
　　14.4　工程概预算的基本知识 …………………………………………………… 245
　　　14.4.1　工程概预算的组成费用 …………………………………………… 245
　　　14.4.2　各项基础资料的确定 ……………………………………………… 247
　　14.5　施工预算 …………………………………………………………………… 247
　　　14.5.1　施工预算的作用和编制依据 ……………………………………… 247
　　　14.5.2　施工预算的内容和编制方法 ……………………………………… 247
　　14.6　施工管理 …………………………………………………………………… 248
　　　14.6.1　施工计划管理 ……………………………………………………… 248
　　　14.6.2　施工技术管理 ……………………………………………………… 249
　　　14.6.3　施工财务管理 ……………………………………………………… 249
　　　14.6.4　安全管理 …………………………………………………………… 249

参考文献 ……………………………………………………………………………… 251
附录　建筑材料试验 ………………………………………………………………… 253

第 0 章 绪 论

水土保持工程材料与施工是水土保持与荒漠化防治专业的一门专业课，为水土保持工程设计时合理地选用工程材料、保证工程质量、节省造价以及从事水土保持工程的施工奠定基础。

0.1 水土保持工程材料的特点

水土保持工程材料是水土保持工程结构所用材料的总称，是水土保持工程构件最基本的物质基础。水土保持工程材料的品种、规格、性状与质量直接影响水土保持工程的结构形式、施工方法和施工进程。在施工中合理选用工程材料，对提高水土保持工程的质量、降低造价和保证工程进度起到重要作用。

水土保持工程材料属于土木工程材料的范畴，按化学成分可分为无机材料、有机材料和复合材料三大类。无机材料包括金属材料（水土保持工程使用最多的是钢筋混凝土用钢筋）、非金属材料（主要有砂、石、水泥等）和有机材料（主要有沥青材料、合成高分子材料和土工合成材料等）；复合材料又分无机复合材料（例如水泥混合砂浆）和有机复合材料（例如沥青砂浆等）。土木工程材料按照使用功能，分为结构材料、墙体材料和功能材料三类。水土保持工程重点使用的是结构材料，即构成建筑物受力构件和结构所用的材料，主要有砂、石、砖、水泥、石灰、混凝土和钢筋混凝土等。此外，水土保持工程常常处于水环境中或受水的影响，还要用到以防水材料为主的功能材料，主要有沥青及沥青防水材料，沥青混凝土和沥青砂浆，以及防水涂料和防水卷材；在施工缝、沉降缝的处理上也要用到密封材料。

土木工程材料的选择、使用和生产必须遵循有关的技术标准。我国的技术标准分为国家标准、部级标准和企业标准。国家标准的代号是 GB 及 GB/T，GB 表示强制性标准，是全国必须执行的技术文件，GB/T 表示推荐性标准，执行时也可以采用相关的标准。除国家技术标准外，各行业还有各自的技术标准，例如：水利行业（包括水土保持）的标准代号是 SL，建工行业的标准代号是 JG，交通行业的标准代号是 JT，林业行业的标准代号是 LY，建材行业的标准代号是 JC 等。技术标准的表示方法由标准名称、代号、标准号、年代号组成。例如：GB 175—1999《硅酸盐水泥及普通硅酸盐水泥》、JC 714—1996《快硬硫铝酸盐水泥》、SL 211—1998《水工建筑物抗冻设计规范》等。目前，水土保持工程材料执行国家标准，也采用水利行业和建材行业的相关标准。

土木工程材料的物理性质、力学性质和其他工程性质都是根据上述标准，按照标准的试验方法确定的。学习各类材料的基本性质就必须了解其试验方法，了解试验的取样要求和数据处理方法。

0.2 水土保持工程施工的特点

水土保持工程施工是将水土保持工程的设计方案转变为工程实体的过程，要求建设者理论结合实际，因时因地分析具体工程的运用特点、施工地区的环境特点和施工队伍的技术条件，既要实现设计意图，又要根据具体的工程特点，在材料的选择、施工组织等方面科学安排，优质、快速地进行水土保持工程的建设。

以山坡固定工程和沟道固定工程为主的土壤侵蚀治理工程以及集水保土工程是水土保持工程的特色和重点。例如，坡面排水工程施工、各类护坡的施工、各类谷坊的施工，以及各类水窖、涝池的施工，是普通的土木工程施工和水利工程施工不涉及的，但上述内容却是本教材的重点和特色。

水土保持工程施工与其他土木工程施工相比，施工特点重点反映在如何避免水流对施工的干扰，以及如何在各种复杂不利的环境下施工。水土保持工程施工主要在沟道中或小河中进行，受水文、气象、地形、地质等因素影响很大。在河流上施工，不可避免地要进行水流控制，以保证工程施工的顺利进行。为了不延误工期，特别是为了在汛期之前使主体工程初步发挥作用，常常要在冬季、夏季或冰冻、降雪、雨天进行施工，这也是水土保持工程施工的另一特点。因此，除了掌握一般的土木工程的工种施工方法，还要掌握在上述不利条件下施工的方法。

水土保持治沟工程的重点工程——骨干坝，关系着骨干坝下游一系列淤地坝的安全，也关系着群众耕地、财产的安全。工程施工的质量，不但影响到骨干工程的使用、管理和经济效益，也和当地的经济发展息息相关。此外，施工中为了避免水流的干扰，要求在某一时间段内完成较大的工程量，因此，水土保持工程施工又具有短期内高强度施工的特点。

水土保持工程一般位于交通不方便的山区、丘陵区，在具体的施工地点往往缺少空旷的施工场地，这就要求在施工过程中对施工道路、材料运贮、临时生活用房等进行全面规划，统筹兼顾。

水土保持工程多属于小型工程，工程建设费用不高，施工队伍多数来自当地（地、县所属部门），缺乏专业的大型施工机械。因此，水土保持工程的施工必须因地制宜，不能完全照搬水利工程的施工方法。

水土保持工程建设和管理必须遵从国家规范，例如 GB 50433—2008《开发建设项目水土保持方案技术规范》；也要执行行业规范，例如 SL 289—2003《水土保持治沟骨干工程技术规范》、SL 312—2005《水土保持工程运行技术管理规程》、SL 336—2006《水土保持工程质量评定规程》等。

0.3 本课程的特点和基本要求

本课程包括水土保持工程材料和水土保持工程施工两大部分，内容多，涉及面广，实践性强，学生在掌握时有一定的难度。学习本课程的学生，今后多数是工程材料的使用者和水土保持工程的建设者，少数从事相关的科学研究。因此，对于水土保持工程材料部分，学习的重点应是掌握各种材料的性质及合理选用材料，同时要了解为什么特定的材料具有这样的性质，以及各种性质之间的相互关系。对于同一类属不同品种的材料，不但要学习它们的共性，更重要的是了解它们各自的特性和正确选用材料。一切材料的性质都不是固定不变的，在运输、贮存及使用过程中，它们的性质都在或多或少、或快或慢、或隐或显地不断发生改变。为了避免材料在使用前的变质问题和保证工程的耐久性，必须了解引起变化的外界条件和材料的内在原因，从而掌握变化的规律，懂得采取什么样的应对措施。在水土保持工程施工部分，要求学生掌握主要工种的施工方法，掌握集水保土工程、治沟工程、护坡工程和河道治理工程的施工步骤，以及各类建筑物的施工要点和施工方法，初步了解施工组织设计的内容和方法。

需要强调的是，通过30~40学时的课堂教学，达到掌握水土保持工程材料的基本理论，熟悉各类材料的基本性能，在设计施工中合理选用材料，同时，要知道掌握水土保持工程施工的组织、施工设计，掌握各类水土保持工程和各个工种的施工方法是不容易的。学生需要在工程实践过程中，对所学知识进一步加深理解，达到融会贯通。

第1章
水土保持工程材料的基本性质

水土保持工程材料是构建水土保持工程建筑的物质基础,直接关系到水土保持工程的安全性、使用寿命功能以及经济成本。水土保持工程材料在水土保持工程中,要承受各种外力及环境中物理化学等因素的作用。例如,承重材料要承受外力的作用,防水材料经常受环境水的侵蚀等,这些都是促使材料破坏的因素。在选择和使用水土保持工程材料时,必须根据材料在水土保持工程中所处的环境和部位,在性能上满足使用要求。因此,掌握各种水土保持工程材料的技术性质是非常重要的。水土保持工程材料也属于建筑材料(也称为土木工程材料),水土保持工程主要注重安全性、耐久性等。本章根据水土保持工程的特点,介绍建筑材料的基本物理、力学性质,材料与水有关的性质,以及材料的耐久性;对建筑材料与热有关的性质不作介绍。

1.1 材料的基本物理性质

1.1.1 密度

材料在绝对密实状态下单位体积的质量,称为密度。密度用式(1-1)表示:

$$\rho = \frac{m}{V} \tag{1-1}$$

式中 ρ——密度,g/cm^3;
     m——材料干燥时的质量,g;
     V——材料的绝对密实体积,cm^3。

通过材料的密度可以了解材料的品质,进行孔隙率的计算,在工程施工中计算混凝土的配合比。

1.1.2 表观密度

材料在自然状态下单位体积的质量,称为表观密度。表观密度用式(1-2)表示:

$$\rho_0 = \frac{m}{V_0} \tag{1-2}$$

式中 ρ_0——表观密度,g/cm^3 或 kg/m^3;
     m——材料的质量,g 或 kg;
     V_0——材料在自然状态下的体积,cm^3,包括材料所含的孔隙体积。

表观密度值通常取气干状态下的数据,否则应当注明其含水状态。

工程施工中用表观密度计算构件的自重,确定材料的堆放空间。

1.1.3 堆积密度

散粒状或粉状材料,在自然堆积状态下单位体积的质量,称为堆积密度。堆积密度用式(1-3)表示:

$$\rho'_0 = \frac{m}{V'_0} \tag{1-3}$$

式中 ρ'_0——材料的堆积密度,kg/m³;
m——材料的质量,kg;
V'_0——散粒状或粉状材料在自然状态下的体积,包括了颗粒体积和颗粒之间空隙的体积,即按一定方法装入容器的体积。

材料的堆积密度取决于材料的表观密度,以及测定时材料的装填方式和疏密程度,松堆积方式测得的堆积密度值要明显小于紧堆积时的测定值。工程中通常采用松散堆积密度确定颗粒状材料的堆放空间。

1.1.4 孔隙率

材料内部孔隙体积占材料总体积的百分比,称为孔隙率。孔隙率按式(1-4)计算:

$$P = \frac{V_0 - V}{V_0} \times 100\%$$

$$= \left(1 - \frac{\rho_0}{\rho}\right) \times 100\% \tag{1-4}$$

式中 P——材料的孔隙率,%;
V_0——材料的自然体积,cm³ 或 m³;
V——材料的绝对密实体积,cm³ 或 m³。

孔隙率的大小直接反映了材料的致密程度。材料的许多工程性质,例如强度、吸水性、抗渗性、抗冻性等,都与材料的孔隙率有关。

工程上常常按材料孔隙的连通性,将材料中的孔隙分为开口孔隙和闭口孔隙。开口孔隙(亦称开孔)是指那些彼此相通,并且与外界相通的孔隙,例如常见的毛细孔隙。材料内部开口孔隙增多会使材料的吸水性、吸湿性、透水性提高,但是抗冻性和抗渗性变差。

闭口孔隙(亦称闭孔)是指那些彼此不相互连通,并且与外界隔绝的孔隙。材料内部闭口孔隙的增多会提高材料的耐久性和保温隔热性能。

1.1.5 密实度

材料内部被固体物质所充实的程度,也就是固体物质的体积占总体积的百分比,称为密实度,密实度按式(1-5)计算:

$$D = \frac{V}{V_0} \times 100\%$$

$$= \frac{\rho_0}{\rho} \times 100\% \tag{1-5}$$

式中 D——材料的密实度,%。

密实度和孔隙率分别从不同角度反映材料的致密程度,一般工程上采用孔隙率表示材料的孔隙状况。密实度与孔隙率的关系为:$P+D=1$。

1.1.6 空隙率

散粒材料在堆积状态下,颗粒物质间空隙体积(开口孔隙与空隙之和)占堆积体积的百分率,称为材料的空隙率。按式(1-6)计算:

$$P' = \frac{V'_0 - V_0}{V'_0} = \left(1 - \frac{\rho'_0}{\rho_0}\right) \times 100\% \tag{1-6}$$

式中 P'——材料的空隙率,%。

在式(1-6)中,$\frac{V_0}{V'_0}$ 为散粒材料的填充度,反映颗粒的自然体积占有率。

空隙率的大小反映了散粒和粉状材料的颗粒之间相互填充的紧密程度。空隙率在配制混凝土时可作为控制混凝土粗、细骨料配料,以及计算混凝土含砂率的依据。

以上物理性质既是判别、推断或改进材料性质的重要指标,也是在材料的贮运、验收和配料等方面直接使用的数据。

常用材料的基本物理参数见表1-1。

表1-1 常用材料的基本物理参数

材料名称	密度/(g/cm³)	表现密度/(kg/m³)	堆积密度/(kg/m³)	孔隙率/%	空隙率/%
普通混凝土	2.7	2 200~2 400	—	5~10	—
石灰岩碎石	2.6	—	1 400~1 700	—	35~45
砂子	2.6	—	1 450~1 650	—	37~55
水泥	3.1	—	1 200~1 300	—	55~60
花岗岩	2.6~2.9	2 500~2 800	—	0.5~1.0	—
普通黏土砖	2.5~2.7	1 700~1 900	—	20~40	—
钢材	7.85	7 850	—	—	—

1.2 材料的力学性质

材料的力学性质反映材料抵抗外力破坏的能力和外力作用下材料的变形特征。

1.2.1 材料的强度

材料在外力(荷载)作用下抵抗破坏的能力称为材料的强度。

根据外力作用方式的不同,材料强度有抗拉、抗压、抗剪、抗弯(抗折)强度等。材料强度的计算在材料力学中已详细讲解,在此不再赘述。大部分建筑材料根据其极限强度的大小,划分为若干不同的强度等级或标号。砖、石、水泥、混凝土等材料,抗拉强度远远小于抗压强度,在各类工程中主要承受压力。因此,根据其抗压强度划分强度等级或标号。建筑钢材反之,在构件中主要承受拉力,因此,钢号主要按其抗拉强度划分。常用材料的强度值见表1-2。

表 1-2　几种常用材料的强度　　　　　　　　　　　单位:MPa

材料种类	抗压强度	抗拉强度	抗弯强度
花岗岩	100～250	5～8	10～14
普通黏土砖	5～20	—	1.6～4.0
普通混凝土	5～60	1～9	4.8～6.1
建筑钢材	240～1 500	240～1 500	—

1.2.2　材料的持久强度和疲劳极限

在 1.2.1 中所讨论的材料的强度,是材料在承受短期荷载条件下具有的强度,也称为暂时强度。材料在承受持久荷载下的强度,称为持久强度。结构物中材料所承受的荷载,大多为持久荷载,例如,结构的自重、固定设备的荷载等,因此,在工程中必须考虑持久强度。由于材料在持久荷载下会发生徐变,使塑性变形增大,所以,一般材料的持久强度都低于暂时强度,例如木材的持久强度仅为其暂时强度的60%左右。

材料在受到拉伸、压缩、弯曲、扭转这些外力的反复作用时,当应力超过某一限度时会导致材料破坏,这个限度叫疲劳极限,又称疲劳强度。当应力小于疲劳极限时,材料在荷载多次重复作用下不会发生破坏。疲劳强度的大小与材料的性质、应力种类、疲劳应力比值、应力集中情况以及热影响等因素有关。材料的疲劳极限是由试验确定的,一般在规定应力循环次数下,它对应的极限应力作为疲劳极限。疲劳破坏与静力破坏不同,它不产生明显的塑性变形,往往突然断裂,破坏应力远低于材料的强度,甚至低于屈服极限。

对于混凝土,通常规定应力循环次数为 $1\times10^6\sim1\times10^8$ 次,此时混凝土的抗压疲劳极限仅为静力抗压强度的 50%～60%。

1.2.3　材料的弹性和塑性

材料在外力作用下产生变形,当外力取消后,变形即刻消失,并能完全恢复原状的性质称为弹性变形。材料的弹性变形曲线如图 1-1 所示。

在外力作用下材料产生变形,如果取消外力,材料不能恢复原状,仍保持变形后的形状尺寸,但并不产生裂缝的性质,称为塑性变形(或永久变形),如图 1-2 所示。

许多材料受力不大时,仅产生弹性变形;受力超过一定限度后,产生塑性变形,例如建筑钢材等。有的材料在受力时弹性变形和塑性变形同时产生,如图 1-3 所示。如果

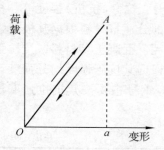 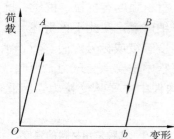 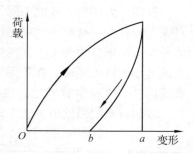

图 1-1　材料的弹性变形曲线　　图 1-2　材料的塑性变形曲线　　图 1-3　材料的弹塑性变形曲线

取消外力，则弹性变形 ab 可以消失，而塑性变形 Ob 则不能消失，例如混凝土类材料。

1.2.4　材料的脆性和韧性

脆性是指材料在外力作用下直到破坏前无明显塑性变形而发生突然破坏的性质。脆性材料的特点是抗压强度远大于其抗拉强度，破坏时无任何征兆，有突发性，主要适合于承受压力静荷载，对承受振动和冲击作用是极为不利的。砖、石、混凝土等材料都属于脆性材料。

韧性是指材料在冲击或震动荷载作用下，能吸收较大能量，产生一定的变形，而不易破坏的性能，又叫冲击韧度。韧性材料的特点是塑性变形大，受力时产生的抗拉强度接近或高于抗压强度，主要适合于承受拉力或动荷载。建筑钢材属于韧性材料。

1.2.5　材料的硬度与耐磨性

硬度是指材料抵抗其他物体刻划或压入其表面的能力，它与材料的强度等性能有一定的关系。一般来说，硬度大的材料，耐磨性较强，但不易加工。在工程中，常利用材料硬度与强度间的关系，间接推算材料的强度。不同材料的硬度测量方法不同，通常有刻划法、回弹法和压入法。

耐磨性是材料表面抵抗磨损的能力。材料的耐磨性用磨损率或磨耗率表示，按式 (1-7) 计算：

$$N = \frac{m_1 - m_2}{A} \tag{1-7}$$

式中　N——材料的磨损率或磨耗率，g/cm^2；

　　　m_1——试件磨耗前的质量，g；

　　　m_2——试件磨耗后的质量，g；

　　　A——试件受磨面积，cm^2。

材料的耐磨性与材料组成结构以及强度和硬度有关。对于溢流坝面等长期受高速水流冲刷的部位，选择材料时，应适当考虑硬度和耐磨性。

1.3 材料与水有关的性质

1.3.1 材料的吸水性和吸湿性

(1) 吸水性

材料在水中吸收水分的性质称为吸水性。吸水性的大小用吸水率表示。吸水率按式(1-8)计算：

$$W = \frac{m_1 - m}{m} \times 100\% \tag{1-8}$$

式中　W——材料的吸水率，%；
　　　m——材料在干燥状态下的质量，g；
　　　m_1——材料在吸水饱和状态下的质量，g。

材料吸水率的大小不仅取决于材料本身是亲水的还是憎水的，而且与材料的孔隙率的大小及孔隙特征密切相关。一般孔隙率越大，材料吸水性越强；在孔隙率相同情况下，具有细小连通孔隙的材料比具有较多粗大开口孔隙或闭口孔隙的材料吸水性更强。水分的吸入给材料带来一系列不良的影响，例如体积膨胀、强度降低、抗冻性变差等。

(2) 吸湿性

材料在潮湿的空气中吸收水分的性质称为吸湿性，吸湿性的大小用含水率来表示，按式(1-9)计算：

$$W_{含} = \frac{m_{含} - m_{干}}{m_{干}} \times 100\% \tag{1-9}$$

式中　$W_{含}$——材料的含水率，%；
　　　$m_{含}$——材料含水时的质量，g；
　　　$m_{干}$——材料烘干到恒重时的质量，g。

材料含水率的大小不仅取决于自身的特性(亲水性、孔隙率和孔隙特征)，还受周围环境条件的影响，随温度、湿度变化而改变。

1.3.2 材料的耐水性

材料长期在饱和水作用下不破坏，强度也无明显降低的性质称为耐水性。材料的耐水性用软化系数表示，按式(1-10)计算：

$$K_p = \frac{f_w}{f} \tag{1-10}$$

式中　K_p——材料的软化系数；
　　　f_w——材料在吸水饱和状态下的抗压强度，MPa；
　　　f——材料在干燥状态下的抗压强度，MPa。

软化系数的范围波动在 0～1 之间。软化系数大于 0.85 的材料，通常可认为是耐水性的。处于水中、潮湿环境中的重要部位的材料，必须选用软化系数不低于 0.85 的材料。处于干燥环境中的材料可以不考虑耐水性。

1.3.3 材料的抗渗性

抗渗性是指材料抵抗压力水渗透的性质,可用渗透系数表示,也可用抗渗等级表示。

(1) 渗透系数

渗透系数可表示任何材料的抗渗性,渗透系数按式(1-11)计算:

$$K = \frac{Qd}{AtH} \tag{1-11}$$

式中 K——渗透系数,cm/h;
d——试件厚度,cm;
Q——渗水量,cm^3;
A——渗水面积,cm^2;
t——渗水时间,h;
H——静水压力水头(水压力),cm。

渗透系数越小,表示材料的抗渗性越好。对于防潮、防水材料,如沥青、油毡、瓦等,常用渗透系数表示其抗渗性。

(2) 抗渗等级

对于砂浆、混凝土等材料,常用抗渗等级表示其抗渗性。抗渗等级指材料在标准试验方法下进行透水试验,以规定的试件在即将透水时所能承受的最大水压力来确定,计算如下:

$$P = 10H - 1 \tag{1-12}$$

式中 P——抗渗等级;
H——试件开始渗水时的水压力,MPa。

抗渗等级越高,表示材料的抗渗性能越好。例如,P_2、P_4、P_6、P_8 分别表示某种砂浆或混凝土制成的试件可抵抗 0.2MPa、0.4 MPa、0.6 MPa、0.8 MPa 的水压力而不渗透。材料的抗渗性与材料内部的孔隙率,特别是开口孔隙有关,开口孔隙率越大,大孔含量越多,则抗渗性越差。材料的抗渗性与材料的耐久性(抗冻性、耐腐蚀性等)有着非常密切的关系,材料的抗渗性越高,则材料的耐久性越高。地下建筑和位于水中的建筑物,因常受到压力水的作用,对材料的抗渗性有较高的要求。

1.3.4 材料的抗冻性

材料在吸水饱和状态下经受多次冻融循环,不显著降低强度的性质,称为抗冻性。抗冻性的大小用抗冻等级表示。抗冻等级是将材料吸水饱和后,按规定方法进行冻融循环试验,以质量损失不超过 5%,强度下降不超过 25% 时所能经受的最大抗冻循环次数来决定,抗冻等级的表示方法有 F15、F50、F100 等。例如,混凝土抗冻等级 F15 指该混凝土试件所能承受的最大冻融循环次数是 15 次(1 次冻融循环指在 -15℃ 的温度下冻结后,再在 20℃ 的水中融化),这时,其强度损失率和质量损失不低于规定值。

冰冻的破坏作用是由材料孔隙内的水分结冰而引起的。水结冰时体积约增大9%，从而对孔隙产生压力而使孔壁开裂。开口孔隙率越大，材料的强度越低，则材料的抗冻性越差。对于受大气，特别是受水作用的材料，抗冻性往往决定了它的耐久性，抗冻等级越高，材料越耐久。

1.4　材料的耐久性

材料在使用过程中，抵抗各种内在或外部破坏因素的作用，保持其原有性能不破坏的性质称为耐久性。材料在使用过程中，除材料内在原因使其组成结构或性能发生变化以外，还受到使用环境中各种因素的破坏作用，主要有物理作用、机械作用、化学作用和生物作用。

物理作用包括温度和干湿的交替变化，循环冻融等，温度和干湿交替变化引起材料的膨胀和收缩，长期、反复的交替作用，会使材料逐渐破坏。在寒冷地区，循环的冻融对材料的破坏甚为明显。

机械作用包括荷载的持续作用，反复荷载引起材料的疲劳、冲击疲劳、磨损等。

化学作用包括酸、碱、盐等液体或气体对材料的侵蚀作用。

生物作用包括昆虫、菌类等的作用使材料蛀蚀或腐蚀。

为提高材料的耐久性，应根据使用情况和材料特点采取相应的措施。例如，设法减轻大气或周围介质对材料的破坏作用（降低湿度、排除侵蚀性物质等）；提高材料本身对外界作用的抵抗性（提高材料的密实度，采取防腐措施等）。

提高材料的耐久性，对保证工程长期处于正常使用的状态，减少维护费用，延长使用寿命，节约材料，具有十分重要的意义。各国土木工程界已达成共识，按耐久性进行工程设计比按强度进行工程设计更科学和实用。

本章小结

本章重点讲解水土保持工程材料的基本物理、力学性质，材料与水有关的性质，以及材料的耐久性。材料的基本物理性质包括密度、表观密度、散粒状或粉状材料的堆积密度，通过这3类密度可以了解特定材料的工程性质，在工程施工中分别用来计算混凝土的配合比、构件的自重和材料的堆放空间；材料的基本物理性质还包括孔隙率、密实度和空隙率，材料的许多工程性质，例如强度、吸水性、抗渗性、抗冻性等都与材料的孔隙率和密实度有关。材料的力学性质要理解材料的强度、持久强度和疲劳极限的概念和三者的区别，了解材料的变形类型和特点，脆性材料和韧性材料的特点，硬度和耐磨性的概念。材料与水有关的性质重点要掌握材料的吸水性、耐水性、抗渗性的概念，表示方法和工程意义。有关材料的耐久性要理解提高材料的耐久性的工程意义和主要途径。

思 考 题

1. 以砖为例，解释材料的绝对密实体积和自然状态体积。
2. 什么是材料的密度、表观密度？如何计算？规则的和松散颗粒材料，其表观密度、松散密度如何确定？
3. 什么是材料的孔隙率、密实度？如何计算？两者有什么关系？
4. 当某一建筑材料的孔隙率增大时，材料的密度、表观密度、强度、吸水率、抗冻性和抗渗性是下降、上升还是不变？
5. 材料的吸水性、吸湿性、耐水性、抗渗性以及抗冻性的定义、表示方法及其影响因素是什么？
6. 材料在荷载(外力)作用下的强度有几种？
7. 材料疲劳极限破坏的特点是什么？什么是材料的疲劳极限？
8. 脆性材料的强度等级或标号反映材料的什么性质？什么是材料的持久强度？
9. 弹性材料和塑性材料有何不同？
10. 何为材料的耐久性？材料耐久性包括哪些内容？
11. 普通混凝土搅拌机每次加入干砂 200kg，如果施工现场砂子含水率为 5%，计算需加入多少千克的湿砂？

推荐阅读书目

1. 土木工程材料. 黄政宇. 高等教育出版社，2002.
2. 建筑材料. 4版. 李亚杰. 中国水利水电出版社，2003.
3. 土木工程材料. 宓永宁，娄宗科. 中国农业大学出版社，2004.

第2章 无机胶凝材料

胶凝材料是指经过自身的物理化学作用后，在由可塑性浆体变成坚硬石状体的过程中，能把散粒的或块状的物料胶结成一个整体的材料。

胶凝材料按其化学成分可分为有机胶凝材料和无机胶凝材料。有机胶凝材料主要是天然的或合成的有机高分子化合物，如石油沥青、各种合成树脂等。无机胶凝材料按其硬化条件的不同，又可分为气硬性和水硬性两种。气硬性胶凝材料只能在空气中硬化，并保持或继续提高其强度，如石灰、石膏等。水硬性胶凝材料不仅能在空气中，而且在水中能更好地硬化，保持并继续提高其强度，常用的水硬性胶凝材料主要是水泥。

2.1 气硬性胶凝材料

2.1.1 石灰

石灰是一种古老的建筑材料，原材料分布很广，生产工艺简单，成本低廉，使用方便，因此被广泛应用于水土保持工程和小型水利工程。

根据石灰成品的加工方法不同，石灰有以下4种成品：

①生石灰 由石灰石煅烧而成的白色或浅灰色疏松结构块状物，主要成分为氧化钙（CaO）。

②生石灰粉 由块状生石灰磨细而成。

③消石灰粉 亦称熟石灰，在生石灰中加入适量水经消化和干燥而成的粉末，主要成分为氢氧化钙[$Ca(OH)_2$]。

④石灰浆（膏） 将块状生石灰用过量水（为生石灰体积的3~4倍）消化，或将消石灰粉和水拌和，所得到的具有一定稠度的可塑性浆体，主要成分为氢氧化钙和水。

2.1.1.1 石灰的原料及生产

石灰的主要原料是以碳酸钙（$CaCO_3$）为主要成分的天然岩石，如石灰岩、白垩、白云质石灰岩等。

将主要成分为碳酸钙的天然岩石在适当温度下煅烧，所得到的以氧化钙为主要成分的产品即为石灰，又称生石灰。其反应式为：

$$CaCO_3 \xrightarrow{900℃} CaO + CO_2 \uparrow$$

在实际生产中，为加快分解，温度常提高到1 000~1 100℃。煅烧时温度的高低及分布情况,对石灰质量有很大影响。如温度太低或温度分布不均匀,碳酸钙不能完全分解,则产生欠火石灰;若温度太高,则产生过火石灰。使用欠火石灰和过火石灰都会影响工程质量。

生产原料中常含有碳酸镁($MgCO_3$),因此生石灰中还含有次要成分氧化镁(MgO)。按照我国建材行业标准 JC/T 479—2013《建筑生石灰》的规定,MgO 含量≤5%时,称为钙质石灰;MgO >5%时,称为镁质石灰。

2.1.1.2 石灰的熟化与硬化

(1)石灰的熟化

生石灰(CaO)与水反应生成氢氧化钙的过程,称为石灰的熟化或消化。反应生成的产物氢氧化钙称为熟石灰或消石灰。石灰熟化的反应式为:

$$CaO + H_2O \longrightarrow Ca(OH)_2 + 64.9kJ$$

石灰熟化时放出大量的热,温度升高,且体积增大 1.0~2.5 倍。煅烧良好、氧化钙含量高的石灰熟化较快,放热量和体积增大也较多。

工地上熟化石灰常用的方法有 2 种:消石灰粉法和石灰浆法。

①消石灰粉法 将生石灰加适量的水熟化成消石灰粉,这一过程的理论需水量为生石灰质量的 32.1%,由于一部分水分会蒸发掉,所以实际加水量为生石灰质量的 60%~80%。工地上常采用分层喷淋等方法进行消化。人工消化石灰,劳动强度大,效率低,质量不稳定。目前多在工厂中用机械加工方法将生石灰熟化成消石灰粉,再供使用。

②石灰浆法 将块状生石灰在化灰池中用过量的水(生石灰体积的 3~4 倍)熟化成石灰浆,然后通过筛网进入储灰坑。

生石灰熟化时,放出大量的热,使熟化速度加快,温度过高且水量不足时会造成氢氧化钙凝聚在氧化钙周围,阻碍熟化进行,而且还会产生逆反应,所以要加入大量的水,并不断搅拌散热。

生石灰中常含有欠火石灰和过火石灰。欠火石灰中的碳酸钙未完全分解,不能熟化,形成渣子;过火石灰结构密实,表面常包覆一层熔融物,熟化很慢,当用于建筑物上后,有可能继续熟化产生体积膨胀,从而引起裂缝或局部脱落现象。为了消除过火石灰的危害,石灰浆应在储灰坑中存放 2 周以上,这个过程称为石灰的陈伏。陈伏期间,石灰浆表面应覆盖一层水膜,避免石灰浆碳化。

石灰浆在储灰坑中沉淀后,除去上层水分,即可得到石灰膏,它是水土保持工程中拌制砌筑砂浆和抹面砂浆常用的胶凝材料之一。

(2)石灰的硬化

石灰在空气中的硬化包括两个同时进行的过程:

①结晶过程 石灰浆在使用过程中,因游离水分逐渐蒸发或被砌体吸收,引起溶液某种程度的过饱和,使氢氧化钙逐渐结晶析出。

②碳化过程 氢氧化钙与空气中的二氧化碳作用,生成不溶于水的碳酸钙晶体,这一反应称为碳化作用,其反应式如下:

$$Ca(OH)_2 + CO_2 + nH_2O \longrightarrow CaCO_3 + (n+1)H_2O$$

碳化作用主要发生在与空气接触的表层，表层生成致密的碳酸钙膜层，不但阻碍了二氧化碳的进一步透入，同时也阻碍了内部水分的蒸发。因此，在砌体深处，氢氧化钙不能充分碳化，而是逐渐进行结晶。

2.1.1.3 石灰的技术性质与技术指标

(1) 石灰的技术性质

①保水性和可塑性好　生石灰熟化成石灰浆时，能自动形成颗粒极细的呈胶体分散状态的氢氧化钙，其表面吸附一层较厚的水膜，因而保水性好，水分不易溢出，并且水膜使颗粒间的摩擦力减小，故可塑性也好。将石灰掺入水泥砂浆中，配成混合砂浆，可显著提高砂浆的和易性(见4.6.1.2)。

②硬化慢、强度低　由于空气中的二氧化碳含量低，且碳化后形成的碳酸钙硬壳阻止二氧化碳向内部渗透，也妨碍水分向外蒸发，所以石灰硬化缓慢。已硬化的石灰强度很低，石灰:砂=1:3的石灰砂浆28d的抗压强度只有0.2~0.5MPa。受潮后，石灰溶解，强度更低。

③硬化时体积收缩大　石灰在硬化过程中，要蒸发掉大量的水分，引起体积显著地收缩，易出现干缩裂缝。所以，石灰不宜单独使用，一般要掺入砂、纸筋、麻刀等材料，以减少收缩，增加抗拉强度，并能节约石灰。

④耐水性差　在石灰硬化体中，大部分仍然是未碳化的氢氧化钙，氢氧化钙易溶于水，所以其耐水性也很差。当处于潮湿环境中时，石灰中的水分不蒸发，二氧化碳也无法渗入，硬化将停止；而且已硬化的石灰耐水性差，遇水还会溶解溃散。所以，以石灰作为主要材料的构件不宜在长期潮湿和受水浸泡的环境中使用，也不宜用于重要建筑物的基础。

(2) 石灰的技术指标

土木工程中所用的石灰分为3个品种：建筑生石灰、建筑生石灰粉和建筑消石灰粉。根据建材行业标准，可将其各分为3个等级，相应的技术标准见表2-1、表2-2和表2-3。

产品各项技术指标值均达到相应表内某等级规定的指标时，则评定为该等级，若有一项低于合格品指标时，则定为不合格品。

表2-1　建筑生石灰的技术指标(JC/T 479—2013)

项　目	钙质石灰			镁质石灰		
	优等品	一等品	合格品	优等品	一等品	合格品
CaO + MgO 含量不小于,%	90	85	80	85	80	75
未消化残渣含量 (5mm 圆孔筛余)不大于,%	5	10	15	5	10	15
CO_2 含量不大于,%	5	7	9	6	8	10
产浆量不小于, L/kg	2.8	2.3	2.0	2.8	2.3	2.0

表 2-2 建筑生石灰粉的技术指标（JC/T 479—2013）

项目		钙质石灰			镁质石灰		
		优等品	一等品	合格品	优等品	一等品	合格品
CaO + MgO 含量不小于,%		85	80	75	80	75	70
CO_2 含量不大于,%		7	9	11	8	10	12
细度	0.9mm 筛的筛余不大于,%	0.2	0.5	1.5	0.2	0.5	1.5
	0.125mm 筛的筛余不大于,%	7	12	18	7	12	18

表 2-3 建筑消石灰粉的技术指标（JC/T 481—2013）

项目		钙质石灰			镁质石灰		
		优等品	一等品	合格品	优等品	一等品	合格品
CaO + MgO 含量不小于,%		70	65	60	65	60	55
游离水,%		0.4~2	0.4~2	0.4~2	0.4~2	0.4~2	0.4~2
体积安定性		合格	合格	—	合格	合格	—
细度	0.9mm 筛的筛余不大于,%	0	0	0.5	0	0	0.5
	0.125mm 筛的筛余不大于,%	3	10	15	3	10	15

2.1.1.4 石灰的应用

在水土保持工程中，石灰主要用于以下几方面：

(1) 石灰砂浆

石灰具有良好的可塑性和黏结力，常用来配制砂浆，用于砌筑工程或抹灰工程。石灰膏或消石灰粉与砂和水单独配制成的砂浆称为石灰砂浆，与水泥、砂和水一起配制成的砂浆称为混合砂浆。为了克服石灰硬化时体积收缩大的缺点，配制时常加入纸筋等纤维质材料。

(2) 石灰土和三合土

消石灰粉与黏土可配制成石灰土（灰土），再加入砂石或炉渣、碎砖等可配成三合土。石灰常占灰土总质量的10%~30%，即一九、二八及三七灰土，石灰量过高，往往导致强度和耐水性降低。施工时，将灰土或三合土混合均匀并夯实，可使彼此粘结为一体，同时黏土等成分中含有的少量活性二氧化硅和活性氧化铝等酸性氧化物，在石灰长期作用下反应，生成具有水硬性的水化硅酸钙和水化铝酸钙，使颗粒间的黏结力不断增强，灰土或三合土的强度及耐水性也不断提高。因此，灰土和三合土可用于建筑物的基础和垫层，也可用于小型水利工程。

2.1.1.5 石灰的贮存与运输

生石灰在空气中放置时间过长，会吸收水分而熟化成消石灰粉，再与空气中的二氧化碳作用形成失去胶凝能力的碳酸钙粉末，而且熟化时要放出大量的热，并产生体积膨胀，所以，石灰在贮存和运输过程中，要防止受潮，并不宜长期贮存。运输时，不准与易燃、易爆和液体物品混装，并要采取防水措施，注意安全。最好运到工地后马上进行熟化和陈伏处理，使贮存期变成陈伏期。

2.1.2 石膏

石膏是一种以硫酸钙（$CaSO_4$）为主要成分的气硬性胶凝材料，其原材料来源广泛，生产能耗较低，在室内装饰中应用很多。但是石膏的耐水性不强，在水土保持工程中使用较少。

2.1.2.1 石膏的原料及生产

生产石膏胶凝材料的原料有天然二水石膏、天然无水石膏和化工石膏等。其中，天然二水石膏又称生石膏、软石膏，主要成分为二水硫酸钙（$CaSO_4 \cdot 2H_2O$），是生产石膏胶凝材料的主要原料。天然无水石膏又称硬石膏，主要成分是无水硫酸钙（$CaSO_4$），只可用于生产无水石膏水泥和高温煅烧石膏。化工石膏是含有二水石膏的化工副产品及废渣，如氟石膏、磷石膏和排烟脱硫石膏等。

石膏胶凝材料的生产有原料破碎、加热和磨细等工序，根据加热方式与加热温度的不同，可生产出不同品种的石膏胶凝材料。

2.1.2.2 建筑石膏

将二水石膏（天然或化工石膏）在 107～170℃下煅烧，脱水生成 β 型半水石膏，磨细后即成为以 β 型半水石膏为主要成分的建筑石膏（又称熟石膏）。反应式为：

$$CaSO_4 \cdot 2H_2O \xrightarrow[107 \sim 170℃]{煅\ 炼} \beta\text{-}CaSO_4 \cdot \frac{1}{2}H_2O + \frac{3}{2}H_2O$$

在石膏胶凝材料中，建筑石膏在建筑上的应用最广。

（1）建筑石膏的凝结硬化

建筑石膏与水拌和后，半水石膏将重新水化生成二水石膏，放出热量并凝结硬化成具有一定强度的硬化体。其水化反应为：

$$CaSO_4 \cdot \frac{1}{2}H_2O + \frac{3}{2}H_2O \longrightarrow CaSO_4 \cdot 2H_2O$$

半水石膏遇水即发生溶解，并很快形成饱和溶液，溶液中的半水石膏与水化合，然后生成二水石膏。由于二水石膏的溶解度比半水石膏的溶解度低（仅为半水石膏溶解度的1/5），所以二水石膏以胶体微粒从过饱和溶液中析出。因二水石膏的析出破坏了半水石膏溶解的平衡，半水石膏继续溶解和水化，直至全部耗尽。在以上过程中，浆体中的自由水分因水化和蒸发而逐渐减少，二水石膏胶体微粒不断增加，浆体逐渐变稠，并失去可塑性，这一过程称为凝结。其后，二水石膏胶体微粒逐渐凝聚成为晶体，并逐渐长大、共生和交错生长，形成结晶结构网，浆体逐渐硬化成坚硬的块体，并具有一定的强度，这一过程称为硬化。实际上，石膏的凝结与硬化是一个连续的、复杂的物理化学变化过程。

(2) 建筑石膏的技术性质

①凝结硬化快　一般建筑石膏加水拌和后,在常温下数分钟内即可初凝,30min 以内即可达到终凝。在室内自然干燥状态下,1 周左右完全硬化。建筑石膏加水拌和初凝时间较短,不便于使用,为延长凝结时间,可加入缓凝剂。常用的缓凝剂有硼砂、酒石酸钠、柠檬酸、动物胶等。

②硬化时体积微膨胀　建筑石膏在凝结硬化过程中,体积略有膨胀,硬化时不出现裂缝,所以可不掺加填料单独使用,并可很好地填充模型。

③孔隙率高　建筑石膏的水化,理论需水量只占半水石膏质量的 18.6%,但实际上,为使石膏浆体有一定的可塑性,往往需加水 60%~80%,孔隙率可达 50%~60%。因此,建筑石膏硬化后,表观密度较小,强度较低,导热性较低,吸声性较好。

④防火性好　石膏制品在遇火灾时,二水石膏将脱出结晶水,吸热蒸发,并在制品表面形成蒸汽幕和脱水物隔热层,有效地阻止火焰蔓延和温度升高,所以石膏具有良好的防火性能。

⑤耐水性、抗冻性和耐热性差　建筑石膏硬化体吸湿性强,吸收的水分会削弱晶体粒子间的黏结力,使强度显著降低;若长期浸水,还会因二水石膏晶体溶解而引起破坏。吸水饱和的石膏制品受冻后,会因孔隙中的水结冰而开裂崩溃。此外,若在温度过高的环境中使用(超过 65℃),二水石膏会脱水分解,造成强度降低。因此,建筑石膏不宜用于潮湿和温度高的环境中。

(3) 建筑石膏的技术指标

根据 GB 9776—2008《建筑石膏》规定,按 2h 强度(抗折)分为 3.0、2.0、1.6 三个等级,见表 2-4。其中,抗折强度和抗压强度为试样与水接触后 2h 测得。

表 2-4　建筑石膏的物理力学性能(GB 9776—2008)

等级	细度(0.2mm 方孔筛筛余)/%	凝结时间/min		2h 强度/MPa	
		初凝	终凝	抗折	抗压
3.0	≤10	≥3	≤30	≥3.0	≥6.0
2.0				≥2.0	≥4.0
1.6				≥1.6	≥3.0

建筑石膏的标记按产品名称、代号、等级及标准编号的顺序标记。例如,等级为 2.0 的天然建筑石膏标记如下:建筑石膏 N 2.0 GB/T 9776—2008。

(4) 建筑石膏的应用

①制备粉刷石膏　建筑石膏硬化时体积微膨胀,故可直接做成抹面灰浆,也可与石灰、砂等填料混合制成内墙抹面灰浆或砂浆。

②制备特种砂浆　石膏可作为胶凝材料之一,配制绝热砂浆,用于绝热层抹面;也可配制粉煤灰砂浆,用于墙体砌筑和抹面工程。

③石膏板材　石膏板具有轻质、高强、隔热保温、吸音和不燃等性能,且安装和使用方便,是一种较好的新型建筑材料。我国目前生产的石膏板主要有纸面石膏板、石膏空心条板、石膏装饰板、纤维石膏板及石膏吸音板等。

2.2 硅酸盐水泥

水泥是水硬性胶凝材料,广泛应用于水土保持工程。其种类繁多,按组成可分为通用硅酸盐水泥、铝酸盐水泥、硫铝酸盐水泥和铁铝酸盐水泥;按用途可分为通用水泥、专用水泥和特性水泥。通用硅酸盐水泥是以硅酸盐水泥熟料、适量的石膏及规定的混合材料制成的水硬性胶凝材料,是工程中用量最大的水泥,包括硅酸盐水泥、普通硅酸盐水泥、矿渣硅酸盐水泥、火山灰质硅酸盐水泥、粉煤灰硅酸盐水泥和复合硅酸盐水泥。通用硅酸盐水泥的组分应符合表 2-5 的规定。专用水泥是指专门用途的水泥,如砌筑水泥、道路水泥和油井水泥等。特性水泥是某种性能比较突出的水泥,如膨胀水泥、快硬水泥、低热水泥和抗硫酸盐水泥等。

表 2-5 通用硅酸盐水泥的组分(GB 175—2007)   单位:%

品 种	代号	组 分				
		熟料+石膏	粒化高炉矿渣	火山灰质混合材料	粉煤灰	石灰石
硅酸盐水泥	P·Ⅰ	100	—	—	—	—
	P·Ⅱ	≥95	≤5	—	—	—
		≥95	—	—	—	≤5
普通硅酸盐水泥	P·O	≥80 且<95	>5 且≤20			
矿渣硅酸盐水泥	P·S·A	≥50 且<80	>20 且≤50	—	—	—
	P·S·B	≥30 且<50	>50 且≤70	—	—	—
火山灰质硅酸盐水泥	P·P	≥60 且<80	—	>20 且≤40	—	—
粉煤灰硅酸盐水泥	P·F	≥60 且<80	—	—	>20 且≤40	—
复合硅酸盐水泥	P·C	≥50 且<80	>20 且≤50			

硅酸盐水泥是通用硅酸盐水泥的基本品种,其他品种的通用硅酸盐水泥都是在硅酸盐水泥熟料的基础上,掺入一定量的混合材料制成的,因此,硅酸盐水泥是重点的学习内容。

2.2.1 硅酸盐水泥的分类及生产过程

2.2.1.1 硅酸盐水泥的分类

根据 GB 175—2007《通用硅酸盐水泥》的规定,硅酸盐水泥分为 2 种类型:不掺加混合材料的称为Ⅰ型硅酸盐水泥,其代号为 P·Ⅰ;掺加不超过水泥质量 5% 的混合材料(石灰石或粒化高炉矿渣)的称为Ⅱ型硅酸盐水泥,其代号为 P·Ⅱ。

2.2.1.2 硅酸盐水泥的生产过程

生产硅酸盐水泥的原料主要是石灰质原料(如石灰石、白垩等)和黏土质原料(如黏土、黄土和页岩等),一般常配以辅助原料(如铁矿石、砂岩等)。石灰质原料主要提供氧化钙，黏土质原料主要提供二氧化硅（SiO_2）、三氧化二铝（Al_2O_3）及少量的三氧化二铁（Fe_2O_3），辅助原料常用以校正三氧化二铁或二氧化硅的不足。

硅酸盐水泥的生产过程分为制备生料、煅烧熟料、粉磨水泥 3 个主要阶段，生产工艺过程可概括为"两磨一烧"，如图 2-1 所示。

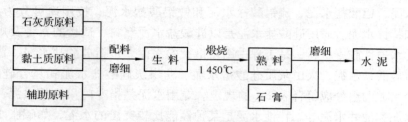

图 2-1 硅酸盐水泥的生产过程

制备生料时配料须准确，粉磨细度应符合要求，并且使各种原料充分均化，以便煅烧时各成分间的化学反应能充分进行。

生料在煅烧过程中形成水泥熟料的物理化学过程十分复杂，大体上可分为下述几个过程：①生料的干燥与脱水；②碳酸钙的分解；③固相反应；④烧成阶段；⑤熟料的冷却。

生料进入窑中后，即开始被加热，水分逐渐蒸发而干燥。当温度升到 500～800℃ 时，首先是有机物质被烧尽，其次是黏土中的高岭石脱水并分解为无定形的二氧化硅及氧化铝。当温度达到 800～1 000℃ 时，碳酸钙进行分解，分解出的氧化钙即开始与黏土分解产物二氧化硅、氧化铝及氧化铁发生固相反应。随着温度的继续升高，固相反应加速进行，逐步形成 $2CaO \cdot SiO_2$、$3CaO \cdot Al_2O_3$ 及 $4CaO \cdot Al_2O_3 \cdot Fe_2O_3$。当温度达 1 300℃ 时，固相反应基本完成，这时物料中仍剩余一部分未反应的氧化钙。当温度从 1 300℃ 升到 1 450℃ 再降到 1 300℃ 时为烧成阶段，这时 $3CaO \cdot Al_2O_3$ 及 $4CaO \cdot Al_2O_3 \cdot Fe_2O_3$ 烧至熔融状态，出现液相，把剩余的氧化钙及部分 $2CaO \cdot SiO_2$ 溶解于其中，在此液相中，$2CaO \cdot SiO_2$ 吸收氧化钙形成 $3CaO \cdot SiO_2$。这一过程是煅烧水泥的关键，必须达到足够的温度及停留适当长的时间，使生成 $3CaO \cdot SiO_2$ 的反应更为充分，否则，熟料中将有残余的游离氧化钙，影响水泥的质量。煅烧完成后，经迅速冷却，即得到熟料。

将熟料加入 2%～5% 的天然石膏，并根据需要掺加 5% 以内或不掺混合材料，共同磨细至适当的细度，即制成硅酸盐水泥。

2.2.2 硅酸盐水泥的矿物组成及水化特征

2.2.2.1 硅酸盐水泥熟料的矿物组成

硅酸盐水泥熟料的主要矿物名称和含量范围如下：

硅酸三钙（$3CaO \cdot SiO_2$），简写为 C_3S，含量 37%～60%；

硅酸二钙（$2CaO \cdot SiO_2$），简写为 C_2S，含量 15%～37%；

铝酸三钙（$3CaO \cdot Al_2O_3$），简写为 C_3A，含量 7%～15%；

铁铝酸四钙（$4CaO \cdot Al_2O_3 \cdot Fe_2O_3$），简写为 C_4AF，含量 10%～18%。

除主要熟料矿物外，水泥中还含有少量游离氧化钙、游离氧化镁和碱，总含量一般不超过水泥总量的10%，但对水泥的性能有较大影响。

2.2.2.2 硅酸盐水泥熟料矿物的水化

硅酸盐水泥熟料矿物与水发生的水解或水化作用统称为水化，生成水化物，并放出一定的热量。其反应式如下：

$2(3CaO \cdot SiO_2) + 6H_2O \longrightarrow 3CaO \cdot 2SiO_2 \cdot 3H_2O + 3Ca(OH)_2$ （反应较快）
（硅酸三钙）　　　　　　　　　（水化硅酸钙）　　（氢氧化钙）

$2(2CaO \cdot SiO_2) + 4H_2O \longrightarrow 3CaO \cdot 2SiO_2 \cdot 3H_2O + Ca(OH)_2$ （反应较慢）
（硅酸二钙）　　　　　　　　　（水化硅酸钙）　　（氢氧化钙）

$3CaO \cdot Al_2O_3 + 6H_2O \longrightarrow 3CaO \cdot Al_2O_3 \cdot 6H_2O$ （反应极快）
（铝酸三钙）　　　　　　　（水化铝酸三钙）

$4CaO \cdot Al_2O_3 \cdot Fe_2O_3 + 7H_2O \longrightarrow 3CaO \cdot Al_2O_3 \cdot 6H_2O + CaO \cdot Fe_2O_3 \cdot H_2O$ （反应较快）
（铁铝酸四钙）　　　　　　　　　　（水化铝酸三钙）　　（水化铁酸钙）

硅酸三钙水化很快，生成的水化硅酸钙几乎不溶于水，而立即以胶体颗粒形式析出，并逐渐凝聚成为凝胶，称为C-S-H凝胶。生成的氢氧化钙在溶液中的浓度很快达到饱和，呈六方晶体析出。

硅酸二钙和硅酸三钙极为相似，只是水化速度特别慢，并且生成的氢氧化钙较少。

铝酸三钙与水反应迅速，水化放热大，水化产物的组成结构受水化条件影响很大。在常温下，铝酸三钙水化生成的水化铝酸三钙为立方晶体。为了调节水泥的凝结时间，水泥中掺入适量石膏，铝酸三钙和石膏水化则生成低硫型或高硫型水化产物。若石膏含量较少，则生成单硫型水化硫铝酸钙（AFm），化学式为$3CaO \cdot Al_2O_3 \cdot CaSO_4 \cdot nH_2O$，其中最常见的是$3CaO \cdot Al_2O_3 \cdot CaSO_4 \cdot 12H_2O$，晶体为假六方板状或针尖状。反应式如下：

$3CaO \cdot Al_2O_3 + CaSO_4 \cdot 2H_2O + 10H_2O \longrightarrow 3CaO \cdot Al_2O_3 \cdot CaSO_4 \cdot 12H_2O$

若石膏含量充足，则生成高硫型水化硫铝酸钙（AFt），化学式为$3CaO \cdot Al_2O_3 \cdot 3CaSO_4 \cdot (30 \sim 32)H_2O$，又称钙矾石，其中铝可被铁置换。反应式如下：

$3CaO \cdot Al_2O_3 + 3(CaSO_4 \cdot 2H_2O) + (24 \sim 26)H_2O \longrightarrow 3CaO \cdot Al_2O_3 \cdot 3CaSO_4 \cdot (30 \sim 32)H_2O$

钙矾石是难溶于水的针状晶体，包围在熟料颗粒周围，形成"保护膜"，延缓水化。若石膏在铝酸三钙完全水化前耗尽，则铝酸三钙还会与钙矾石反应生成单硫型水化硫铝酸钙（AFm）。反应式如下：

$3CaO \cdot Al_2O_3 \cdot 3CaSO_4 \cdot 32H_2O + 2(3CaO \cdot Al_2O_3) + 4H_2O \longrightarrow 3(3CaO \cdot Al_2O_3 \cdot CaSO_4 \cdot 12H_2O)$

铁铝酸四钙的水化与铝酸三钙极为相似，只是水化热较低。

由水泥熟料中主要矿物的水化特性可知，不同熟料矿物与水作用所表现的性质是不同的，见表2-6。它们对水泥的强度、凝结硬化速度、水化热及干缩等性能的影响也各不相同。改变熟料中矿物成分的含量，水泥的性质将发生相应的变化，例如提高硅酸三钙的含量，可制得高强度水泥；限制水泥中的铝酸三钙低于5%，可制得抗硫酸盐水泥；降低铝酸三钙和硅酸三钙含量，提高硅酸二钙含量，则可制得水化热较低的水泥，例如

表 2-6 水泥熟料矿物的基本特性

矿物	强度		水化速率	28d 水化热	耐化学侵蚀性	干缩
	早期	后期				
C_3S	高	高	快	大	中	中
C_2S	低	高	慢	小	良	小
C_3A	低	低	最快	最大	差	大
C_4AF	低	低	快	中	优	小

大坝水泥。

2.2.3 硅酸盐水泥的凝结硬化

水泥加水拌和后，成为可塑的水泥浆，水泥浆逐渐变稠失去可塑性（尚不具有强度）的过程，称为水泥的凝结。随后产生明显的强度，并逐渐发展而成为坚硬的人造石——水泥石的过程，称为水泥的硬化。凝结和硬化是人为划分的，实际上，硅酸盐水泥的凝结硬化是一个连续而复杂的物理化学变化过程。

2.2.3.1 硅酸盐水泥凝结硬化的一般过程

水泥加水拌和后，水泥颗粒分散在水中，成为水泥浆体，如图 2-2(a) 所示。水泥和水一接触，水泥颗粒表面的熟料矿物发生水化，形成相应的水化物，由于各种水化物的溶解度很小，水化物的生成速度大于其在溶液中的扩散速度，一般在数分钟内，水泥颗粒周围的溶液成为水化物的过饱和溶液，先后析出水化硅酸钙凝胶、水化硫铝酸钙和氢氧化钙晶体等水化产物，覆盖在水泥颗粒表面。在水化初期，水化物不多，包有水化产物膜层的水泥颗粒还是分离着的，水泥浆具有可塑性，如图 2-2(b) 所示。随着时间的推移，水泥颗粒不断水化，水化物增多，水泥颗粒表面的水化物膜层增厚，颗粒间的间隙逐渐缩小，以至相互接触，在接触点借助于静电引力和范德华力，凝结成多孔的空间网络，形成凝聚结构，如图 2-2(c) 所示。这使得水泥浆开始失去可塑性，出现初凝，但这时还不具有强度。随着以上过程的不断进行，水化物增多，颗粒间的接触点数目增加，固体颗粒之间的毛细孔不断减小，结构逐渐紧密，使水泥浆体完全失去可塑性，并能承受一定的荷载，表现为终凝，并开始进入硬化阶段，如图 2-2(d) 所示。进入硬化阶段后，水化速度逐渐减慢，水化物随时间的增长而逐渐增加，使毛细孔径减小，结构更趋致密，强度大幅度提高，形成坚硬的水泥石。

水泥颗粒的水化是从表面向内部进行的，水化程度受水和水化物的扩散控制，水泥颗粒的内核很难完全水化。因此，硬化的水泥石是由水化产物（凝胶体和结晶体）、未水化的水泥颗粒、水（自由水和吸附水）和孔隙（毛细孔和凝胶孔）组成。

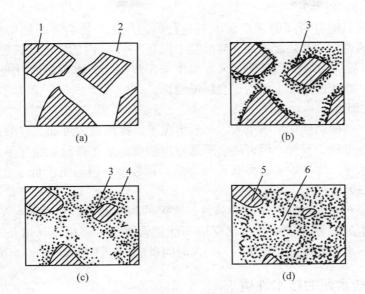

图 2-2 水泥凝结硬化过程示意
(a)水泥颗粒分散在水中 (b)颗粒表面形成水化物膜层
(c)膜层长厚并相互连接(凝结) (d)水化继续,水化物填充毛细孔(硬化)
1-水泥颗粒 2-水 3-凝胶 4-晶体 5-未水化水泥颗粒 6-毛细孔

2.2.3.2 影响硅酸盐水泥凝结硬化的主要因素

硅酸盐水泥在凝结硬化过程中受多个因素影响,包括水泥熟料的矿物组成、细度、水灰比、养护时间、温度和湿度等。

(1)熟料矿物组成

由表 2-6 可以看出,硅酸盐水泥熟料的矿物组成是影响水泥凝结硬化的主要因素。水泥中各矿物成分相对含量的变化将导致不同的凝结硬化特性,例如 C_3A 含量高时,水化速率快,但强度不高;而 C_2S 含量高时,水化速率慢,早期强度低,后期强度高。

(2)细度

细度是指水泥颗粒的粗细程度。它对水泥的性质影响很大,水泥颗粒越细,与水起反应的表面积就越大,水化较快而且较完全,因而凝结硬化快,早期强度较高;但水泥颗粒过细,早期放热量和硬化收缩也较大,且生产成本较高,储存期较短。因此,水泥的细度应适中。

(3)水灰比

水灰比是浆体中水与水泥的质量之比。拌和水泥浆时,为了使水泥浆具有一定的塑性和流动性,加入的水量通常要大于水泥水化时所需要的水量,多余的水分蒸发后,在硬化的水泥石内形成毛细孔。水灰比越大,水泥浆就越稀,凝结硬化后水泥石中的毛细孔就越多,导致水泥石强度下降;同时,由于毛细孔的增多,水泥石的抗冻性和抗渗性也显著下降。

(4) 龄期（养护时间）

水泥的水化是随着时间的延长而不断进行的，水化产物会不断地增加并填充毛细孔，使水泥石的密实度和强度增加。硅酸盐水泥在3～14d内的强度增长较快，28d以后渐慢，3个月以后更为缓慢。但是，只要温度与湿度适当，水泥的水化便会不断进行，其强度在数月、数年甚至几十年后还会缓慢增长。

(5) 温度和湿度

温度对水泥的凝结硬化影响很大。一般情况下，提高温度可加速硅酸盐水泥的早期水化，使早期强度较快发展，但可能会降低后期强度。水泥在较低温度下水化，虽然凝结硬化慢，但水化产物较致密，可获得较高的后期强度。但当温度低于0℃时，会因结冰而导致水泥石的破坏。

湿度是保证水泥水化的一个必要条件，水泥的凝结硬化，实质是水泥的水化过程。因此，在缺乏水的干燥环境中，水化反应不能正常进行，强度不再增长，硬化也将停止。在施工中，水泥混凝土在浇筑后的一段时间里应十分注意温度和湿度的养护。

2.2.4 硅酸盐水泥的技术性质

GB 175—2007《通用硅酸盐水泥》对硅酸盐水泥的主要技术性质做了如下明确规定：

(1) 细度（选择性指标）

水泥的细度可用筛析法和比表面积法（勃氏法）检验。筛析法：以80μm或45μm方孔筛的筛余表示水泥的细度。比表面积法：用1kg水泥所具有的总表面积（m^2/kg）表示水泥的细度。

国家标准规定硅酸盐水泥的比表面积应不小于300m^2/kg。

(2) 标准稠度用水量

由于加水量的多少对水泥的一些技术性质（如凝结时间等）的测定值影响很大，故测定这些性质时，必须在一个规定的稠度下进行。这个规定的稠度称为标准稠度（测定方法见附录试验一"水泥试验"部分）。水泥净浆达到标准稠度时，所需的拌和水量（以占水泥质量的百分比表示）称为标准稠度用水量（也称需水量）。

硅酸盐水泥的标准稠度用水量一般为24%～30%。水泥熟料矿物成分不同时，其标准稠度用水量亦有差别。水泥磨得越细，标准稠度用水量越大。

在水泥标准中，对标准稠度用水量没有提出具体要求，但标准稠度用水量的大小，能在一定程度上影响混凝土的性能。标准稠度用水量较大的水泥，拌制同样稠度的混凝土，加水量也较大，故硬化时收缩较大，硬化后的强度及密实度也较差。因此，当其他条件相同时，水泥的标准稠度用水量越小越好。

(3) 凝结时间

凝结时间分为初凝时间和终凝时间。初凝时间是标准稠度的水泥净浆加水拌和至开始失去可塑性所需的时间；终凝时间是标准稠度的水泥净浆加水拌和至完全失去可塑性，并开始产生强度所需的时间。混凝土的搅拌、运输和浇捣，以及砂浆的粉刷和砌筑都应在初凝前完成，因此水泥的初凝时间不能过短。当施工完毕后，则要求尽快硬化，并具有强度，故终凝时间不能太长。

国家标准规定：硅酸盐水泥的初凝时间不得小于 45min，终凝时间不得大于 390min。凝结时间不符合规定的为不合格品。

(4) 体积安定性

水泥的体积安定性是指水泥在凝结硬化过程中，体积变化的均匀性。如果水泥在硬化后，产生不均匀的体积变化，即所谓体积安定性不良，就会使构件产生膨胀性裂缝，降低结构物质量，甚至引起严重事故。

引起水泥体积安定性不良的原因主要有以下几方面：

①游离氧化钙(f-CaO)过量　如果煅烧过程中未能化合而残留下来的呈游离态的氧化钙过量，则其滞后的水化将产生结晶膨胀而导致水泥石开裂甚至破坏，即造成水泥体积安定性不良。

f-CaO 所引起的体积安定性不良可用沸煮法检验。沸煮法的原理是通过沸煮加速 f-CaO 水化，检验其体积变化现象。测试方法有试饼法和雷氏法。试饼法是观察水泥净浆试饼沸煮 3h 后的外形变化；雷氏法是测定水泥净浆在雷氏夹中沸煮 3h 后的膨胀值。有争议时以雷氏法为准。

通常熟料中 f-CaO 含量应严格控制在 1% 以下。

②氧化镁(MgO)过量　氧化镁产生危害的原因与 f-CaO 相似，但其水化作用比 f-CaO 更为缓慢，所以必须采用压蒸才能检验出其危害程度。国家标准规定：硅酸盐水泥中氧化镁的含量一般不得超过 5%；若经试验论证，其含量允许放宽到 6%。

③三氧化硫(SO_3)过多　三氧化硫主要是粉磨熟料时掺入石膏带来的。过多的三氧化硫能在已硬化的水泥石中生成水化硫铝酸钙晶体，体积膨胀，破坏水泥石的结构，检验三氧化硫的危害作用须用浸水法。国家标准规定：硅酸盐水泥中三氧化硫的含量不得超过 3.5%。

体积安定性不符合要求的为不合格品。但某些体积安定性不合格的水泥存放一段时间后，由于水泥中的游离氧化钙吸收空气中的水而熟化，会成为合格品。

(5) 强度及强度等级

强度是评价和选用水泥的重要质量指标。我国采用胶砂法检验水泥的强度，GB/T 17671—1999《水泥胶砂强度检验方法(ISO 法)》规定：水泥、标准砂和水按水泥:标准砂:水 = 1:3.0:0.5 混合，按规定的方法制成 40mm × 40mm × 160mm 的标准试件，在标准温度(20 ± 1)℃ 的水中养护，测定其 3d 和 28d 的强度。

水泥的强度等级按规定龄期(28d)的抗压强度来划分，并按照 3d 强度的大小分为普通型和早强型(用 R 表示)。GB 175—2007《通用硅酸盐水泥》将硅酸盐水泥分为 42.5，42.5R，52.5，52.5R，62.5 和 62.5R 6 个强度等级，各龄期的强度值不能低于国家标准的规定，见表 2-7。强度不符合规定的为不合格品。

(6) 水化热

水泥在水化过程中放出的热量称为水化热，单位为 kJ/kg。水泥水化热的大小及放热速率主要取决于水泥熟料的矿物组成及细度等。通常强度等级高的水泥，水化热较大。

表 2-7 硅酸盐水泥各龄期的强度要求（GB 175—2007）

强度等级	抗压强度/MPa		抗折强度/MPa	
	3d	28d	3d	28d
42.5	≥17.0	≥42.5	≥3.5	≥6.5
42.5R	≥22.0	≥42.5	≥4.0	≥6.5
52.5	≥23.0	≥52.5	≥4.0	≥7.0
52.5R	≥27.0	≥52.5	≥5.0	≥7.0
62.5	≥28.0	≥62.5	≥5.0	≥8.0
62.5R	≥32.0	≥62.5	≥5.5	≥8.0

凡起促凝作用的因素（如加 $CaCl_2$）均可提高早期水化热；反之，凡能减慢水化反应的因素（如加入缓凝剂），均能降低早期水化热。

大体积混凝土构筑物，由于水化热积聚在内部不易散失，内部温度可达 50～60℃。内外温度差所引起的应力可使混凝土产生裂缝，因此，在大体积混凝土工程中，应选用低热水泥。但在冬季施工时，水化热有利于水泥的凝结硬化和防止混凝土受冻。

（7）碱含量（选择性指标）

水泥中的碱含量按 $Na_2O + 0.658K_2O$ 计算值表示。若使用活性骨料，用户要求提供低碱水泥时，水泥中的碱含量应不大于 0.60%，或由买卖双方协商确定。

（8）氯离子含量

如果水泥中氯离子含量较高，则会强烈促进锈蚀反应，破坏保护膜，加速钢筋锈蚀。因此，国家标准规定：硅酸盐水泥中氯离子含量应不大于 0.06%。氯离子含量不满足要求的为不合格品。

除了上述技术要求外，国家标准对硅酸盐水泥还有不溶物、烧失量等方面的要求。

2.2.5 硅酸盐水泥的腐蚀及其防止措施

硅酸盐水泥硬化后，一般具有较好的耐久性。但当水泥石所处的环境中含有腐蚀性介质时，水泥石将会发生一系列物理、化学变化，使其结构遭到破坏，强度逐渐降低，甚至全部溃裂破坏，这种现象称为水泥石的腐蚀。

2.2.5.1 软水的腐蚀（溶出性腐蚀）

水泥石中的绝大部分是不溶于水的，其中氢氧化钙的溶解度也很低。在一般的水中，水泥石表面的氢氧化钙和水中的重碳酸盐反应，生成碳酸钙，填充在毛细孔中，并覆盖在水泥石的表面，阻止外界水分的浸入和氢氧化钙的溶出，对水泥石起保护作用，因此水泥石在一般水中是不产生溶出性腐蚀的。但当水泥石长期与雨水、雪水、蒸馏水、工厂冷凝水等含重碳酸盐少的软水相接触时，水泥石中的氢氧化钙会溶于水中。在静水及无压水的情况下，溶出的氢氧化钙在水中很快饱和，溶解作用中止，溶出将只限于表层，对水泥石影响不大。如果有流水及压力水作用，氢氧化钙会不断溶解流失，一方面使得水泥石孔隙率增大，密实度和强度下降，水更易向内部渗透；另一方面使得水泥石中的碱度降低，而水泥石的水化产物必须在一定的碱性环境中才能稳定，所以氢氧化钙的溶出又会导致其他水化物的分解溶蚀，使水泥石结构遭受进一步的破坏，以致全部溃裂，这种腐蚀就称为溶出性腐蚀或软水腐蚀。

2.2.5.2 硫酸盐的腐蚀（膨胀性腐蚀）

含硫酸盐的海水、湖水、地下水及某些工业污水，长期与水泥石接触时，其中的硫酸盐会与水泥石中的氢氧化钙发生反应，生成石膏。石膏与水泥石中的水化铝酸钙作用，生成水化硫铝酸钙（见2.2.2.2）。其中，生成的高硫型水化铝酸钙（AFt）含有大量结晶水，体积增加1.5倍以上，会引起膨胀应力，造成开裂，对水泥石产生极大的破坏作用。由于高硫型水化硫铝酸钙呈针状结晶，故称之为"水泥杆菌"。

当水中硫酸盐浓度较高时，硫酸钙还会在孔隙中直接结晶成二水石膏，产生体积膨胀，引起膨胀应力，导致水泥石破坏。

2.2.5.3 溶解性腐蚀

溶解于水中的酸类和盐类可以与水泥石中的氢氧化钙发生置换反应，生成易溶性的盐或无胶结能力的化合物，导致水泥石的孔隙增加，强度降低或破坏，称为溶解性腐蚀。常见的有镁盐、一般酸和碳酸的腐蚀。

（1）镁盐的腐蚀

在海水及地下水中，常含大量的镁盐，主要是硫酸镁和氯化镁。它们与水泥石中的氢氧化钙反应如下：

$$MgSO_4 + Ca(OH)_2 + 2H_2O \longrightarrow CaSO_4 \cdot 2H_2O + Mg(OH)_2$$
$$\text{（结晶膨胀）（絮凝状、无胶结能力）}$$

$$MgCl_2 + Ca(OH)_2 \longrightarrow CaCl_2 + Mg(OH)_2$$
$$\text{（易溶）（絮凝状、无胶结能力）}$$

生成物氢氧化镁松软而无胶凝能力，氯化钙易溶于水，二水石膏则引起硫酸盐腐蚀作用。因此，硫酸镁对水泥石起镁盐和硫酸盐的双重腐蚀作用。

（2）一般酸的腐蚀

各种酸对水泥石都有不同程度的腐蚀作用。它们与水泥石中的氢氧化钙反应生成的化合物，或易溶于水，或体积膨胀在水泥石内部造成内应力而导致破坏。

例如，盐酸与水泥石中的氢氧化钙作用，生成的氯化钙易溶于水。反应式如下：

$$2HCl + Ca(OH)_2 \longrightarrow CaCl_2 + 2H_2O$$
$$\text{（易溶）}$$

硫酸与水泥石中的氢氧化钙作用，生成的二水石膏还会引起硫酸盐腐蚀。反应式如下：

$$H_2SO_4 + Ca(OH)_2 \longrightarrow CaSO_4 \cdot 2H_2O$$
$$\text{（结晶膨胀）}$$

(3) 碳酸腐蚀

在工业污水、地下水中常溶解有较多的二氧化碳。开始时，二氧化碳与水泥石中的氢氧化钙作用生成碳酸钙：

$$Ca(OH)_2 + CO_2 + H_2O \longrightarrow CaCO_3 + 2H_2O$$

生成的碳酸钙再与含碳酸的水作用转变成重碳酸钙：

$$CaCO_3 + CO_2 + H_2O \Longleftrightarrow \underset{(易溶)}{Ca(HCO_3)_2}$$

生成的重碳酸钙易溶于水，当水中含有较多的 CO_2 时，则反应向右进行，即将水泥石中的氢氧化钙转变为易溶于水的重碳酸钙而溶失。碱度降低，还会导致水泥石中其他水化物的分解，使腐蚀作用进一步加剧。

(4) 强碱的腐蚀

碱类溶液在浓度不大时，一般对水泥石是无害的。但铝酸盐含量较高的硅酸盐水泥遇到强碱（如氢氧化钠）作用后，也会发生腐蚀。氢氧化钠与水泥熟料中未水化的铝酸盐反应，会生成易溶的铝酸钠：

$$3CaO \cdot Al_2O_3 + 6NaOH \longrightarrow \underset{(易溶)}{3Na_2O \cdot Al_2O_3} + 3Ca(OH)_2$$

此外，水泥石被氢氧化钠浸透后又在空气中干燥，氢氧化钠会与空气中的二氧化碳反应生成碳酸钠：

$$2NaOH + CO_2 \longrightarrow Na_2CO_3 + H_2O$$

碳酸钠在水泥石毛细孔中结晶，体积膨胀，会使水泥石胀裂。

在实际工程中，水泥石的腐蚀是一个极为复杂的物理化学作用过程，它在遭受腐蚀时，往往是几种因素同时存在，互相影响。

2.2.5.4 腐蚀的防止措施

根据以上分析，可知水泥石腐蚀的基本原因是：

①水泥石中存在易被腐蚀的组分，主要是氢氧化钙和水化铝酸钙；

②水泥石结构不致密，有很多毛细孔通道，侵蚀性介质易进入其内部；

③外界存在腐蚀性介质和条件。

针对以上三方面，可采用下列措施，减少或防止水泥石的腐蚀：

①根据侵蚀环境特点，合理选用水泥品种。例如，对于软水的侵蚀，可采用掺入活性混合材料的水泥，例如采用矿渣硅酸盐水泥、火山灰质硅酸盐水泥、粉煤灰硅酸盐水泥等（见2.3.3）；对于硫酸盐的腐蚀，除采用上述水泥外，还可采用铝酸三钙含量低于5%的水泥，也可采用铝酸盐水泥（见2.4.1）。

②提高水泥石的密实度，降低水泥石的孔隙率。在实际工程中，为了提高混凝土或砂浆的密实度，应合理设计混凝土配合比，尽量降低水灰比，合理选择骨料，严格按照施工要求进行施工和养护。

③加做保护层，隔断水泥石和外界腐蚀性介质的接触，可在水泥石表面涂抹耐腐蚀的材料，例如水玻璃、沥青、环氧树脂等；可在水泥石的表面铺建筑陶瓷、致密的天然

石材等。

2.2.6 硅酸盐水泥的特性与应用

（1）强度高

硅酸盐水泥水化反应速度快，早期和后期强度都高，主要用于重要结构的高强度混凝土和预应力混凝土工程，也可用于有早期强度要求的工程。

（2）水化热大

硅酸盐水泥在水化过程中，水化放热的速度快、放热量大，有利于冬季施工。但热量容易在混凝土内部积聚，产生内外温差，引起局部拉应力，使混凝土开裂，故一般不宜用于大体积混凝土工程。

（3）抗冻性好

硅酸盐水泥石结构致密，抗冻性好，适用于严寒地区遭受反复冻融的工程，以及抗冻性要求较高的工程，如大坝的溢流面。

（4）抗碳化性好

在有水分存在的条件下，水泥石中的氢氧化钙与空气中的二氧化碳反应生成碳酸钙的过程称为碳化。碳化会引起体积收缩，使水泥石产生细小裂缝，降低水泥石的抗折强度；同时，碳化还会引起水泥石内部的碱度降低，钢筋混凝土中的钢筋失去钝化保护膜，易生锈，最终导致钢筋混凝土结构的破坏。但碳化生成的碳酸钙，可减少水泥石的孔隙，对防止有害介质的入侵具有一定的缓冲作用。

硅酸盐水泥水化后，水泥石中含有较多的氢氧化钙，碳化时水泥的碱度下降少，对钢筋的保护作用强，可用于空气中二氧化碳浓度较高的环境中。

（5）耐腐蚀性差

在硅酸盐水泥硬化后的水泥石中，含有较多的氢氧化钙和水化铝酸钙，耐软水侵蚀和耐化学腐蚀性差，不宜用于受海水、矿物水等作用的工程。

（6）不耐高温

当受热到250~300℃时，水泥石中的水化产物开始脱水，引起水泥石收缩和强度降低；当受热到700~1 000℃时，水泥石结构几乎完全破坏。因此，硅酸盐水泥不宜用来配制耐热混凝土，也不宜用于耐热要求较高的工程。

2.3 掺混合材料的硅酸盐水泥

按掺加混合材料的品种和数量的不同，其他通用硅酸盐水泥主要包括普通硅酸盐水泥、矿渣硅酸盐水泥、火山灰质硅酸盐水泥、粉煤灰硅酸盐水泥和复合硅酸盐水泥。

2.3.1 混合材料

在生产水泥时，为节约水泥熟料和提高水泥产量，扩大水泥品种，同时也为改善水泥性能，调节水泥强度等级，而加到水泥中的人工或天然的矿物材料，称为水泥混合材料。水泥混合材料按其性能分为活性混合材料（又称水硬性混合材料）和非活性混合材料（又称填充性混合材料）。

2.3.1.1 活性混合材料

活性混合材料是具有较高的火山灰性或潜在的水硬性，或两者兼有，性能符合有关国家标准的矿物材料。火山灰性是指一种材料磨成细粉，单独不具有水硬性，但在常温下与石灰一起和水拌和后，能生成具有水硬性化合物的性能。潜在的水硬性是指将磨细的材料与水拌和后，在有少量激发剂的情况下，具有水硬性的性能。常用的活性混合材料有粒化高炉矿渣、火山灰质混合材料和粉煤灰。

（1）粒化高炉矿渣

粒化高炉矿渣是炼铁高炉的熔融矿渣经急速冷却而成的松散颗粒，其粒径一般为0.5~5mm。急冷一般采用水冷的方法，故又称水淬高炉矿渣。粒化高炉矿渣的绝大部分为不稳定的玻璃体，有较高的潜在化学能，在有少量激发剂的作用下，其浆体具有水硬性，因而具有潜在的水硬性。粒化高炉矿渣中的活性成分主要是硅酸钙和铝硅酸钙，在常温下，硅酸钙和铝硅酸钙在氢氧化钙的激发下，会发生水化并产生强度。在含氧化钙较高的碱性矿渣中，还含有硅酸二钙等成分，其本身就具有弱水硬性。

（2）火山灰质混合材料

火山灰质混合材料是泛指具有火山灰性的一类物质，按其化学成分与矿物结构，可分为含水硅酸质、铝硅玻璃质和烧黏土质。

含水硅酸质混合材料的活性成分以氧化硅为主，如硅藻土、硅藻石、蛋白石和硅质渣等。

铝硅玻璃质混合材料的活性成分为氧化硅和氧化铝，如火山灰、凝灰岩、浮石和某些工业废渣等。

烧黏土质混合材料的活性成分以氧化铝为主，如烧黏土、煤渣、煅烧的煤矸石等。

（3）粉煤灰

粉煤灰是以煤粉为燃料的火力发电厂从其锅炉烟气中收集下来的粉末，又称飞灰。它的颗粒细小（粒径为1~50μm），呈玻璃态实心或空心的球状。粉煤灰属火山灰质混合材料的一种，其主要成分是氧化硅和氧化铝，活性大小主要取决于玻璃体含量。粉煤灰的排放量大，其使用性能又有特点，因此，将粉煤灰单独列出。

2.3.1.2 非活性混合材料

在水泥中主要起填充作用而又不影响水泥性能的矿物材料称为非活性混合材料。活性指标低于有关国家标准的粒化高炉矿渣、粉煤灰和火山灰质混合材料以及石灰石和砂岩等均属于非活性混合材料。它们掺入水泥中，不与或几乎不与水泥水化产物发生作用，仅起提高产量、调节水泥强度等级和减少水化热等作用。

2.3.2 普通硅酸盐水泥

2.3.2.1 普通硅酸盐水泥的组成

GB 175—2007《通用硅酸盐水泥》规定,普通硅酸盐水泥的代号为 P·O,掺加了质量大于5%且不超过20%的活性混合材料。其中允许用不超过水泥质量5%的窑灰或不超过水泥质量8%的非活性混合材料来代替部分活性混合材料。

2.3.2.2 普通硅酸盐水泥的技术指标

国家标准《通用硅酸盐水泥》规定,普通硅酸盐水泥的细度、体积安定性、氧化镁含量、三氧化硫含量、氯离子含量的要求与硅酸盐水泥完全相同,而凝结时间和强度等级的要求则不同。

(1) 凝结时间

普通硅酸盐水泥初凝时间不小于45min,终凝时间不大于600min。

(2) 强度等级

普通硅酸盐水泥的强度等级分为42.5、42.5R、52.5和52.5R。各强度等级水泥的各龄期强度值不得低于表2-8中的数值,否则为不合格品。

表2-8 普通硅酸盐水泥各龄期的强度要求(GB 175—2007)

强度等级	抗压强度/MPa		抗折强度/MPa	
	3d	28d	3d	28d
42.5	17.0	42.5	3.5	6.5
42.5R	22.0	42.5	4.0	6.5
52.5	23.0	52.5	4.0	7.0
52.5R	27.0	52.5	5.0	7.0

注:R 表示早强型。

2.3.2.3 普通硅酸盐水泥的其他性质

普通硅酸盐水泥中掺入的混合材料较少,大部分仍为硅酸盐水泥熟料,其性能与硅酸盐水泥相近,但普通硅酸盐水泥在早期强度、强度等级、水化热、抗冻性、抗碳化能力上略有降低,而耐热性、耐腐蚀性略有提高。二者的应用范围大致相同,由于性能上的一点差异,普通硅酸盐水泥的应用比硅酸盐水泥更广。

2.3.3 矿渣硅酸盐水泥、火山灰质硅酸盐水泥及粉煤灰硅酸盐水泥

2.3.3.1 组成

国家标准《通用硅酸盐水泥》规定:

①矿渣硅酸盐水泥(简称矿渣水泥)分为2个类型:掺加大于20%且不超过50%的粒化高炉矿渣的为A型,代号P·S·A;掺加大于50%且不超过70%的粒化高炉矿渣的为B型,代号P·S·B。允许用窑灰、活性混合材料和非活性混合材料中的任一种代

替部分矿渣，代替数量不得超过水泥质量的8%。

②火山灰质硅酸盐水泥（简称火山灰水泥），代号P·P，掺加了大于20%且不超过40%的火山灰质混合材料。

③粉煤灰硅酸盐水泥（简称粉煤灰水泥），代号P·F，掺加了大于20%且不超过40%的粉煤灰。

2.3.3.2 技术指标

国家标准《通用硅酸盐水泥》规定，矿渣水泥、火山灰水泥和粉煤灰水泥的凝结时间、体积安定性、氯离子含量的要求与普通硅酸盐水泥相同。其他技术指标规定如下：

①细度（选择性指标） 80μm方孔筛筛余不大于10%，或45μm方孔筛筛余不大于30%。

②氧化镁含量 A型矿渣水泥、火山灰水泥和粉煤灰水泥的氧化镁含量不大于6.0%，否则需进行压蒸安定性试验并合格；对B型矿渣水泥则不作要求。

③三氧化硫含量 矿渣水泥的三氧化硫含量不大于4%；火山灰水泥和粉煤灰水泥的三氧化硫含量不大于3.5%。

④强度等级 矿渣水泥、火山灰水泥和粉煤灰水泥的强度等级分为32.5、32.5R、42.5、42.5R、52.5、52.5R。各强度等级水泥的各龄期强度值不得低于表2-9中的数值，否则为不合格品。

表2-9 矿渣水泥、火山灰质水泥及粉煤灰水泥各龄期的强度要求（GB 175—2007）

强度等级	抗压强度/MPa		抗折强度/MPa	
	3d	28d	3d	28d
32.5	10.0	32.5	2.5	5.5
32.5R	15.0	32.5	3.5	5.5
42.5	15.0	42.5	3.5	6.5
42.5R	19.0	42.5	4.0	6.5
52.5	21.0	52.5	4.0	7.0
52.5R	23.0	52.5	5.0	7.0

注：R表示早强型。

2.3.3.3 水化特点

矿渣水泥、火山灰水泥和粉煤灰水泥的水化反应是分两步进行的，即二次水化。首先为熟料矿物水化，生成的水化产物与硅酸盐水泥基本相同：氢氧化钙、水化硅酸钙、水化铝酸钙、水化铁酸钙等；然后活性混合材料开始水化，熟料矿物析出的氢氧化钙作为碱性激发剂，掺入水泥中的石膏作为硫酸盐激发剂，与活性混合材料中的活性氧化硅、活性氧化铝发生二次水化反应，生成水化硅酸钙、水化铝酸钙、水化硫铝酸钙或水化硫铁酸钙等水化产物。由于3种混合材料的活性成分含量不同，生成物的相对含水量及水化特点也有些差异。

矿渣水泥的水化产物主要是水化硅酸钙凝胶、高硫型水化硫铝酸钙、氢氧化钙、水化铝酸钙及其固溶体。水化硅酸钙和高硫型水化硫铝酸钙成为硬化矿渣水泥石的主体，水泥石的结构致密、强度也高。

火山灰水泥的水化产物与矿渣水泥相近，但硬化一定时期后，游离氢氧化钙含量极低，生成水化硅酸钙凝胶的数量较多，水泥石结构比较致密。

粉煤灰水泥的水化产物基本与火山灰水泥相同，但由于致密的球形玻璃体结构，致使其吸水性小，水化速率慢。

2.3.3.4 特性与应用

矿渣水泥、火山灰水泥和粉煤灰水泥有以下共同的性能特点和用途：

①凝结硬化速度慢、早期强度低、后期强度高　矿渣水泥、火山灰水泥和粉煤灰水泥的熟料含量较少，早强的熟料矿物量也相应减少，故早期(3d、7d)强度较低，不适合有早强要求的混凝土工程。但在硬化后期(28d 以后)，由于二次水化反应，使水化硅酸钙凝胶数量增多，水泥石强度不断增长，甚至超过同强度等级的硅酸盐水泥。

②抗腐蚀能力强　矿渣水泥、火山灰水泥和粉煤灰水泥水化所析出的氢氧化钙较少，而且在二次水化反应时，又消耗掉大量的氢氧化钙，水泥石中剩余的氢氧化钙少。因此，这些水泥的抗软水、海水和硫酸盐腐蚀的能力比硅酸盐水泥强，适用于水工、海港等受软水和硫酸盐腐蚀较强的混凝土工程。

③水化热低　矿渣水泥、火山灰水泥和粉煤灰水泥中熟料少，相应放热量高的矿物成分 C_3S 和 C_3A 含量也少，水化放热速度慢，放热量低，适宜大体积混凝土工程。

④硬化时对温度敏感性强　矿渣水泥、火山灰水泥和粉煤灰水泥对养护温度很敏感，低温情况下凝结硬化速度显著减慢，所以不宜进行冬季施工。若采用蒸气养护或蒸压养护等湿热处理方法，则能显著加快硬化速度，并且在处理完毕后不会影响后期强度的增长，所以适宜采用蒸气或蒸压养护方法生产预制构件。

⑤抗碳化能力差　矿渣水泥、火山灰水泥和粉煤灰水泥的碳化速度较快，对防止混凝土中钢筋锈蚀不利；又因碳化造成水化产物的分解，使硬化的水泥石表面产生"起粉"现象。所以，不宜用于二氧化碳浓度较高的环境。

⑥抗冻性差　矿渣水泥、火山灰水泥和粉煤灰水泥掺入的混合材料较多，使水泥的水化需水量增加，容易形成粗大孔隙和毛细管通路，导致抗冻性和耐磨性较差，故不宜用于严寒地区，特别是严寒地区水位经常变动的部位。

此外，由于所掺加的活性混合材料的不同，它们又有着各自的性能特点和用途：

①矿渣硅酸盐水泥　矿渣水泥中混合材料掺量较多，由于粒化高炉矿渣比熟料难磨细，使水泥中的矿渣颗粒比熟料颗粒大，且磨细的矿渣颗粒有尖锐的棱角，导致保水能力较差，泌水性较大。因此，容易析出多余水分，形成毛细管通路或粗大孔隙，使水泥的抗渗性和抵抗干湿交替循环的性能差，且干缩较大，易产生裂纹。

矿渣水泥水化后的氢氧化钙含量低，矿渣本身又是水泥的耐火掺加料，因此，矿渣水泥具有较高的耐热性，适用于高温环境。

②火山灰质硅酸盐水泥　火山灰水泥处在潮湿环境或水中养护时，火山灰质混合材

料吸收石灰而产生膨胀胶化作用,并且形成较多的水化硅酸钙凝胶,使水泥石结构致密。因此,有较高的密实度和抗渗性,可用于抗渗要求较高的工程,特别适用于水中的混凝土工程。

火山灰水泥处在干燥空气中时,二次水化反应会中止,强度也停止增长,已经形成的水化硅酸钙凝胶还会逐渐干燥,产生较大的体积收缩和内应力而形成微细裂纹。在表面,由于碳化作用使水化硅酸钙凝胶分解成为碳酸钙和氧化硅的粉状混合物,产生表面"起粉"现象。因此,火山灰水泥不宜用于处在干燥环境(或干热地区)中的地上结构物。

火山灰水泥的抗硫酸盐腐蚀能力与掺入的火山灰质混合材料种类有关。含有较多黏土质的混合材料,因含较多的三氧化二铝,而活性的二氧化硅含量少,在水化和硬化时,氢氧化钙与三氧化二铝反应生成较多的水化铝酸三钙。因此,掺入黏土质的火山灰水泥不抗硫酸盐腐蚀。

③粉煤灰水泥　粉煤灰水泥中的粉煤灰颗粒呈球状,且较为致密,吸水性较小,而且还起着一定的润滑作用。所以,用粉煤灰水泥配制的混凝土干缩性小,抗裂性好。此外,由于它的水化热低、耐腐蚀性好,故特别适用于水利工程及大体积混凝土工程。但用粉煤灰水泥配制的混凝土初始析水速度较快,表面易产生收缩裂缝,故施工时应予以注意。

在矿渣水泥、火山灰水泥和粉煤灰水泥中,矿渣水泥应用较广泛,也是我国水泥产量最大的品种之一。

2.3.4　复合硅酸盐水泥

2.3.4.1　复合硅酸盐水泥的组成

国家标准《通用硅酸盐水泥》规定,复合硅酸盐水泥(简称复合水泥),代号P·C,掺加了2种及2种以上大于20%且不超过50%的混合材料。允许用不超过水泥质量8%的窑灰代替部分混合材料;掺矿渣时混合材料掺量不得与矿渣硅酸盐水泥重复。

2.3.4.2　复合硅酸盐水泥的技术指标

国家标准《通用硅酸盐水泥》规定,复合硅酸盐水泥的细度、凝结时间、体积安定性、强度等级、氯离子含量、三氧化硫含量和氧化镁含量与火山灰质硅酸盐水泥、粉煤灰硅酸盐水泥相同。

2.3.4.3　复合硅酸盐水泥的其他性质

复合水泥中同时掺入2种或2种以上的混合材料,它们在水泥中不是每种混合材料的简单叠加,而是相互补充。如矿渣与石灰石复掺,使水泥既具有较高的早期强度,又有较高的后期强度增进率;又如火山灰与矿渣复掺,可有效地减少水泥的需水性。水泥中同时掺入2种或多种混合材料,可更好地发挥混合材料各自的优良特性,使水泥性能得到全面改善。因而复合水泥的用途较其他通用硅酸盐水泥更为广泛,是一种大力发展的新型水泥。

复合水泥的性能与主要混合材料的品种有关,例如,以矿渣为主要混合材料时,其性质与矿渣水泥接近；以火山灰质混合材料为主要混合材料时，其性质与火山灰水泥接近。因此，使用复合水泥时，应当清楚水泥中主要混合材料的品种。

上述6种水泥的特性及应用特点见表2-10。

表2-10　6种通用硅酸盐水泥的特性和应用

水泥品种	特　性	适用范围	不适用范围
硅酸盐水泥	1. 早期强度高 2. 水化热高 3. 抗冻性好 4. 耐腐蚀性差 5. 干缩性小 6. 抗碳化性能好 7. 耐热性好 8. 耐磨性好 9. 湿热养护效果差	1. 早强混凝土 2. 路面混凝土 3. 有抗冻要求的混凝土 4. 干燥气候条件下混凝土 5. 有抗碳化要求的混凝土 6. 高强混凝土、预应力混凝土	1. 大体积混凝土工程 2. 受侵蚀的混凝土 3. 耐热混凝土
普通硅酸盐水泥	与硅酸盐水泥基本相同	与硅酸盐水泥基本相同	与硅酸盐水泥基本相同
矿渣硅酸盐水泥	1. 水化热低 2. 耐腐蚀性较强 3. 抗冻性差 4. 干缩性大 5. 抗碳化性能差 6. 耐磨性好 7. 抗渗性好 8. 耐热性好 9. 湿热养护效果好 10. 早期强度较低，后期强度增长快	1. 大体积混凝土工程 2. 受侵蚀的混凝土 3. 耐热混凝土 4. 蒸气养护的预制构件	1. 有抗碳化要求的混凝土 2. 有抗渗性要求的混凝土 3. 早强混凝土
火山灰质硅酸盐水泥	1. 水化热低 2. 耐腐蚀性较强 3. 抗冻性差 4. 抗碳化性能差 5. 耐磨性差 6. 干缩性大 7. 抗渗性好 8. 湿热养护效果好 9. 早期强度较低，后期强度增长快	1. 大体积混凝土工程 2. 受侵蚀的混凝土 3. 抗渗混凝土 4. 蒸气养护的预制构件	1. 有抗冻要求的混凝土 2. 有抗碳化要求的混凝土 3. 早强混凝土 4. 干燥气候条件下的混凝土

(续)

水泥品种	特 性	适用范围	不适用范围
粉煤灰硅酸盐水泥	1. 水化热低 2. 耐腐蚀性较强 3. 抗冻性差 4. 抗碳化性能差 5. 耐磨性差 6. 抗渗性差 7. 干缩性小，抗裂性好 8. 湿热养护效果好 9. 早期强度较低，后期强度增长快	1. 大体积混凝土工程 2. 受侵蚀的混凝土 3. 蒸气养护的预制构件 4. 承受荷载较迟的混凝土	1. 有抗冻要求的混凝土 2. 干燥气候条件下的混凝土 3. 有抗碳化要求的混凝土 4. 路面混凝土 5. 早强混凝土
复合硅酸盐水泥	1. 水化热低 2. 耐腐蚀性较强 3. 抗冻性较差 4. 抗碳化性能差 5. 耐磨性差 6. 湿热养护效果好 7. 早期强度较低，后期强度增长快	1. 大体积混凝土工程 2. 蒸气养护的预制构件 3. 受侵蚀的混凝土	1. 有抗冻要求的混凝土 2. 干燥气候条件下的混凝土 3. 有抗碳化要求的混凝土 4. 路面混凝土

2.4 其他品种水泥

在水土保持工程中，常用的水泥除通用硅酸盐水泥外，因工程需要，还可能使用铝酸盐水泥、快硬硫铝酸盐水泥、快硬硅酸盐水泥、中低热水泥和膨胀水泥等其他品种水泥。

2.4.1 铝酸盐水泥

GB/T 201—2015《铝酸盐水泥》规定，凡以铝酸钙为主的铝酸盐水泥熟料磨细制成的水硬性胶凝材料称为铝酸盐水泥（又称高铝水泥、矾土水泥），代号CA。

铝酸盐水泥的主要原料是矾土（铝土矿）和石灰石，矾土提供三氧化二铝，石灰石提供氧化钙。其熟料的主要化学成分是氧化钙、三氧化二铝、二氧化硅，还有少量的氧化铁和氧化镁等。铝酸盐水泥按三氧化二铝含量分为4类，称记为：

CA-50　　$50\% \leqslant Al_2O_3 < 60\%$；
CA-60　　$60\% \leqslant Al_2O_3 < 68\%$；
CA-70　　$68\% \leqslant Al_2O_3 < 77\%$；
CA-80　　$77\% \leqslant Al_2O_3$。

2.4.1.1 铝酸盐水泥的水化和硬化

铝酸盐水泥的水化和硬化，主要是铝酸一钙的水化及硬化，其水化反应与温度的关系极大。铝酸盐水泥的水化产物主要是水化铝酸一钙(CAH_{10})、水化铝酸二钙(C_2AH_8)和铝胶。

铝酸盐水泥的突出特点是硬化初期强度增长很快,以后强度增长缓慢,到一定时间后强度开始降低。一般5年以上的铝酸盐水泥混凝土,其剩余强度仅是其强度等级的50%左右,甚至更低。

2.4.1.2 铝酸盐水泥的技术指标

国家标准《铝酸盐水泥》规定:

(1)细度

铝酸盐水泥比表面积不得小于$300m^2/kg$,或$45\mu m$方孔筛的筛余不得大于20%。

(2)凝结时间

CA-50,CA-70和CA-80的初凝时间不得小于30min,终凝时间不得大于6h;CA-60的初凝时间不得小于60min,终凝时间不得大于18h。

(3)强度等级

铝酸盐水泥不同强度等级各龄期强度值不得低于表2-11中规定的数值。

表2-11 铝酸盐水泥各龄期的强度要求(GB/T 201—2015)

水泥类型	抗压强度/MPa				抗折强度/MPa			
	6h	1d	3d	28d	6h	1d	3d	28d
CA-50	20	40	50	—	3.0	5.5	6.5	—
CA-60	—	20	45	80	—	2.5	5.0	10.0
CA-70	—	30	40	—	—	5.0	6.0	—
CA-80	—	25	30	—	—	4.0	5.0	—

2.4.1.3 铝酸盐水泥的特性与应用

(1)快硬、早强,后期强度下降

铝酸盐水泥加水后迅速与水发生水化反应。其1d的强度可达到极限强度的80%左右。3d可达到100%(CA-60除外)。在低温环境下(5℃~10℃)能很快硬化,强度高;而在温度超过30℃以上的环境中,强度急剧下降。该种水泥适用于工期紧急的工程施工和有早强要求的工程。

(2)水化热高,放热快

铝酸盐水泥的放热量与硅酸盐水泥大致相同,但其放热速度特别快,一天之内即可放出水化热总量的70%~80%,故有利于冬季施工,但不能用于大体积混凝土工程。

(3)耐磨性好,耐腐蚀性强

铝酸盐水泥硬化后,密实度较大,因此,耐磨性很好,对矿物水和硫酸盐侵蚀具有很强的抵抗能力。适用于耐磨要求较高的工程和受软水、海水和酸性水腐蚀及受硫酸盐腐蚀的工程。

(4) 耐热性强

铝酸盐水泥有较高的耐热性,如采用耐火粗细骨料(如铬铁矿等)可制成使用温度达1 300℃～1 400℃的耐热混凝土。

(5) 抗碱性差

铝酸盐水泥抗碱性极差,与碱性溶液接触,甚至在混凝土骨料内含有少量碱性化合物,都会引起不断的侵蚀。因此,不得用于接触碱性溶液的工程。

此外,铝酸盐水泥在施工中还应注意以下2点:

①铝酸盐水泥与硅酸盐水泥或石灰相混不但产生闪凝,而且生成高碱性的水化铝酸钙,使混凝土开裂破坏。因此,施工时除不得与石灰和硅酸盐水泥混合外,也不得与尚未硬化的硅酸盐水泥接触使用。

②铝酸盐水泥最适宜的硬化温度为15℃左右,一般不得超过25℃。如温度过高,会导致强度降低。因此,铝酸盐水泥混凝土不能进行蒸气养护,也不宜在高温季节施工。

2.4.2 快硬硫铝酸盐水泥

2.4.2.1 快硬硫铝酸盐水泥的定义

GB 20472—2006《硫铝酸盐水泥》规定,以适当成分的生料,经煅烧所得以无水硫铝酸钙和硅酸二钙为主要矿物成分的熟料和少量石灰石、适量石膏一起磨细制成的早期强度高的水硬性胶凝材料,称为快硬硫铝酸盐水泥,代号 R·SAC。其中,石灰石掺加量应不大于水泥质量的15%。

2.4.2.2 快硬硫铝酸盐水泥的技术指标

国家标准《硫铝酸盐水泥》对快硬硫铝酸盐水泥的技术指标要求如下:

(1) 细度

快硬硫铝酸盐水泥的比表面积应不小于350m²/kg。

(2) 凝结时间

快硬硫铝酸盐水泥的初凝时间不得大于25min,终凝时间不得小于180min。

(3) 强度等级

按3d抗压强度分为42.5、52.5、62.5、72.5四个强度等级,各龄期强度值不得低于表2-12中的规定值。

表2-12 快硬硫铝酸盐水泥各龄期的强度要求(GB 20472—2006)

强度等级	抗压强度/MPa			抗折强度/MPa		
	1d	3d	28d	1d	3d	28d
42.5	30.0	42.5	45.0	6.0	6.5	7.0
52.5	40.0	52.5	55.0	6.5	7.0	7.5
62.5	50.0	62.5	65.0	7.0	7.5	8.0
72.5	55.0	72.5	75.0	7.5	8.0	8.5

2.4.2.3 快硬硫铝酸盐水泥的应用

快硬硫铝酸盐水泥的水化和凝结硬化很快,水化放热速度快,早期强度高。在常温下,12h 的强度可超过 30~40MPa,如掺入早强剂,早期强度还可以提高。所以,特别适用于早期强度要求高的抢修、喷锚支护、堵漏注浆等工程和冬季施工,但不宜用于大体积混凝土工程。

快硬硫铝酸盐水泥的水化产物主要是水化硫铝酸钙(AFt,AFm)、水化硅酸钙和铝胶。因此,具有硬化早期微膨胀、后期收缩量小、耐腐蚀性强的特点。适用于有抗渗、抗裂和抗硫酸盐腐蚀要求的混凝土工程。但水化硫铝酸钙含有大量结晶水,在较高温度下会分解脱水,耐热性差,不能用于有耐热要求的混凝土工程。

2.4.3 快硬硅酸盐水泥

2.4.3.1 快硬硅酸盐水泥的定义

GB 199—1990《快硬硅酸盐水泥》规定,凡以硅酸盐水泥熟料和适量石膏磨细制成的,以 3d 抗压强度划分强度等级的,早期强度增长率快的水硬性胶凝材料,称为快硬硅酸盐水泥,简称快硬水泥。

2.4.3.2 快硬硅酸盐水泥的技术指标

国家标准《快硬硅酸盐水泥》规定:

(1)细度

快硬硅酸盐水泥 80μm 方孔筛的筛余不得超过 10%。

(2)凝结时间

快硬硅酸盐水泥初凝不得小于 45min,终凝不得大于 10h。

(3)体积安定性

安定性(沸煮法检验)必须合格。

(4)强度等级

按 3d 抗压强度分为 32.5、37.5 和 42.5 三个强度等级,各龄期强度值不得低于表 2-13 中的规定值。

表 2-13 快硬硅酸盐水泥各龄期的强度要求(GB 199—1990)

强度等级	抗压强度/MPa			抗折强度/MPa		
	1d	3d	28d	1d	3d	28d
32.5	15.0	32.5	52.5	3.5	5.0	7.2
37.5	17.0	37.5	57.5	4.0	6.0	7.6
42.5	19.0	42.5	62.5	4.5	6.4	8.0

2.4.3.3 快硬硅酸盐水泥的应用

快硬硅酸盐水泥的凝结硬化快，早期强度和后期强度均较高，水化热量高并且集中，所以其抗渗性和抗冻性好，耐腐蚀性差，主要适用于要求早期强度高的工程、紧急抢修工程和冬季施工的混凝土工程，但不得用于大体积混凝土工程和有腐蚀介质作用的混凝土工程。

2.4.4 中热硅酸盐水泥、低热硅酸盐水泥和低热矿渣硅酸盐水泥

2.4.4.1 中热硅酸盐水泥、低热硅酸盐水泥和低热矿渣硅酸盐水泥的定义

GB/T 200—2017《中热硅酸盐水泥 低热硅酸盐水泥》对这3种水泥的定义如下：

中热硅酸盐水泥，简称中热水泥，代号 P·MH，是以适当成分的硅酸盐水泥熟料，加入适量石膏，经磨细制成的具有中等水化热的水硬性胶凝材料。

低热硅酸盐水泥，简称低热水泥，代号 P·LH，是以适当成分的硅酸盐水泥熟料，加入适量石膏，经磨细制成的具有低水化热的水硬性胶凝材料。

低热矿渣硅酸盐水泥，简称低热矿渣水泥，代号 P·SLH，是以适当成分的硅酸盐水泥熟料，加入粒化高炉矿渣、适量石膏，经磨细制成的具有低水化热的水硬性胶凝材料。其中，粒化高炉矿渣掺加量按质量百分比计为20%～60%，允许用不超过混合材料总量50%的粒化电炉磷渣或粉煤灰代替部分粒化高炉矿渣。

2.4.4.2 中热水泥和低热矿渣水泥的技术指标

GB/T 200—2017《中热硅酸盐水泥 低热硅酸盐水泥》规定：

（1）细度

3种水泥的比表面积不小于 $250m^2/kg$。

（2）凝结时间

初凝时间不小于60min，终凝时间不大于12h。

（3）强度等级

根据28d的抗压强度值，中、低热水泥的强度等级为42.5；低热矿渣水泥的强度等级为32.5。各龄期强度值不能低于表2-14中的要求。

表2-14 中、低热水泥各龄期的强度要求（GB/T 200—2017）

品 种	强度等级	抗压强度/MPa			抗折强度/MPa		
		3d	7d	28d	3d	7d	28d
中热水泥	42.5	12.0	22.0	42.5	3.0	4.5	6.5
低热水泥	42.5	—	13.0	42.5	—	3.5	6.5
低热矿渣水泥	32.5	—	12.0	32.5	—	3.0	5.5

(4) 水化热

中、低热水泥和低热矿渣水泥各龄期的水化热上限值见表2-15。

表2-15　中、低热水泥各龄期的水化热上限值(GB/T 200—2017)

品　种	强度等级	水化热/(kJ/kg)	
		3d	7d
中热水泥	42.5	251	293
低热水泥	42.5	230	260
低热矿渣水泥	32.5	197	230

2.4.4.3　中、低热水泥的应用

中热水泥、低热水泥和低热矿渣水泥的水化热放热速度慢且放热量小,早期强度较低,抗冻性、耐腐蚀性较高,主要适用于要求水化热较低的大坝和大体积混凝土工程,也可用于耐腐蚀工程。

2.4.5　膨胀水泥

2.4.5.1　膨胀水泥的定义

一般水泥在凝结硬化时,都会产生体积收缩,从而使混凝土内部产生裂缝,影响结构的正常使用。膨胀水泥是一类在水化和凝结硬化过程中体积会产生适量膨胀的水泥。这类水泥在凝结硬化的早期会形成一定数量的膨胀性水化产物,使水泥石的结构密实。

膨胀水泥膨胀时所产生的压应力(＜2MPa)能够大致抵消干缩所产生的拉应力,所以又称收缩补偿水泥。

在水土保持工程中,常用的膨胀水泥主要是明矾石膨胀水泥。JC/T 311—2004《明矾石膨胀水泥》规定,明矾石膨胀水泥是以硅酸盐水泥熟料(58%～63%)、天然明矾石(12%～15%)、无水石膏(9%～12%)和粒化高炉矿渣(15%～20%)共同磨细制成的具有膨胀性能的水硬性胶凝材料,代号 A·EC。

2.4.5.2　膨胀水泥的技术指标

建材行业标准《明矾石膨胀水泥》规定:

(1) 细度

明矾石膨胀水泥比表面积不小于 $450m^2/kg$。

(2) 凝结时间

初凝时间不小于45min,终凝时间不大于6h。

(3) 三氧化硫含量

明矾石膨胀水泥中的三氧化硫含量应不大于8.0%。

(4)限制膨胀率

明矾石膨胀水泥要求 3d 应不小于 0.015%，28d 应不大于 0.10%。

(5)强度等级

明矾石膨胀水泥分为 32.5、42.5、52.5 三个强度等级，各强度等级明矾石膨胀水泥各龄期强度值不得低于表 2-16 中的数值。

表 2-16　明矾石膨胀水泥各龄期的强度要求（JC/T 311—2004）

强度等级	抗压强度/MPa			抗折强度/MPa		
	3d	7d	28d	3d	7d	28d
32.5	13.0	21.0	32.5	3.0	4.0	6.5
42.5	17.0	27.0	42.5	3.5	5.0	7.5
52.5	23.0	33.0	52.5	4.0	5.5	8.5

2.4.5.3　膨胀水泥的应用

明矾石膨胀水泥适用于补偿收缩混凝土结构工程、防渗混凝土工程、补强和防渗抹面工程，以及接缝、梁柱和管道接头、固结机器底座和地脚螺栓等。

与明矾石膨胀水泥作用相似的还有低热微膨胀水泥（详见 GB 2938—2008《低热微膨胀水泥》），主要适用于要求较低水化热和要求补偿收缩的混凝土、大体积混凝土，也适用于要求抗渗和抗硫酸盐侵蚀的工程。

2.5　水泥的选用原则和贮存

2.5.1　水泥的选用原则

2.5.1.1　按环境条件选择水泥品种

环境条件主要指工程所处的外部条件，包括环境的温度、湿度及周围所存在的侵蚀性介质的种类及数量等。例如，严寒地区的露天混凝土应优先选用抗冻性较好的硅酸盐水泥或普通水泥，而不得选用矿渣水泥、粉煤灰水泥和火山灰水泥。若环境具有较强的侵蚀性介质时，应选用掺混合材料的水泥，而不宜选用硅酸盐水泥。

2.5.1.2　按工程特点选择水泥品种

工程特点是指特定工程的施工特点和使用要求，包括施工方式、工期要求、建筑物或构件的使用环境特征等。例如，冬季施工及有早强要求的工程应优先选用硅酸盐水泥，而不得使用掺混合材料的水泥。对于大体积混凝土工程，例如大坝、大型基础、桥墩等优先选用水化热较小的低热矿渣水泥和中热水泥，不得使用硅酸盐水泥；军事工程、紧急抢修工程应优先选用快硬水泥。

在混凝土工程中，常用水泥的选用可参照表 2-17。

表 2-17 常用水泥的选用

	混凝土工程特点或所处环境条件	优先选用	可以使用	不宜使用
普通混凝土	在普通气候环境中的混凝土	普通硅酸盐水泥	矿渣硅酸盐水泥 火山灰质硅酸盐水泥 粉煤灰硅酸盐水泥 复合硅酸盐水泥	——
	在干燥环境中的混凝土	普通硅酸盐水泥	矿渣硅酸盐水泥	火山灰质硅酸盐水泥 粉煤灰硅酸盐水泥
	在高湿度环境中或永远处在水下的混凝土	矿渣硅酸盐水泥	普通硅酸盐水泥 火山灰质硅酸盐水泥 粉煤灰硅酸盐水泥 复合硅酸盐水泥	——
	大体积的混凝土	粉煤灰硅酸盐水泥 矿渣硅酸盐水泥 火山灰质硅酸盐水泥 复合硅酸盐水泥	普通硅酸盐水泥	硅酸盐水泥 快硬硅酸盐水泥
有特殊要求的混凝土	要求快硬的混凝土	快硬硅酸盐水泥 硅酸盐水泥	普通硅酸盐水泥	矿渣硅酸盐水泥 火山灰质硅酸盐水泥 粉煤灰硅酸盐水泥 复合硅酸盐水泥
	高强(大于C50)级的混凝土	硅酸盐水泥	普通硅酸盐水泥 矿渣硅酸盐水泥	火山灰质硅酸盐水泥 粉煤灰硅酸盐水泥
	严寒地区的露天混凝土,寒冷地区的处在水位升降范围内的混凝土	普通硅酸盐水泥	矿渣硅酸盐水泥	火山灰质硅酸盐水泥 粉煤灰硅酸盐水泥
	严寒地区处在水位升降范围内的混凝土	普通硅酸盐水泥	——	火山灰质硅酸盐水泥 矿渣硅酸盐水泥 粉煤灰硅酸盐水泥 复合硅酸盐水泥
	有抗渗性要求的混凝土	普通硅酸盐水泥 火山灰质硅酸盐水泥	复合硅酸盐水泥	矿渣硅酸盐水泥
	有耐磨性要求的混凝土	硅酸盐水泥 普通硅酸盐水泥	矿渣硅酸盐水泥	火山灰质硅酸盐水泥 粉煤灰硅酸盐水泥

注:蒸气养护时用的水泥品种,宜根据具体条件通过试验确定。

2.5.2 水泥的贮存和保管

水泥在贮存时,要按不同品种、标号及出厂日期存放,并加以标志。散装水泥应分库存放;袋装水泥一般堆放高度不应超过 10 袋,并做到先到先用。

通常水泥强度等级越高，细度越细，吸湿受潮也越快。受潮后的水泥密度降低、凝结迟缓，强度也将降低。在正常贮存条件下，贮存3个月，强度降低10%~20%，贮存6个月，强度降低15%~30%。因此规定，常用水泥贮存期为3个月，铝酸盐水泥为2个月，双快水泥不宜超过1个月。

2.5.3 受潮水泥的处理

水泥受潮后，会形成松散的小球，甚至成为硬块，对此，分3种情况处理和使用。

①水泥受潮较轻微　水泥中出现小球和有松块（可捏成粉末），但没有硬块。处理时将松快、小球等压成粉末，同时加强搅拌，这类水泥应通过试验按实际强度等级使用。

②水泥受潮较严重　水泥部分结成硬块，处理时筛除硬块，并将松块压碎，这类水泥经试验依实际强度使用。此外，这类水泥仅用于不重要、受力小的部位，如砌筑砂浆。

③水泥受潮严重　水泥大部分结成硬块，处理时将硬块压成粉末，不能作为水泥使用，可作为混合材料掺入新水泥使用（掺量应小于25%）。

本章小结

无机胶凝材料在水土保持工程中具有重要作用和广泛应用。本章主要介绍了常用的气硬性胶凝材料（石灰、石膏）和水硬性胶凝材料（水泥）。

①石灰　主要介绍了石灰的生产、熟化与硬化、技术性质与技术指标和应用。

②石膏　着重介绍了建筑石膏的凝结硬化、技术性质、技术指标和应用。

③水泥　水泥是水土保持工程中应用最广的一种胶凝材料。本章结合最新技术标准介绍了通用硅酸盐水泥和其他品种水泥。

通用硅酸盐水泥包括硅酸盐水泥、普通硅酸盐水泥、矿渣硅酸盐水泥、火山灰质硅酸盐水泥、粉煤灰硅酸盐水泥和复合硅酸盐水泥。其中，硅酸盐水泥是通用硅酸盐水泥系列的基本品种，因此本章对其进行了全面的介绍，主要内容有硅酸盐水泥的分类与生产过程、矿物组成与水化特征、凝结硬化、技术性质、腐蚀与防止措施、特性与应用等。其他的通用硅酸盐水泥都是在硅酸盐水泥熟料的基础上，掺入一定量的混合材料而制成的，它们在技术指标要求方面有许多相同之处。

其他品种水泥，主要介绍了在水土保持工程中可能使用的铝酸盐水泥、快硬硫铝酸盐水泥、快硬硅酸盐水泥、中低热水泥和膨胀水泥等。

思考题

1. 胶凝材料按硬化条件如何分类？
2. 工地上使用生石灰时，为何要进行熟化？熟化时，为何必须进行"陈伏"？
3. 石灰是气硬性胶凝材料，耐水性较差，但为什么拌制的灰土、三合土却具有一定的耐水性？

4. 试述建筑石膏的技术性质与应用。
5. 硅酸盐水泥熟料的主要矿物成分有哪些？它们的水化特性如何？它们对水泥的性质有何影响？
6. 硅酸盐水泥强度的发展规律是怎样的？影响其凝结硬化的主要因素有哪些？怎样影响？
7. 硅酸盐水泥体积安定性不良的原因有哪些？
8. 规定水泥标准稠度用水量有何意义？
9. 硅酸盐水泥石的腐蚀有几种类型？基本原因有哪些？
10. 何谓活性混合材料和非活性混合材料？它们加入硅酸盐水泥中起何作用？
11. 为什么普通水泥早期强度较高，水化热较大；而矿渣水泥和火山灰水泥早期强度低，水化热小，但后期强度增长较快？
12. 下列混凝土构件和工程，应分别选用哪种水泥？并说明理由。
①现浇楼板、梁、柱；②高强混凝土；③冬季施工的混凝土；④水位变化区的混凝土；⑤紧急抢修的工程；⑥采用蒸气养护的预制构件；⑦大体积混凝土坝；⑧有硫酸盐腐蚀的地下工程。
13. 膨胀水泥的用途是什么？
14. 选用水泥品种的主要依据是什么？
15. 水泥受潮后怎样处理？

推荐阅读书目

1. 土木工程材料．黄政宇．高等教育出版社，2002.
2. 新编土木工程材料教程．吴芳．中国建材工业出版社，2007.
3. 建筑材料．陈斌．重庆大学出版社，2008.
4. 土木工程材料．朋改非．华中科技大学出版社，2008.

第 3 章
砂石材料

砂石材料是用于砌筑水土保持工程建筑物的石料和集料(又称骨料)的总称。在水土保持工程中,砂石材料是用量最大的建筑材料。本章主要介绍作为集料用的砂石材料,石料部分将在第 5 章砌筑用石材中讲解。作为集料用的砂石材料包括岩石经自然风化而成的砾石(卵石)和砂、天然岩石或工业废渣经人工轧制成的碎石、人工砂等。在水泥混凝土中,集料的体积占 65%～85%。用作水土保持工程的集料都应具备一定的技术性质,以适应不同工程的技术要求。特别是作为水泥混凝土用的集料,应按级配理论组成,所以还必须掌握其组成设计的方法。

3.1 砂石材料的技术性质

集料是指在混合料中起骨架或填充作用的粒料,包括岩石天然风化而成的砾石(卵石)和砂以及岩石经人工轧制的各种尺寸的碎石等。工程上一般将集料分为粗集料和细集料 2 种:在水泥混凝土中,粗集料是指粒径大于 4.75mm 的碎石、砾石和破碎砾石等,粒径小于 4.75mm(方孔筛)者称为细集料;在沥青混合料中,粗集料是指粒径大于 2.36mm 的碎石、破碎砾石、筛选砾石和矿渣等,粒径小于 2.36mm(方孔筛)者称为细集料。水泥混凝土和沥青混合料的组成成分、成型方法和技术要求均有较大差异,对集料的技术要求也有所不同,因此,集料按用途还分为水泥混凝土用集料和沥青混合料用集料。

集料的主要技术性质有物理力学性质和化学性质。不同粒径的集料所起的主要作用不同,对它们的技术要求也不同。本节主要对集料的一般技术性质进行阐述。

3.1.1 集料的物理力学性质

3.1.1.1 集料的物理性质

集料的物理性质是集料结构状态的反映,它与集料的技术性质有着密切的联系。集料的内部结构主要包括矿质实体、开口孔隙、闭口孔隙和空隙 4 部分。

(1)表观密度

细集料表观密度的大小主要取决于细集料的种类和风化程度。风化严重的细集料表观密度小,强度低,稳定性差,所以表观密度是衡量细集料品质的主要技术指标之一。细集料表观密度测定采用容量瓶法(T 0328—2005)。粗集料表观密度采用网篮法、容量瓶法测定(T 0304—2005)。

(2)堆积密度

集料的堆积密度由于颗粒排列的松紧程度不同,又可分为自然堆积密度与振实堆积密度。集料的堆积密度是将干燥的集料装入规定容积的容量筒来测定的。自然堆积密度是按自然下落方式装样而求得的单位体积的质量;振实堆积密度是用振摇方式装样而求得的单位体积的质量。细集料的堆积密度一般为 1 350 ~ 1 650kg/m³。

(3)空隙率

细集料的空隙率与其级配和颗粒形状有关。带有棱角的砂,特别是针片状的颗粒较多的砂,其空隙率较大;球形颗粒的砂,其空隙率较小。级配良好的砂,空隙率较小。一般天然河砂的空隙率为 40% ~ 45%;级配良好的河砂,其空隙率可小于 40%。

3.1.1.2 集料的力学性质

集料的力学性质主要是压碎值和磨耗率。其次是抗滑表层用集料的 3 项试验,即磨光值、道瑞磨耗值和冲击值。

(1)集料压碎值

粗集料压碎值是将粒径为 9.5 ~ 13.2mm 的集料试样 3kg 装入压碎值测定仪的金属筒内,放在压力机上,在约 10min 内均匀地加荷至 400kN,稳压 5s 然后卸载,称其通过 2.36mm 筛的筛余质量。

(2)集料冲击值

冲击试验方法是选取粒径为 9.5 ~ 13.2mm 的集料试样,装于冲击值试验仪的盛样器中,用捣实杆捣实 25 次使其初步压实,然后用质量为 (13.75 ± 0.05)kg 的冲击锤,自由落下锤击集料并连续锤击 15 次,将试验后的集料用 2.36mm 的筛子筛分并称量。

(3)集料磨耗值

集料磨耗值采用道瑞磨耗试验机来测定。其方法是选取粒径为 9.5 ~ 13.2mm 的集料试样,安装在道瑞磨耗机附的托盘上,道瑞磨耗机的磨盘以 28 ~ 30r/min 的转速旋转,磨 500 转后,取出试件,刷净残砂,准确称出试件质量。集料磨耗值越高,表示集料耐磨性越差。

3.1.1.3 颗粒级配和粗细程度

颗粒级配是指集料中各种粒径颗粒的搭配情况,常用级配曲线表示。粗细程度是指不同粒径颗粒混合后的总体粗细程度,常用细度模数表示。集料的级配和粗细程度采用筛分析的方法进行测定。

(1)分计筛余百分率

某号筛的分计筛余百分率是某号筛上的筛余质量(m_i)占试样总质量(M)的百分率,按式(3-1)计算:

$$a_i = \frac{m_i}{M} \times 100 \tag{3-1}$$

式中 a_i——某号筛的分计筛余百分率,%;

m_i——试样某号筛上的筛余质量,g;

M——试样的总质量,g。

(2) 累计筛余百分率

累计筛余百分率 A_i 是某号筛的分计筛余百分率和大于该号筛的分计筛余百分率之和,按式(3-2)计算:

$$A_i = a_1 + a_2 + \cdots + a_i = \sum_{j=1}^{i} a_j \tag{3-2}$$

式中 A_i——累计筛余百分率,%;

$a_1, a_2, \cdots, a_i$——各号筛的分计筛余百分率,%。

(3) 通过百分率

某号筛的通过百分率 P_i 是通过某号筛的试样质量占试样总质量的百分率,也就是等于 100 减去该号筛的累计筛余百分率。按式(3-3)计算:

$$P_i = 100 - A_i \tag{3-3}$$

式中 A_i——某号筛的累计筛余,%;

P_i——通过百分率,%。

分计筛余百分率、累计筛余百分率和通过百分率的关系见表 3-1。

表 3-1 分计筛余、累计筛余和通过百分率的关系

筛孔尺寸/mm	筛余量/g	分计筛余/%	累计筛余/%	通过百分率/%
$d_0 = D_{max}$	$m_0 = 0$	$a_0 = 0$	$A_0 = 0$	$P_0 = 100$
d_1	m_1	a_1	$A_1 = a_1$	$P_1 = 100 - A_1$
d_2	m_2	a_2	$A_2 = a_1 + a_2$	$P_2 = 100 - A_2$
⋮	⋮	⋮	⋮	⋮
d_n	m_n	a_n	$A_n = a_1 + a_2 + \cdots + a_n$	$P_n = 100 - A_n$
—	$\sum_{i=1}^{n} m_i = M$	$\sum_{i=1}^{i} a_i = 100$	—	—

筛分析的标准筛的筛孔尺寸,因集料的用途及料径范围的不同而变化。对于沥青混合料用集料,一般采用方孔筛,标准筛的筛孔尺寸为 75mm、63mm、53mm、37.5mm、31.5mm、26.5mm、19mm、16mm、13.2mm、9.5mm、4.75mm、2.36mm、1.18mm、0.6mm、0.3mm、0.15mm、0.075mm。对于水泥混凝土用集料,目前,大部分行业中,采用筛孔直径大于 2.5mm 的筛采用圆孔筛,小于 2.5mm 的用方孔筛,标准筛的筛孔尺寸为 100mm、80mm、63mm、50mm、40mm、31.5mm、25mm、20mm、16mm、10mm、5mm、2.5mm、1.25mm、0.63mm、0.315mm、0.16mm、0.075mm。集料的筛分析结果反映了集料的级配情况,它可以用表 3-1 的形式表示,也可以用级配曲线图反映,即以筛孔尺寸为横坐标(取对数坐标),累计筛余百分率(通过百分率)为纵坐标(取普通坐标)。集料的级配有连续级配、间断级配、开级配和密级配等,如图 3-1 所示。

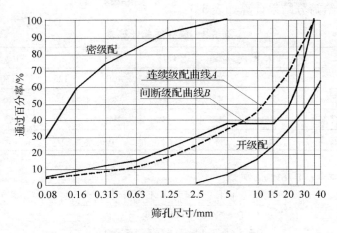

图 3-1 各种级配示意图

集料的粗细程度可用细度模数表征，细度模数是各号筛的累计筛余之和除以 100，按式(3-4)计算：

$$\mu_f = \frac{\sum_{i=1}^{n} A_i}{100} \tag{3-4}$$

细度模数反映集料的平均颗粒大小，常用于细集料粗细程度的评定。砂的粗度按细度模数分为下列三级：$\mu_f = 3.1 \sim 3.7$ 为粗砂；$\mu_f = 2.3 \sim 3.0$ 为中砂；$\mu_f = 1.6 \sim 2.2$ 为细砂。砂的细度模数只能用于划分砂的粗细程度，并不能反映砂的级配优劣，细度模数相同的砂，其级配不一定相同。

对于沥青混合料用细集料，细度模数按式(3-5)计算：

$$\mu_f = \frac{A_{0.15} + A_{0.3} + A_{0.6} + A_{1.18} + A_{2.36} + A_{4.75}}{100} \tag{3-5}$$

对于水泥混凝土用细集料，细度模数按式(3-6)计算：

$$\mu_f = \frac{A_{0.15} + A_{0.3} + A_{0.6} + A_{1.18} + A_{2.36} - 5A_{4.75}}{100 - A_{4.75}} \tag{3-6}$$

【例题 1】从工地取回干砂试样 500g，作筛分试验，筛分结果见表 3-2，计算该砂试样的细度模数，并判断该砂属于哪一类级配区。

表 3-2 筛分试验表

筛孔尺寸/mm	4.75	2.36	1.18	0.6	0.3	0.15	底盘
筛余量/g	10	20	45	130	125	130	25

【解】 按题所给筛分结果计算如表3-3：

表3-3　筛分结果计算表

筛孔尺寸/mm	4.75	2.36	1.18	0.6	0.3	0.15	底盘
筛余量/g	10	20	60	130	125	130	25
分计筛余（质量分数,%）	2	4	12	26	25	26	5
累计筛余（质量分数,%）	2	6	18	44	69	95	100
通过百分率（质量分数,%）	98	94	82	56	31	5	0

(1) 根据式(3-5)计算细度模数

$$\mu_f = \frac{A_{0.15} + A_{0.3} + A_{0.6} + A_{1.18} + A_{2.36} - 5A_{4.75}}{100 - A_{4.75}}$$

$$= \frac{95 + 69 + 44 + 18 + 6 - 5 \times 2}{100 - 2} = 2.27$$

(2) 确定级配区：该砂属Ⅱ区，为中砂。

3.1.1.4　集料的颗粒形状和表面特征

集料特别是粗集料的颗粒形状和表面特征对水泥混凝土和沥青混合料的性能有显著的影响。通常集料颗粒有浑圆状、多棱角状、针状和片状四种类型的形状，其中，较好的是接近球体或立方体的浑圆状和多棱角状颗粒。而呈细长和扁平的针状和片状颗粒对水泥混凝土和沥青混合料的和易性、强度和稳定性等性能有不良影响，因此，在集料中应限制针、片状颗粒的含量。在水泥混凝土中，针状颗粒是集料中颗粒长度大于所属粒级平均粒径的2.4倍的颗粒。片状颗粒是指集料颗粒厚度小于所属粒级平均粒径的0.4倍的颗粒。在沥青混合料中，针、片状颗粒是指集料的最小厚度（或直径）方向与最大长度（或宽度）方向的尺寸之比小于1∶3的颗粒。集料的表面特征又称表面结构，是指集料表面的粗糙程度及孔隙特征等。集料按表面特征分为光滑的、平整的和粗糙的颗粒表面。集料的表面特征主要影响混凝土（混合料）的和易性和与胶结料的黏结力，表面粗糙的集料制作的混凝土（混合料）的和易性较差，但与胶结料的黏结力较强；反之，表面光滑的集料制作的混凝土（混合料）的和易性较好，一般与胶结料的黏结力较差。

3.1.2　集料的化学性质

集料是与胶结料（水泥或沥青）组成混凝土或混合料而使用于各种结构的，这就要求集料与胶结料之间有好的黏结性，在使用中集料应有较好的稳定性。而且，集料中对胶结料有害的物质应尽量少。这些都与集料的化学性质有关。

3.1.2.1　化学组成

大部分集料是由天然岩石形成的，按化学成分，岩石分为酸性岩石（$SiO_2 > 65\%$）、中性岩石（$52\% \leqslant SiO_2 \leqslant 65\%$）和碱性岩石（$SiO_2 < 52\%$）。一般而言，碱性岩石制成的集料与胶结料的黏结性比酸性岩石制成的集料与胶结料的黏结性大。

3.1.2.2 有害杂质

集料中常含有泥块、粉尘、有机物、硫化物和硫酸盐、氯盐等杂质。这些杂质有的影响集料与胶结料的黏结，如泥块、云母、粉尘等；有的对胶结料有破坏作用，如硫化物和硫酸盐等会引起水泥混凝土的硫酸盐腐蚀。

3.1.2.3 碱活性

在水泥混凝土中，某些集料会与水泥中的碱（氧化钠、氧化钾）产生化学反应，形成膨胀性的产物，使硬化混凝土破坏，这种集料称为碱活性集料，所发生的反应称为碱集料反应。碱集料反应主要有碱-硅酸盐反应和碱-碳酸盐反应。当集料中含有无定形二氧化硅的矿物（如蛋白石、玉髓等）时，可能发生碱-硅酸盐反应，这类岩石有玻璃质或隐晶质的流纹岩、安山岩和凝灰岩等。当集料中有含黏土颗粒的白云石质石灰石时，可能发生碱-碳酸盐反应。

3.2 砂石材料的级配和组成设计

在水泥混凝土或沥青混合料中，胶凝材料（水泥或沥青）填充集料的空隙并包裹集料，形成混凝土或混合料。因此，集料应有一定的级配，使集料间的空隙较小，且总表面积也不大，为此，对集料必须进行组成设计，使混凝土或混合料中的胶结材料用量较少。

3.2.1 级配曲线

3.2.1.1 级配理论

各种不同粒径的集料，按一定比例搭配，可达到较小的空隙率或较大的内摩擦力。集料的级配有连续级配和间断级配两类。连续级配是指集料颗粒的尺寸由小到大连续分级，每一级集料都占适当比例。间断级配是在集料中缺少一级或几级粒径的颗粒而形成的一种不连续的级配，如图3-1所示。目前，级配理论常用的是最大堆积密度理论。

（1）富勒（W. B. Fuller）曲线

富勒认为，固体颗粒按粒径大小有规则地组合，粗细搭配，可以得到堆积密度最大、空隙率最小的集料。级配曲线越接近抛物线时，则其堆积密度越大。最大堆积密度理想曲线（富勒曲线）的级配组成由式（3-7）计算，通过该式可以计算出集料最大堆积密度时各级粒径（d_i）的通过百分率（P_i）。

$$P_i = 100 \cdot \left(\frac{d_i}{D}\right)^{0.5} \tag{3-7}$$

式中 d_i——集料各级粒径，mm；

P_i——集料各级粒径的通过百分率，%；

D——集料的最大粒径，mm。

（2）泰波（A. N. Talbal）理论曲线

泰波认为，富勒曲线是一种理想曲线，实际集料的级配应该允许在一定范围内波动。将富勒曲线用一般通式表达为泰波公式：

$$P_i = 100 \cdot \left(\frac{d_i}{D}\right)^n \tag{3-8}$$

式中 n——试验指数。

从泰波公式可看出，当 $n=0.5$ 时，级配曲线为富勒曲线。有关研究认为，沥青混合料中，当 $n=0.45$ 时，密实度最大；水泥混凝土中，当 $n=0.25\sim0.45$ 时，施工和易性较好。因此通常使用的集料的级配范围在 $n=0.3\sim0.7$ 之间，可以将 n 分别为 0.3 和 0.7 时的级配曲线作为集料级配的上限和下限。

【例题2】已知集料最大粒径为 37.5mm，试用最大堆积密度曲线公式计算各级粒径的通过百分率。并按 $n=0.3$ 和 $n=0.7$ 计算级配上限曲线和级配下限曲线的各级粒径的通过百分率。

【解】将 $n=0.3$，$n=0.5$，$n=0.7$ 代入式(3-8)可以计算各级粒径的通过百分率。具体计算结果见表3-4。

表3-4 最大堆积密度曲线和级配上、下限曲线各级粒径通过百分率

分级顺序		1	2	3	4	5	6	7	8	9	10
粒径 d/mm		37.5	19.0	9.5	4.75	2.36	1.18	0.6	0.3	0.15	0.075
最大堆积密度曲线	$n=0.5$	100	71.18	50.33	35.59	25.09	17.74	12.65	8.94	6.32	4.47
级配上限	$n=0.3$	100	81.52	66.24	53.80	43.62	35.43	28.92	23.49	19.08	15.50
级配下限	$n=0.7$	100	62.13	38.25	23.54	14.43	8.88	5.53	3.41	2.10	1.29

3.2.1.2 级配曲线范围

由于矿料在轧制过程中的不均匀性，以及混合料配制时的误差等因素影响，使所配制的混合料往往不可能与理论级配完全相符合。图3-2中，$n=0.5$ 为最佳级配曲线，$n=0.3\sim0.7$ 为允许波动范围，也就是"级配范围"。

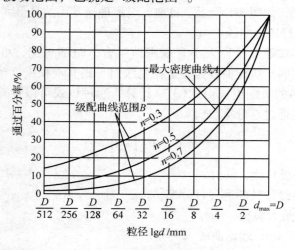

图3-2 级配曲线范围图

3.2.2 集料的组成设计

天然和人工轧制的集料的级配，一般难以符合某一级配范围的要求。因此，必须采用2种或2种以上的集料按照一定比例搭配，才能使集料达到级配范围的要求，即需要对集料进行组成设计。级配组成设计的方法很多，主要采用试算法和图解法。

在进行级配组成设计时，必须已知各种集料的筛分结果和要求的集料级配范围。

3.2.2.1 试算法

设有几种集料需配制成某一级配要求的混合集料，若这几种集料都各自有至少1个粒径占优势，而其他集料这种粒径的颗粒含量较低，这时可采用试算法确定各种集料的混合比例。在确定各集料的混合比例时，假设混合集料中某一粒径的颗粒是由对该粒径占优势的集料所组成，而忽略其他集料所含的这种粒径的颗粒。这样根据各个主要粒径去试算各种集料的大致比例，如果比例不合适，则加以调整，最终达到符合混合集料的级配要求。

例如，有 A、B、C 3 种集料，需配合成级配为 M 的混合集料，设 X、Y、Z 为 A、B、C 3 种集料在混合集料中的配合百分比例，则：

$$X + Y + Z = 100\% \tag{3-9}$$

又设，混合集料 M 中某一级粒径要求的级配上限为 $\overline{a}_{m(i)}$，级配下限 $\underline{a}_{m(i)}$，其中值为：$a_{m(i)}$，A、B、C 3 种集料在该粒径的含量分别为 $a_{A(i)}$、$a_{B(i)}$、$a_{C(i)}$，则应有：

$$\underline{a}_{m(i)} \leqslant a_{A(i)}X + a_{B(i)}Y + a_{C(i)}Z \leqslant \overline{a}_{m(i)}$$

为计算方便，可取为：

$$a_{A(i)}X + a_{B(i)}Y + a_{C(i)}Z = a_{m(i)} \tag{3-10}$$

A、B、C 3 种集料在混合集料中的比例可按下列步骤计算：

(1) 计算 A 集料在混合集料中的百分比

在 A 集料中选取某一占优势的粒径(i)，忽略其他集料在该粒径的含量，则由式(3-10)可得：

$$a_{A(i)}X = a_{m(i)} \tag{3-11}$$

则 A 集料在混合集料中的百分比为：

$$X = \frac{a_{m(i)}}{a_{A(i)}} \times 100\% \tag{3-12}$$

(2) 计算 C 集料在混合集料中的百分比

同前，在 C 集料中选取占优势的某一粒径(j)，忽略其他集料在此粒径的含量，则由式(3-10)可得：

$$a_{C(j)}Z = a_{m(j)} \tag{3-13}$$

则 C 集料在混合集料中的百分比为：

$$Z = \frac{a_{m(j)}}{a_{C(j)}} \times 100\% \tag{3-14}$$

(3) 计算 B 集料在混合集料中的百分比

由式(3-12)和式(3-14)求得 A 集料和 C 集料的百分含量 X 和 Z 后，按下式可得 B 集料的百分比：

$$Y = 100\% - (X + Z) \tag{3-15}$$

(4) 校核调整

按以上计算的混合比例必须进行校核，经校核如不在要求的级配范围内，应调整混合比例，重新计算和复核，直到符合要求为止。如经计算确不满足级配要求时，可掺加某些单粒级集料，或采用其他原始集料。

3.2.2.2 图解法

采用图解法进行集料的组成设计时，常用的是修正平衡面积法。对 3 种以上的多种集料进行组成设计时，修正平衡面积法十分方便。

(1) 基本方法

①级配曲线坐标的选取　通常的级配曲线是采用半对数坐标绘制，纵坐标通过百分率(P_i)为普通算术坐标，横坐标颗粒粒径(d_i)为对数坐标，如图 3-3 所示。因此，按最大堆积密度的理论曲线 $P_i = 100 \cdot \left(\dfrac{d_i}{D}\right)^n$ 绘出的级配中值线为曲线。为便于图解法计算，应使级配中值线为直线。纵坐标通过百分率(P_i)采用普通算术坐标，横坐标颗粒粒径(d_i)采用$(d_i/D)^n$为坐标，则级配曲线的中值线为直线。

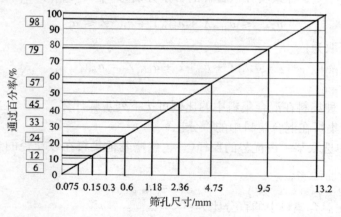

图 3-3　图解法用级配曲线坐标图

②各种集料用量的确定　将 A、B、C 和 D 各种集料的级配线绘于坐标图上，如图 3-4 所示。根据级配曲线中两相邻级配曲线的重叠、相接或相离的情况，分别作垂线。当两相邻级配曲线重叠时，应使两级配线在垂线处的通过百分率之和为 100%，如图 3-4 中的 AA'。当两邻级配曲线相接时，直接将两级配线的首尾相连，如图 3-4 中的 BB'。当两邻级配曲线相离时，作两级配线首尾水平距离线段的垂直平分线，如图 3-4 中的 CC'。各垂线与级配中值线 OO' 线交于 M、N 和 R，由 M、N 和 R 作水平线与纵坐标交于 P、Q 和 S，则 OP、PQ、QS 和 ST 即为 A、B、C 和 D 4 种集料在混合集料中的百分比 X、Y、

Z 和 W。

(2)设计计算步骤

①绘制级配曲线图 先绘制一长方形图框,连接对角线 OO'(如图 3-4)作为混合级配的中值。纵坐标按算术坐标,标出通过百分率(0%~100%)。然后,计算要求级配范围的通过百分率中值。根据混合级配中值所要求的各筛孔通过百分率,从纵坐标引平行线与对角线相交,再从交点作垂线与横坐标相交,其交点即为级配范围中值所对应的各筛孔位置。

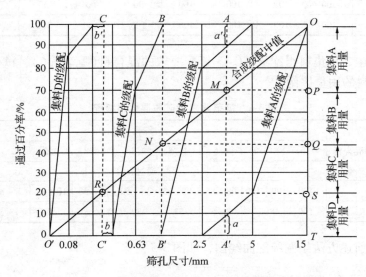

图 3-4 组成集料级配曲线和要求的混合级配曲线图

②各种集料的用量比例 在坐标图上绘出各集料的级配曲线(如图 3-4)。根据级配曲线中两相邻级配曲线的重叠、相接或相离的情况,按下述方法确定各集料的用量。

两相邻级配曲线重叠:如集料 A 级配曲线的下部与集料 B 级配曲线的上部有重叠,在两级配曲线相重叠的部分引一条使 $a = a'$ 的垂线 AA',再通过垂线 AA' 与对角线 OO' 的交点 M 作一水平线交纵坐标于 P 点,OP 即为集料 A 的用量百分比。

两相邻级配曲线相接:如集料 B 的最小粒径与集料 C 的最大粒径相同,将集料 B 级配曲线的末端与集料 C 级配曲线的首端相联,即得垂线 BB',再通过垂线 BB' 与对角线 OO' 的交点 N 作一水平线交纵坐标于 Q 点,PQ 即为集料 B 的用量百分比。

两相邻级配曲线相离:如集料 C 级配曲线的末端与集料 D 级配曲线的首端相离一段距离,作一垂线 CC' 平分相离的距离(即 $b = b'$),再通过垂线 CC' 与对角线 OO' 的交点 R 作一水平线交纵坐标于 S 点,QS 即为集料 C 的用量百分比。

剩余部分 ST 即为集料 D 的用量百分比。

③校核 按图解法所得的各种集料的用量百分比,校核计算混合级配是否符合要求,如超出级配范围要求,应调整各集料的比例,直至符合要求为止。

【例题 3】 现有碎石、砂和矿粉 3 种集料, 筛析试验结果列于表 3-5。

表 3-5　组成集料筛析结果

材料名称	筛孔尺寸/mm								
	16	13.2	9.5	4.75	2.36	1.18	0.6	0.3	0.15	0.075
	通过百分率/%								
碎石	100	95	63	28	8	2	1	0	0	0
砂	100	100	100	100	100	90	60	35	10	1
矿粉	100	100	100	100	100	100	100	100	97	88

要求将上述 3 种集料组配成 AC-13 级配要求的混合料（见表 3-6）, 试确定碎石、砂和矿粉 3 种集料的用量比例。

表 3-6　规范要求的矿质混合料级配

AC-13 级配要求的混合料	筛孔尺寸/mm								
	16	13.2	9.5	4.75	2.36	1.18	0.6	0.3	0.15	0.075
	通过百分率/%								
级配范围	100	90~100	68~85	38~65	24~50	15~38	10~28	7~20	5~15	4~8
级配中值	100	95	76.5	53	37	26.5	19	13.5	10	6

【解】 ① 按前述方法绘制级配曲线图, 如图 3-5。

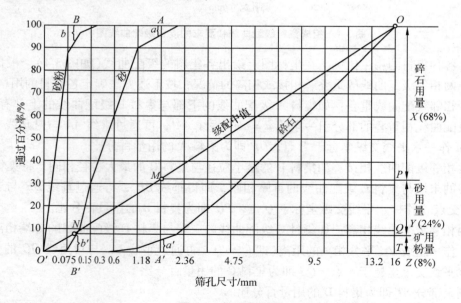

图 3-5　级配曲线图

② 在碎石和砂级配曲线相重叠部分作垂线 AA'（使得 $a = a'$）, 自 AA' 与对角线 OO' 的交点 M 引一水平线交纵坐标于 P 点。OP 的长度 $X = 68\%$, 即为碎石的用量比例。同理, 求出砂的用量比例 $Y = 24\%$, 剩余部分 $Z = 8\%$, 即为砂粉的用量比例。

③按图解所得各集料的用量比例进行校核,如表3-6所示。从表3-6可以看出,按碎石:砂:矿粉=68%:24%:8%计算结果,合成级配中值$P_{0.075}=7.28$,未接近级配中值,为此,必须进行调整。

④调整,因为通过0.075mm的颗粒主要分布于矿粉中,故应减少矿粉,增加碎石和砂的用量。经调试,采用碎石:砂:矿粉=68%:25%:7%的比例时,合成级配曲线正好在规范要求级配范围的中值附近(见表3-7中括号内的数值)。

表3-7 矿质混合料组配校核表

材料名称		筛孔尺寸/mm								
		16	13.2	9.5	4.75	2.36	1.18	0.6	0.3	0.15	0.075
		通过百分率/%								
原材料级配	碎石100%	100	95	63	28	8	2	1	0	0	0
	砂100%	100	100	100	100	100	90	60	35	10	1
	矿粉100%	100	100	100	100	100	100	100	100	97	88
各种集料在混合料中的级配	碎石68%(68%)	68(68)	64.6(64.6)	42.84(42.84)	19.04(19.04)	5.44(5.44)	3.4(3.4)	0.68(0.68)	0(0)	0(0)	0(0)
	砂24%(25%)	24(25)	24(25)	24(25)	24(25)	24(25)	21.6(22.5)	14.4(15.0)	8.4(8.75)	2.4(2.5)	0.24(0.25)
	矿粉8%(7%)	8(7)	8(7)	8(7)	8(7)	8(7)	8(7)	8(7)	8(7)	7.76(6.79)	7.04(6.6)
合成级配		100(100)	96.6(96.6)	74.84(74.84)	51.04(51.04)	37.44(37.44)	33.3(32.9)	23.08(22.68)	16.4(15.75)	10.16(9.29)	7.28(6.41)
规范要求级配范围		100	90~100	68~85	38~68	24~50	15~38	10~28	7~20	5~15	4~8

注:表中括号内数据为调整后的配合比和级配。

⑤将调整后的合成级配绘于规范要求的级配范围曲线中,如图3-6所示。从图中可明显看出合成级配曲线完全在规范要求的级配范围内,表明所确定的矿料组成碎石:砂:矿粉=68%:25%:7%完全符合要求。

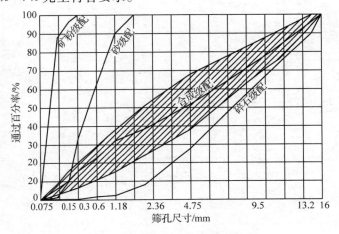

图3-6 集料与合成级配的级配曲线图

本章小结

砂石材料(骨料)分粗集料和细集料,集料的物理性质包括表观密度、堆积密度和空隙率;力学性质主要包括压碎值和磨耗值。集料的粗细程度和颗粒组成特点是影响拌和物各项指标的重要因素。集料中各粒径的组成状况用颗粒级配曲线表示,该曲线是在筛分试验的基础上,计算累计筛分百分率和通过百分率来绘制的。利用级配曲线可判断集料的类型——连续级配、间断级配、开级配、密级配等。利用筛分试验的数据,也可计算集料的细度模数,作为集数粗细程度的表征。在掌握集料级配状况的基础上可以进行集料的组成设计,方法主要有试算法和图解法。

思考题

1. 集料的主要物理常数有哪几项?
2. 什么是集料的级配?集料的级配有哪些类型?如何测定集料的级配?
3. 何谓连续级配和间断级配?
4. 对砂石材料进行组成设计的目的是什么?
5. 砂石材料的级配理论具有什么实际意义?
6. 试述富勒最大密度曲线的含义。泰波公式较富勒公式有何发展?它在实际应用中所起的作用是什么?
7. 试述集料的组成设计试算法和图解法的步骤。

推荐阅读书目

1. 道路建筑材料.2版.姜志青.人民交通出版社,2004.
2. 道路建筑材料.李上红.机械工业出版社,2006.
3. 建筑材料.4版.李亚杰.中国水利水电出版社,2003.

第4章 混凝土与砂浆

混凝土一般是指由胶凝材料(胶结料)、颗粒状的粗细骨料(或称集料)、水、必要时加入的化学外加剂及其他混合材料,按适当的比例配制并硬化而成的具有所需的形体、强度和耐久性的人造石材。混凝土材料具备以下优点:砂、石等地方材料占80%以上,可以就地取材;新拌混凝土有良好的可塑性和浇注性,可实现设计要求的形状和尺寸;可通过调整其组成材料的品种、质量和组合比例,来配制相应的混凝土,达到特定的性能。例如,快硬混凝土、混凝土防辐射等;相比于其他的廉价材料,混凝土耐久性好,维修费少。因此,混凝土是当代土建工程上应用最广、用量最大、最重要的建筑材料之一。建筑砂浆也是用量大、用途广的一种建筑材料,它主要用于砌筑结构。本章重点介绍混凝土的技术性质、混凝土组成材料的基本要求,混凝土的配合比设计,以及建筑砂浆的技术性质和组成材料的基本要求。

4.1 混凝土分类

混凝土是由多种性能不同的材料组合而成的复合材料。因此,混凝土的品种和分类方法很多。

混凝土按体积密度分类可分为重混凝土、普通混凝土和轻混凝土。重混凝土又称防辐射混凝土,主要用作核能工程的屏蔽结构材料。普通混凝土体积密度为2 000~2 800 kg/m³,是用普通的天然砂石为骨料配制而成的,是土建工程中常用的混凝土,主要用作各种建筑的承重结构材料。轻混凝土其体积密度小于1 950kg/m³,包括陶粒等轻质多孔骨料配制的混凝土、无砂的大孔混凝土、不采用骨料而掺入加气剂或泡沫剂形成多孔结构的混凝土。轻混凝土主要用作轻质结构材料和隔热保温材料。

按用途分类可分为结构混凝土、装饰混凝土、防水混凝土、道路混凝土、防辐射混凝土、耐热混凝土、耐酸混凝土、大体积混凝土和膨胀混凝土等。

按强度等级分类可分为普通混凝土和高强度混凝土。普通混凝土的抗压强度一般在60MPa以下,其中抗压强度小于30MPa的混凝土为低强度混凝土,抗压强度为30~60MPa(C30~C60)为中强度混凝土。超过上述标准为高强度混凝土。

按生产和施工方法分类可分为泵送混凝土、喷射混凝土、碾压混凝土、真空脱水混凝土、离心混凝土、水下不分散混凝土、压力灌浆混凝土和预拌混凝土(商品混凝土)等。

按所用胶结材料分类可分为水泥混凝土、聚合物混凝土、沥青混凝土(又称沥青混合料)等。

按流动性分类可分为干硬性混凝土、无坍落度混凝土、流动性混凝土等。

按水泥用量的不同分类可分为贫水泥混凝土和富水泥混凝土。贫水泥混凝土用于大体积混凝土内部，水泥用量小于等于 170kg/m³；富水泥混凝土指水泥用量大于等于 230 kg/m³ 的混凝土。

按坍落度大小分类可将混凝土拌和物分为干硬性混凝土($S<10mm$)、塑性混凝土($S=10\sim90mm$)、流动性混凝土($S=100\sim150mm$)和大流动性混凝土($S\geqslant160mm$)。

4.2 普通混凝土的技术性质

混凝土的主要技术性质包括混凝土拌和物的和易性、硬化混凝土的强度及耐久性等。

4.2.1 新拌早期混凝土的性能

混凝土的各组成材料按一定比例配合、搅拌而成的尚未凝固的材料，称为混凝土拌和物，又称新拌混凝土。新拌混凝土必须具备良好的和易性，才能便于施工和获得均匀而密实的混凝土，从而保证混凝土的强度和耐久性。

4.2.1.1 混凝土拌和物的和易性

混凝土的和易性又称工作性，是指混凝土拌和物在一定的施工条件和环境下，是否易于各种施工工序的操作，以获得质量均匀、密实的混凝土的性能。混凝土的和易性包括流动性、黏聚性和保水性3个方面。

(1) 流动性

流动性是指混凝土拌和物在自重或施工机械振捣作用下能够流动并均匀密实地充满模型的性能，流动性又称为稠度。流动性的大小主要取决于用水量或胶凝材料浆体量的多少。流动性的大小反映混凝土拌和物的稀稠，直接影响混凝土浇注与捣实施工的难易和混凝土质量。

(2) 黏聚性

黏聚性是指混凝土拌和物有一定的黏聚力，在运输及浇注过程中不致出现分层、离析现象，使混凝土保持整体均匀的性能，又称为抗离析性能。如果混凝土拌和物的黏聚力不好，砂浆和石子容易分离，致使硬化后的混凝土产生蜂窝、麻面等现象，严重影响工程质量。

(3) 保水性

保水性是指混凝土拌和物具有一定的保持水分的能力，在施工过程中不致产生较严重的泌水。混凝土拌和物在浇灌捣实过程中随着较重的骨料颗粒下沉，较轻的水分将逐渐上升到混凝土表面，这种现象叫泌水。如果保水性差，浇注振捣后，一部分水分就从内部析出，不仅水渗过的地方会形成毛细管孔隙，成为混凝土以后内部的渗水通道，而且水分及泡沫等轻物质浮在表面，还会使混凝土上下浇注层之间形成薄弱的夹层。在水分上升时,一部分水还会停留在石子及钢筋的下面形成水隙,减弱水泥浆与石子及钢筋的黏结力。这些都将影响混凝土的密实性,并降低混凝土的强度和耐久性。

我国现行标准 GB/T 50080—2002《普通混凝土拌和物性能试验方法标准》规定,用坍落度和维勃稠度来测定混凝土拌和物的流动性,并辅以直观经验来评定黏聚性和保水性,综合判断混凝土拌和物的和易性,测定方法见附录试验三。

DL/T 5144—2001《水工混凝土施工规范》规定,混凝土在浇筑地点的坍落度为:素混凝土或少筋混凝土坍落度为 1~4cm;配筋率不超过 1% 的钢筋混凝土坍落度为 3~6cm;配筋率超过 1% 的钢筋混凝土坍落度为 5~9cm。

4.2.1.2 影响混凝土拌和物和易性的因素

影响混凝土和易性的因素很多,主要的有水泥浆含量、含砂率的大小、水泥浆的稀稠以及原材料的种类及外加剂等。

(1) 水泥浆含量的影响

水泥浆含量是指单位体积混凝土内水泥浆的含量。在水泥浆稀稠不变,亦即混凝土的水用量与水泥用量之比(水灰比)保持不变的条件下,水泥浆含量越多,拌和物的流动性越大。拌和物中,除必须有足够的水泥浆以填充砂、石骨料的空隙外,还需要有一些富余的水泥浆包裹在骨料周围,使骨料颗粒之间有一定厚度的润滑层,使拌和物有一定流动性。但若水泥浆过多,骨料不能将水泥浆很好地保持在拌和物内,混凝土拌和物将会出现流浆、泌水现象,使拌和物的黏聚性及保水性变差。因此,混凝土内水泥浆的含量以使混凝土拌和物达到要求的流动度为准。

(2) 含砂率的影响

混凝土含砂率(简称砂率)是指砂的用量占砂、石总用量的百分率(按质量计)。混凝土中的砂浆应填满石子空隙,并把石子颗粒包裹起来。砂率过小,砂浆量不足,不能在粗骨料周围形成足够的砂浆润滑层,将降低拌和物的流动性。更主要的是严重影响混凝土拌和物的黏聚性及保水性,使粗骨料离析,甚至出现溃散现象。砂率过大,石子含量相对过少,骨料的空隙率及表面积都较大,在水灰比及水泥用量一定的条件下,混凝土拌和物显得干稠,流动性显著降低,如图 4-1 所示;在保持混凝土流动性不变的条件下,会使混凝土的水泥浆用量显著增大,如图 4-2 所示。

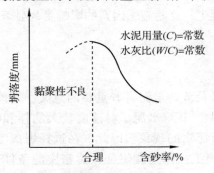

图 4-1 含砂率与坍落度的关系曲线

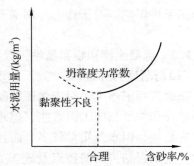

图 4-2 含砂率与水泥用量的关系曲线

合理砂率，是在水灰比(W/C)及水泥用量(C)一定的条件下，能使混凝土拌和物在保持黏聚性和保水性良好的前提下，获得最大流动性的含砂率如图4-1所示。即在水灰比一定的条件下，当混凝土拌和物达到要求的流动性，而且具有良好的黏聚性及保水性时，水泥用量最省的含砂率，如图4-2所示。

(3) 水泥砂浆稀稠的影响

在水泥品种一定的条件下，水泥浆的稀稠取决于水灰比的大小。当水灰比较小时，水泥浆较稠，拌和物的黏聚性较好，泌水较少，但流动性较小；反之，拌和物流动性较大，但黏聚性较差、泌水较多。因此，为了使混凝土拌和物能够成型密实，所采用的水灰比值不能过小，为了保证混凝土拌和物具有良好的黏聚性，所采用的水灰比值又不能过大。普通混凝土常用水灰比一般为 0.4~0.8。

在常用水灰比范围内，当混凝土中用水量一定时，水灰比在小的范围内变动对混凝土流动性的影响不大。其原因是，当水灰比较小时，虽然水泥浆较稠，混凝土流动性较小，但黏聚性较好，可采用较小的砂率值。这样，由于含砂率减小而增大的流动性可补偿由于水泥浆较稠而减少的流动性。当水灰比较大时，为保证混凝土黏聚性，需要采用较大的砂率值。这样，水泥浆较稀所增大的流动性将被含砂率增大而减小的流动性所抵消。因此，当混凝土单位用水量一定时，水泥用量变动在 50~100kg/m^3，混凝土流动性基本不变。

(4) 其他影响因素

除上述因素外，混凝土和易性还受水泥品种、掺合料品种及掺量、骨料种类、粒形及级配、混凝土外加剂、混凝土搅拌工艺和环境温度等条件的影响。

水泥需水量大者，拌和物流动性较小。使用矿渣水泥时，混凝土保水性较差。使用火山灰水泥时，混凝土黏聚性较好，但流动性较差。

掺合料的品质及掺量对混凝土和易性有很大影响。当掺入优质粉煤灰时，可改善混凝土和易性。掺入质量较差粉煤灰时，往往使拌和物流动性降低。

粗骨料的颗粒较大、粒形较圆、表面光滑、级配较好时，拌和物流动性较大。使用粗砂时，混凝土黏聚性及保水性较差；使用细砂及特细砂时，混凝土流动性较小。混凝土中掺入外加剂，可显著改善混凝土和易性。

混凝土拌和物的流动性还受气温高低、搅拌工艺以及搅拌后混凝土停置时间的长短等施工条件影响。对于掺有外加剂及掺合料的混凝土，这些施工因素的影响更为显著。

4.2.1.3 混凝土拌和物和易性指标选择

(1) 坍落度指标选择

正确选择坍落度，对于保证混凝土的施工质量及节约水泥有着重要的意义。坍落度较小的拌和物虽然施工困难些，但水泥浆用量较少，节约水泥。坍落度较大的拌和物，施工容易些，但水泥用量较多，而且容易产生离析泌水的现象。因此，在选择坍落度指标时，应根据结构物的特点及施工方法，在便于施工操作并能保证振捣密实的条件下，尽可能取较小的坍落度，不同工程宜采用的坍落度值可参考相关规范，见表4-1。

表 4-1 混凝土浇注时的坍落度

结构种类	坍落度/mm
基础或地面等的垫层 无配筋的厚大结构(挡土墙、基础或厚大的块体等)或配筋稀疏的结构	10～30
板、梁和大型或中型截面的柱等	30～50
配筋密列的结构(薄壁、斗仓、筒仓、细柱等)	50～70
配筋特密的结构	70～90

(2) 改善混凝土拌和物和易性的措施

①在水灰比不变的前提下,适当增加水泥浆的用量。

②通过试验,采用合理砂率。

③改善砂、石料的级配,一般情况下尽可能采用连续级配。

④调整砂、石料的粒径,如欲加大流动性可加大粒径,欲提高黏聚性和保水性可减小骨料的粒径。

⑤掺加外加剂。采用减水剂、引气剂、缓凝剂都可有效地改善混凝土拌和物的和易性。

⑥根据具体环境条件,尽可能缩小新拌混凝土的运输时间。若不允许,可掺缓凝剂、流变剂,减少坍落度损失。

4.2.2 混凝土的强度

混凝土强度分为抗压强度、抗拉强度、抗弯强度及抗剪强度等。其中抗压强度最大,抗拉强度只有抗压强度的 1/20～1/10,并且这个比值随着混凝土强度等级的增加而降低,故混凝土主要用于承受压力。

4.2.2.1 混凝土抗压强度(f_c)和强度等级

混凝土的抗压强度,是指其标准试件在压力作用下直至破坏时单位面积上所能承受的最大压力。混凝土结构物常以抗压强度作为主要参数进行质量的设计,而且抗压强度与其他强度及变形有极大的相关性。因此,抗压强度常作为评定混凝土质量的指标,并作为划分混凝土强度等级的依据。混凝土的抗压强度包括立方体抗压强度和轴心抗压强度。

(1) 立方体抗压强度与强度等级

根据 GB/T 50081—2002《普通混凝土力学性能试验方法》(见附录),标准试件所测得的极限抗压强度值为混凝土标准立方体抗压强度,以 f_{cu} 表示。

根据混凝土立方体抗压强度标准值 $f_{cu,k}$(按上述方法测得的抗压强度总体分布中的一个值,强度低于该值的百分率不超过 5%),将混凝土划分为不同的强度等级,采用 C 与立方体抗压强度标准值(以 N/mm² 即 MPa 计)表示:C7.5、C10、C15、C20、C25、C30、C35、C40、C45、C50、C55、C60、C65、C70、C75、C80。例如,C20 表示混凝土立方体抗压强度标准值 $f_{cu,k}=20$ MPa。

工程实践中，为了检验结构物中的混凝土强度，有时需要测定非标准养护（与构件同条件养护）的或非 28d 龄期的混凝土抗压强度。

(2) 轴心抗压强度与强度等级

混凝土强度测定值与试件的形状有关。在钢筋混凝土结构计算中，计算轴心受压构件（例如柱子、桁架的腹杆等）时，都采用混凝土的轴心抗压强度标准值 f_{cp} 作为设计依据。轴心抗压强度值 f_{cp} 与立方体抗压强度值存在如下关系：

$$f_{cp} \approx (0.70 \sim 0.80) f_{cu} \tag{4-1}$$

4.2.2.2 影响混凝土强度的主要因素

影响混凝土抗压强度的因素很多，主要有水泥标号和水灰比、骨料种类和级配、养护条件和龄期、施工方法和施工质量等。

(1) 水泥强度等级与水灰比的影响

混凝土的强度主要取决于水泥石的强度及其与骨料间的黏结力。而水泥石的强度及其与骨料的黏结力又取决于水泥标号及水灰比的大小。因此，水泥标号与水灰比是影响混凝土强度的主要因素。实践证明，水泥标号越高，混凝土强度越高。在水泥标号相同的条件下，混凝土强度则随水灰比的增大而降低，如图 4-3 所示。因为，从理论上讲，水泥水化时所需的结合水一般只占水泥质量的 23% 左右，但在拌制混凝土拌和物时，为了施工获得更好的流动性，往往加入较多的水，当混凝土硬化后多余的水分就残留在混凝土内部或蒸发形成气孔或通道，大大降低了混凝土抵抗荷载的有效面积，从而降低了混凝土的承载能力。因此，在水泥强度等级相同的情况下，水灰比越小，水泥石的强度越高，与骨料的黏结力越大，混凝土的强度越高。但是，如果水灰比过小，拌和物过于干稠，在一定的施工振捣条件下，混凝土不能被振捣密实，出现较多的蜂窝、麻面，将导致混凝土强度严重下降。

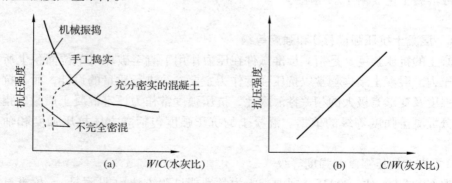

图 4-3 混凝土强度与水灰比及灰水比的关系
(a) 强度与 W/C（水灰比）关系　(b) 强度与 C/W（灰水比）关系

混凝土强度与灰水比、水泥强度等因素之间的经验公式为：

$$f_{cp} = a_a f_{ce}(C/W - a_b) \tag{4-2}$$

式中　f_{cp}——混凝土 28d 龄期的抗压强度，MPa；

　　　C——1m³ 混凝土中水泥用量，kg；

W——$1m^3$ 混凝土中水的用量,kg;

f_{ce}——水泥 28d 龄期的实际抗压强度,MPa。水泥厂为保证水泥出厂强度,所生产水泥的实际强度要高于其强度的标准值($f_{ce,k}$),在无法取得水泥实际强度数据时,可用式 $f_{ce}=r_c f_{ce,k}$ 代入,其中 r_c 为水泥强度值的富余系数(一般为 1.13)。

a_a,a_b——回归系数,与骨料品种及水泥品种等因素有关,其数值通过试验求得,若无试验统计资料,则可按照 JGJ 55—2011《普通混凝土配合比设计规程》提供的 a_a、a_b 系数取用。

碎石:$a_a=0.46$,$a_b=0.07$;
卵石:$a_a=0.48$,$a_b=0.33$。

式(4-2)一般只适用于流动性混凝土及低流动性混凝土,可根据所用的水泥强度和水灰比来估计所配制混凝土的强度,也可根据水泥强度和要求的混凝土强度等级来计算应采用的水灰比。

(2)骨料的影响

当骨料级配良好、含砂率适当时,由于组成了坚强密实的骨架,有利于混凝土强度的提高。如果混凝土骨料中有害杂质较多,品质低,级配不好时,会降低混凝土的强度。

碎石表面粗糙有棱角,可提高骨料与水泥砂浆之间的机械咬合力和黏结力,在原材料坍落度相同的条件下,用碎石拌制的混凝土比用卵石拌制的混凝土的强度要高。

骨料的强度影响混凝土的强度,一般骨料强度越高,所配制的混凝土的强度越高,这在低水灰比和配制高强度混凝土时特别明显。骨料粒形以三维长度相等或近似的球形或立方体形为好,若含有较多扁平或细长的颗粒,会增加混凝土的孔隙率,扩大混凝土中骨料的表面积,增加混凝土的薄弱环节,导致混凝土强度下降。

(3)龄期的影响

在正常养护的条件下,混凝土的强度将随着龄期的增长而不断发展,在最初 7~14d 内强度发展较快,以后逐渐缓慢,28d 达到设计强度。28d 后强度仍在发展,其增长过程可延续数十年之久。

普通水泥制成的混凝土,在标准养护条件下,混凝土强度的发展与其龄期的关系为:

$$\frac{f_n}{f_{28}} = \frac{\lg n}{\lg 28} \tag{4-3}$$

式中 f_n——n 天龄期混凝土的抗压强度,MPa;

f_{28}——28d 龄期混凝土的抗压强度,MPa;

n——养护龄期,d,$n \geqslant 3$。

根据式(4-3),可由所测得混凝土的早期强度,估算其 28d 龄期的强度。也可以用混凝土的 28d 龄期强度,推算 28d 前混凝土达到某一强度需要养护的天数,如确定混凝土拆模、构件起吊、制品养护、出厂等日期。但由于影响强度的因素很多,按式(4-3)的结果只能作为参考。

(4) 养护条件的影响

混凝土强度是一个渐进发展的过程，其发展的程度和速度取决于水泥的水化状况，而温度和湿度是影响水泥水化速度和程度的重要因素。因此，混凝土成形后，必须在一定时间内保持适当的温度和足够的湿度，以使水泥充分水化，这个过程就是混凝土的养护。

养护温度高，水泥水化速度加快，混凝土强度的发展也快；反之，在低温下混凝土强度发展迟缓。当温度降至冰点以下时，则由于混凝土中水分大部分结冰，水泥不但停止水化，强度停止发展，而且由于混凝土孔隙中水分结冰，产生体积膨胀（约9%），而对孔壁产生相当大的压应力（可达100MPa），从而使硬化中的混凝土结构遭到破坏，导致混凝土已获得的强度受到损失。同时，混凝土早期强度低，更容易冻坏。

因为水是水泥水化反应的必要条件，只有周围环境湿度适当，水泥水化反应才能不断地顺利进行，使混凝土强度得到充分发展。图4-4体现的就是保湿养护对混凝土强度的影响。水泥水化不充分，还会使混凝土结构疏松，形成干缩裂缝，增大渗水性，从而影响混凝土的耐久性。为此，施工规范规定，在混凝土浇注完毕后，应在12h内进行覆盖，以防止水分蒸发。在夏季施工的混凝土，要特别注意浇水保湿。使用硅酸盐水泥、普通硅酸盐水泥和矿渣水泥时，浇水保湿不少于7d。使用火山灰水泥或粉煤灰水泥时，施工中应掺用缓凝外加剂。混凝土有抗渗要求时，保湿养护应不少于14d。

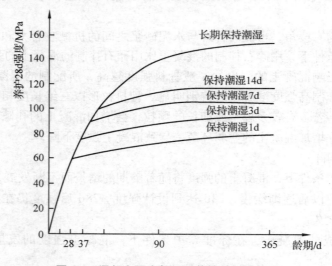

图4-4 混凝土强度与保湿养护时间的关系

(5) 施工因素的影响

混凝土施工过程中若搅拌不均匀、振捣不密实或养护不良等，均会降低混凝土的强度。

混凝土拌和物的搅拌可分为机械搅拌和人工拌和。机械搅拌比人工拌和能使拌和物拌和得更充分均匀，从而可获得强度更高的混凝土。尤其是对于掺有减水剂或引气剂的混凝土，机械搅拌的作用更加突出。

混凝土浇捣方法有人工捣实和机械振捣2种。采用机械振捣法浇注的混凝土比人工捣实的混凝土密实性好，强度也较高。对于低流动性混凝土或干硬性混凝土，采用机械振实法更为适宜。

4.2.2.3 提高混凝土强度的措施

(1) 采取高强度等级水泥或早强型水泥

在混凝土配合比相同的情况下,水泥的等级越高,混凝土的强度越高。采用早强型水泥可提高混凝土的早期强度,有利于加快施工进度。

(2) 采用低水灰比的干硬性混凝土

低水灰比的干硬性混凝土拌和物游离水分少,硬化后留下的孔隙少,混凝土密实度高,强度可显著提高。因此,降低水灰比是提高混凝土强度的最有效途径。但水灰比过小,将会影响拌和物的流动性,造成施工困难,一般采取同时掺加减水剂的方法,使混凝土在低水灰比下,仍有良好的和易性。

(3) 采用湿热处理养护混凝土

湿热处理,可分为蒸气养护及蒸压养护2类。蒸气养护,是将混凝土放在温度低于100℃的常压蒸气中进行养护。一般混凝土经过16~20h蒸气养护,其强度可达正常条件下养护28d强度的70%~80%,蒸气养护最适于掺活性混合材料的矿渣水泥、火山灰水泥及粉煤灰水泥制备的混凝土。

(4) 采用机械搅拌和振捣

参见4.2.2.2中的(5)施工因素的影响。

(5) 掺入混凝土外加剂及掺合料

在混凝土中掺入早强剂可提高混凝土早期强度;掺入减水剂可减少用水量,降低水灰比,提高混凝土强度。此外,在混凝土中掺入高效减水剂的同时,掺入磨细的矿物掺合料(如硅灰、优质粉煤灰、超细磨矿渣等),可显著提高混凝土的强度,配制出强度等级为C60~C100的高强度混凝土。

4.2.3 混凝土的耐久性

把混凝土抵抗环境介质作用并长期保持其良好的使用性能和外观完整性,从而维持混凝土结构的安全、正常使用的能力称为耐久性。混凝土的耐久性主要包括抗渗性、抗冻性、抗侵蚀性、抗磨性、抗风化性等。

4.2.3.1 混凝土的抗渗性

混凝土的抗渗性是指混凝土抵抗有压介质(水、油、溶液等)渗透作用的能力。抗渗性是混凝土的一项重要性质,除关系到混凝土的挡水及防水作用外,还直接影响混凝土的抗冻性及抗侵蚀性等。若混凝土的抗渗性差,不仅周围水等液体物质易渗入内部,而且当遇有负温或环境水中含有侵蚀性介质时,混凝土就易遭受冰冻或侵蚀作用而破坏,对于钢筋混凝土还将引起其内部钢筋锈蚀,并导致表面混凝土保护层开裂与剥落。对地下建筑、水坝、水池、港工、海工等工程,必须要求混凝土具有一定的抗渗性。

混凝土的抗渗性用抗渗等级表示,共有W2、W4、W6、W8、W10、W12等6个等级,表示混凝土能抵抗0.2MPa、0.4MPa、0.6MPa、0.8MPa、1.0 MPa、1.2MPa的静水压力而不渗透,试验方法见附录试验三中的混凝土抗渗性试验。

混凝土抗渗标号，应根据结构物所承受水压的情况，按有关规范进行选择。

混凝土渗水的主要原因是由于内部的孔隙形成连通的渗水孔道。这些孔道除产生于施工振捣不密实及裂缝外，主要来源于水泥浆中多余水分的蒸发而留下的毛细孔等。这些渗水通道的多少主要与水灰比大小有关，因此，水灰比也是影响抗渗性的一个主要因素。试验表明，随着水灰比的增大，抗渗性逐渐变差，当水灰比大于0.6时，抗渗性急剧下降。水灰比与混凝土抗渗标号的关系如表4-2所示。

表4-2　水灰比与混凝土抗渗标号的关系

水灰比	0.50~0.55	0.55~0.60	0.60~0.65	0.65~0.75
估计28d可能达到的抗渗标号	W8	W6	W4	W2

提高混凝土抗渗性的主要措施是提高混凝土的密实度和改善混凝土中的孔隙结构，减少连通孔隙。这些可通过降低水灰比、选择好的骨料级配、充分振捣和养护、掺入引气剂等方法来实现。

4.2.3.2　混凝土的抗冻性

混凝土的抗冻性是指混凝土在饱水状态下，能经受多次冻融循环而不破坏，同时也不严重降低所具有的性能的能力。在寒冷地区，特别是接触水又受冻的环境下的混凝土，要求具有较高的抗冻性。

混凝土的抗冻性用抗冻等级来表示，抗冻等级有F400、F300、F250、F200、F150、F100、F50七个等级，分别表示混凝土能承受冻融循环的最多次数不少于400、300、250、200、150、100和50次。抗冻试验的试验方法见附录试验三中的混凝土抗冻性试验。

混凝土的抗冻等级，应根据工程所处环境，按有关规范来选择。

抗冻性好的混凝土，抵抗温度变化、干湿变化等风化作用的能力也较强。因此，在温和气候条件的地区（无抗冻要求），对于水位变化区及其以上的外部混凝土，也应提出一定的抗冻等级，以保证建筑物的抗风化耐久性。房屋建筑中室内不受风雪影响的混凝土，可以不考虑抗冻性。

混凝土抗冻性的高低，与水泥品种、标号、混凝土水灰比、外加剂及掺合料的品种和掺量以及骨料的品质等有密切关系。混凝土中掺入引气剂时，可显著提高其抗冻性。在原材料一定的条件下，水灰比的大小是影响抗冻性的主要因素。为了保证混凝土的抗冻性，SL/T 352—2020《水工混凝土试验规程》建议，在没有试验资料时，混凝土水灰比应不超过表4-3的规定。

表4-3　各种抗冻等级的混凝土允许最大水灰比

混凝土抗冻等级（28d）	普通混凝土	引气混凝土	备注
F50	0.55	0.60	有抗冻要求的混凝土，建议优先采用普通硅酸盐水泥并掺用引气剂
F100	—	0.55	
F150	—	0.50	

4.2.3.3 混凝土的抗侵蚀性

当混凝土所处环境中含有侵蚀性介质时,混凝土便会遭受侵蚀,常见的侵蚀有软水侵蚀、硫酸盐侵蚀、镁盐侵蚀、碳酸侵蚀、一般酸侵蚀和强碱侵蚀等。随着混凝土在地下工程、海岸和海洋工程等恶劣环境中的大量应用,对混凝土的抗侵蚀性提出了更高的要求。

混凝土的抗侵蚀性与所选用的水泥品种、混凝土的密实度和孔隙特征等有关。密实与孔隙封闭的混凝土,环境水不易侵入,抗侵蚀性较强。提高混凝土抗侵蚀的主要措施是合理选择水泥品种、降低水灰比、提高混凝土密实度和改善孔隙结构。

4.2.3.4 提高混凝土耐久性的措施

混凝土因所处的环境和使用条件的不同,对其耐久性的要求也不同,因此,应根据不同要求采取相应措施,以保证其耐久性。影响抗渗、抗冻、抗磨及抗腐蚀性等性能的因素,虽不完全相同,但混凝土组成材料的品质及混凝土的密实性对上述各种耐久性均有重要影响。故保证混凝土耐久性的主要措施有以下几条:

①严格控制水灰比,水灰比的大小是影响混凝土密实性的主要因素,为保证混凝土耐久性必须严格控制水灰比。施工中应切实按表4-4中的数据执行。

表4-4 普通混凝土的最大水灰比和最小水泥用量表

混凝土所处的环境条件	最大水灰比	最小水泥用量/(kg/m³)	
		配筋混凝土	无筋混凝土
不受雨雪影响的混凝土	不作规定	225	200
1. 受雨雪影响的露天混凝土 2. 位于水中及水位升降范围内的混凝土 3. 在潮湿环境中的混凝土	0.7	250	225
1. 寒冷地区水位升降范围内的混凝土 2. 受水压作用的混凝土	0.65	275	250
严寒地区水位升降范围内的混凝土	0.6	300	275

注:①本表所列水灰比,系指水与水泥(包括外掺混合材料)用量之比。
②表中最小水泥用量(包括外掺混合材料),当用人工捣实时应增加25kg/m³。当掺用外加剂并能有效地改善混凝土的和易性时,水泥用量可减少25kg/m³。
③强度等级小于C10的混凝土,可不受本表限制。
④寒冷地区系指最冷月份的月平均温度在 -15℃ ~ -5℃之间,严寒地区则指最冷月份的月平均温度低于 -15℃。

②混凝土所用材料的品质应符合规范的要求。对于所使用的水泥品种及标号,应根据工程所处环境及对混凝土的要求,进行合理选择。应严格控制砂、石材料的有害杂质含量,使其不致影响混凝土耐久性。

③合理选择骨料级配,可使混凝土在保证和易性要求的条件下,减少水泥用量,并有较好的密实性,这样不仅有利于混凝土耐久性而且比较经济。

④掺用减水剂及引气剂，可减少混凝土用水量及水泥用量，改善混凝土孔隙结构。这是提高混凝土抗冻性及抗渗性的有力措施。

⑤在混凝土施工中，应做到搅拌透彻、浇注均匀、振捣密实、加强养护，以保证混凝土耐久性。

4.3 普通混凝土的组成材料

4.3.1 骨料的技术要求

4.3.1.1 概述

混凝土的基本组成材料为水泥、水、砂和石子，另外还常掺入适量的掺和料和外加剂。砂石在混凝土中起骨架作用，故称为骨料(亦称集料)，如图4-5所示。混凝土中骨料占总体积的70%~80%，因此，骨料对混凝土的性能有重要的影响。

混凝土中使用的骨料应根据优质、经济、就地取材的原则进行选择。可选用天然骨料、人工骨料或两者互相补充。选用人工骨料时，有条件的地方宜选用石灰岩质的料源。矿渣、膨胀黏土和页岩等人造材料在某种程度上也被使用，但主要用于轻混凝土。骨料除了作为经济的填充材料之外，通常还为混凝土带来体积稳定性和耐磨性。同时，骨料也会影响混凝土的力学性能和物理性能。

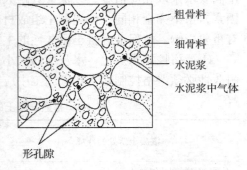

图 4-5 混凝土结构

骨料料源在品质、数量发生变化时，应按现行建筑材料勘察规程进行详细的补充勘察和碱活性成分含量试验。未经专门论证，不得使用碱活性骨料。

骨料加工的工艺流程、设备选型应合理可靠，生产能力和料仓储量应保证混凝土施工需要。

根据实际需要和条件，可将骨料分成粗、细两级，分别堆存，在混凝土拌和和运输时按一定比例掺配使用。

成品骨料的堆存和运输应符合下列规定：

①堆存场地应有良好的排水设施，必要时应设遮阳防雨棚。

②各级骨料仓应设置隔墙等有效措施，严禁混料，并应避免泥土和其他杂物混入骨料中。

③应尽量减少转运次数。卸料时，粒径大于40mm骨料的自由落差大于3m时，应设置缓降设施。

④储料仓除有足够的容积外，还应维持不小于6m的堆料厚度。细骨料仓的数量和容积应满足细骨料脱水的要求。

⑤在粗骨料成品堆场取料时，同一级料在料堆不同部位同时取料。

另外，应根据粗细骨料需要总量、分期需要量进行技术经济比较，制订合理的开采规划和使用平衡计划，尽量减少弃料。覆盖层剥离应有专门弃渣场地并采取必要的防护和恢复环境措施，避免产生水土流失。

4.3.1.2 细骨料（人工砂、天然砂）的品质要求

混凝土的细骨料，一般采用天然砂，如河砂、海砂及山谷砂，其中以河砂品质最好，应用最多。当地缺乏天然砂、石时，也可用坚硬岩石磨碎的人工砂。通常规定混凝土用砂的粒径（即砂子颗粒的直径）范围为 0.16～5.0mm。大于 5mm 的列入石子范围。对砂的质量要求包括有害杂质含量、细度和颗粒级配以及物理性质等。

（1）有害物质

混凝土用砂应颗粒坚实、清洁且不含杂质。但砂中常含有一些有害物质，其主要种类及危害为：云母表面光滑呈薄片状，与水泥石黏结极弱，能降低混凝土的强度及耐久性。黏土、淤泥等黏附在砂粒表面，阻碍砂与水泥石的黏结，除降低混凝土的强度及耐久性外，还增大干缩性。当黏土以团块存在时，危害性更大。有机物、硫化物及硫酸盐等可溶性物质能与水泥的水化产物起反应，使混凝土强度降低。砂的品质要求见表4-5。

表4-5 细骨料的品质要求

项目		指标		备注
		天然砂	人工砂	
石粉含量/%		—	(6～18)	
含泥量/%	≥C_{90}30 和抗冻要求的	≤3	—	
	<C_{90}30	≤5	—	
	泥块含量	不允许	不允许	
坚固性/%	有抗冻要求的混凝土	≤8	≤8	
	无抗冻要求的混凝土	≤10	≤10	
表观密度/(kg/m³)		≥2 500	≥2 500	
硫化物及硫酸盐含量/%		≤1	≤1	折算成SO_3，按质量计
有机质含量		浅于标准色	不允许	
云母含量/%		≤2	≤2	
轻物质含量/%		≤1	—	

（2）砂的粗细程度与颗粒级配

砂的粗细程度及颗粒级配的好坏，对混凝土的技术性质及工程造价都有很大影响。砂子粗细程度常用细度模数（M）来表示，它是指不同粒径的砂砾混在一起后的平均粗细程度。细度模数的计算见本教材 3.1.1.3 部分。

在配合比相同的情况下,若砂子过粗,则拌出的混凝土黏聚性差,容易产生分离、泌水现象;若砂子过细,虽然拌制的混凝土黏聚性较好,但流动性显著减小,为满足流动性要求,需耗用较多的水泥,混凝土强度也较低。因此混凝土用砂不宜过粗或过细,以中砂较为适宜。

当砂子由较多的粗颗粒、适当的中等颗粒及少量的细颗粒组成时,细颗粒填充在粗、中颗粒间,使其空隙率及总表面积都较小,即构成良好的级配。使用较好级配的砂子,不仅节约水泥,而且还可以提高混凝土的强度及密实性。

砂的级配常用各筛上累计筛余百分率来表示。对于细度模数为 3.7~1.6 的砂,按 0.63mm 筛孔的筛上累计筛余百分率分为 3 个区间,如图 4-6 所示。级配较好的砂,各筛上累计筛余百分率应处于同一区间之内(除 5.00mm 及 0.63mm 筛号外,允许稍有超出界限,但各筛超出的总量不应大于 5%)。

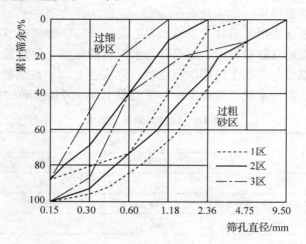

图 4-6 筛分曲线

砂子用量很大,选用时应遵循就地取材的原则。若有些地区的砂料过粗、过细或级配不良时,在可能的情况下,应将粗、细两种砂掺配使用,以调节砂的细度,改善砂的级配。在只有细砂或特细砂的地方,则应采取一些降低水泥用量的措施,如掺入一些细石屑或掺用减水剂、引气剂等。

4.3.1.3 粗骨料(碎石、卵石)的品质要求

普通混凝土的粗骨料分为卵石和碎石 2 种。卵石是由天然岩石经自然风化、水流搬运和分选、堆积形成的粒径大于 4.75mm 的颗粒。按其产源可分为河卵石、海卵石、山卵石等几种,其中河卵石应用最多。碎石大多由天然岩石经破碎、筛分而成,也可将大卵石轧碎筛分制得。卵石、碎石按技术要求分为 I 类、II 类、III 类 3 种类别,见表 4-6。I 类宜用于强度等级大于 C60 的混凝土;II 类宜用于强度等级为 C30~C60 及抗冻、抗渗或有其他要求的混凝土;III 类宜用于强度等级小于 C30 的混凝土。在相同条件下,碎石混凝土比卵石混凝土的强度高 10% 左右。

表 4-6 卵石、碎石分类标准

项 目	指 标		
	Ⅰ类	Ⅱ类	Ⅲ类
含泥量(按质量计,%)	<0.5	<1.0	<1.5
泥块含量(按质量计,%)	0	<0.5	<0.7
有机物	合格	合格	合格
硫化物及硫酸盐(按 SO_3 质量计,%)	<0.5	<1.0	<1.0
针、片状颗粒(按质量计,%)	<5	<15	<25

①粗骨料的最大粒径不应超过钢筋最小间距的 3/4，同时不得大于构件断面最小边长的 1/4；对于混凝土实心板允许采用最大粒径达 1/2 板厚，但不能超过 50mm；对少筋或无筋混凝土结构，应选用较大的粗骨料粒径。

②施工中，宜将粗骨料按粒径分成下列几种粒径组合：
  a. 当最大粒径为 40mm 时，分成 D20、D40 两级；
  b. 当最大粒径为 80mm 时，分成 D20、D40、D80 三级；
  c. 当最大粒径为 150(120)mm 时，分成 D20、D40、D80、D150(D120) 四级；

③应控制各级骨料的超、逊径含量。超径含量是指骨料中超过标准粒径的含量与总含量的比值；逊径是指骨料中低于标准粒径的含量与总含量的比值。超、逊径含量以圆孔筛检验，其控制标准为超径小于 5%，逊径小于 10%。

④采用连续级配或间断级配应由试验确定。

⑤各级骨料应避免分离。D20、D40、D80、D150(D120) 分别用孔径为 10mm、30mm、60mm 或 115mm 的方孔筛检测的筛余量应在 40%~70% 范围内。

⑥如使用含有活性骨料、黄锈和钙质结核等粗骨料，必须进行专门试验论证。

⑦粗骨料表面应洁净，如有裹粉、裹泥或被污染时应清除。

⑧碎石和卵石的压碎指标值宜采用表 4-7 的规定。

表 4-7 粗骨料的压碎指标

骨料种类		不同混凝土强度等级的压碎指标值/%	
		$C_{90}55 \sim C_{90}40$	$\leq C_{90}35$
碎石	水成岩	≤10	≤16
	变质岩或深成的火成岩	≤12	≤20
	火成岩	≤13	≤30
卵石		≤12	≤16

注：$C_{90}55$ 为设计龄期 90d，抗压强度 55MPa。

⑨粗骨料的其他品质要求应符合表 4-8 的规定。

表 4-8 粗骨料的品质要求

项目		指标	备注
含泥量/%	D20、D40 粒径级	≤1	
	D80、D150(D120)	≤0.5	
	泥块含量	不允许	
坚固性/%	有抗冻要求的混凝土	≤5	
	无抗冻要求的混凝土	≤12	
表观密度/(kg/m³)		≥2 500	
硫化物及硫酸盐含量/%		≤0.5	折算成 SO_3,按质量计
有机质含量		浅于标准色	如深于标准色,应进行混凝土强度对比试验,抗压强度比不应低于 0.95
吸水率/%		≤2.5	
针片状颗粒含量/%		≤15	经试验论证,可放宽至 25%

4.3.2 水

水是制备混凝土的关键组分,拌制及养护混凝土用水,宜采用饮用水。凡符合国家标准的饮用水,均可用于拌和与养护混凝土。未经处理的工业污水和生活污水不得用于拌和与养护混凝土。

4.3.3 外加剂

混凝土的外加剂,是指混凝土在拌和过程中掺入的、用以改善混凝土性能的物质。掺入量一般不超过水泥用量的 5%。

4.3.3.1 外加剂的种类

混凝土外加剂的种类繁多,按其主要功能分为 4 类:
①改善混凝土拌和物流变性能的外加剂 各种减水剂、引气剂和泵送剂等。
②调节混凝土凝结时间硬化性能的外加剂 缓凝剂、早强剂和速凝剂等。
③改善混凝土耐久性的外加剂 引气剂、防水剂和阻锈剂等。
④改善混凝土其他性能的外加剂 加气剂、膨胀剂、防冻剂、着色剂、防水剂和泵送剂等。

4.3.3.2 常用的外加剂

(1)减水剂

减水剂是指在混凝土拌和物的坍落度基本不变的条件下,能显著减少混凝土拌和用水量的外加剂。减水剂的种类很多。按减水效果可分为普通减水剂和高效减水剂;按凝结时间分为标准型、早强型、缓凝型 3 种;按是否引气可分为引气型和非引气型 2 种。

根据使用目的的不同，在混凝土中加入减水剂后，一般可取得以下效果：

①增加流动性　在用水量及水灰比不变时，混凝土坍落度可增大100～200mm，且不影响混凝土的强度。

②提高混凝土强度　在保持流动性及水泥用量不变的情况下，可减少拌和用水量10%～15%，从而降低了水灰比，使混凝土强度提高15%～20%，特别是对早期强度提高的效果更为显著。

③节约水泥　在保持流动性及水灰比不变的条件下，可以在减少拌和用水量的同时，相应的减少水泥用量，即在保持混凝土强度不变时，可节约水泥用量10%～15%。

④改善混凝土的耐久性　显著改善混凝土的孔隙结构，使混凝土的密实度提高，透水性降低，从而可提高抗渗、抗冻、抗化学腐蚀及防锈蚀等能力。

此外，掺用减水剂后，还可以改善混凝土拌和物的泌水、离析现象，延缓混凝土拌和物的凝结时间，减慢水泥水化放热速度。

(2) 早强剂

早强剂是加速混凝土早期强度发展，并对后期强度无显著影响的外加剂。早强剂可以在常温、低温和负温（不低于$-5℃$）条件下加速混凝土的硬化过程，多用于冬季施工和抢修工程。

当混凝土含有活性骨料时，含有钠盐和钾盐的早强剂要慎重使用。应通过实验论证，以免发生碱—骨料反应，破坏混凝土结构物，影响工程使用寿命。

(3) 引气剂

引气剂是指在混凝土搅拌过程中，能引入大量分布均匀的微小气泡，以减少混凝土拌和物的泌水、离析，改善和易性，并能显著提高硬化混凝土抗冻性、耐久性的外加剂。按混凝土含气量3%～5%计（不加引气剂的混凝土含气量为1%），$1m^3$混凝土拌和物中含数百亿个气泡。由于大量微小、封闭并均匀分布的气泡存在，一般可取得以下效果：

①改善混凝土的和易性　由于大量微小封闭球状气泡在混凝土拌和物内形成，如同滚珠一样，减少了颗粒间的摩擦阻力，使混凝土拌和物流动性增加。同时，由于水分均匀分布在大量气泡的表面，使能自由移动的水量减少，混凝土拌和物的保水性、黏聚性也随之提高。

②显著提高混凝土的抗渗性和抗冻性　大量均匀分布的封闭气泡阻断了混凝土中毛细管渗水通道，改变了混凝土的孔结构，使混凝土抗渗性显著提高。同时，封闭气泡有较大的弹性变形能力，对由水结冰所产生的膨胀应力有一定的缓冲作用，因而混凝土的抗冻性得到提高。

③降低混凝土强度　由于大量气泡存在，减少了混凝土的有效受力面积，使混凝土强度有所下降。一般混凝土的含气量每增加1%时，其抗压强度将降低4%～6%。

引气剂可用于抗渗混凝土、抗冻混凝土、抗硫酸盐侵蚀混凝土、泌水严重的混凝土、贫水泥混凝土、轻混凝土以及对饰面有要求的混凝土等，特别对改善处于严酷环境的水泥混凝土路面、水工结构的抗冻性有良好的效果。但引气剂不宜用于蒸养混凝土及预应力混凝土。

(4) 缓凝剂

缓凝剂是指能延缓混凝土凝结时间,并对混凝土后期强度发展无不利影响的外加剂。

缓凝剂具有缓凝、减水、降低水化热和增加强度的作用,对钢筋也无锈蚀作用。主要适用于大体积混凝土和炎热气候下施工的混凝土,以及需长时间停放或长距离运输的混凝土。缓凝剂不宜用于日最低气温5℃以下施工的混凝土,也不适宜单独用于有早强要求的混凝土及蒸养混凝土。

(5) 防冻剂

防冻剂是能使混凝土在负温下硬化,并在规定养护条件下达到预期性能的外加剂。

防冻剂主要用于负温条件下施工的混凝土。目前,国产防冻剂品种适用于 -15℃ ~ 0℃的气温,当在更低气温下施工时,应增加其他混凝土冬季施工措施,如暖棚法、原料(砂、石、水)预热法等。

(6) 速凝剂

速凝剂是指能使混凝土迅速凝结硬化的外加剂。

速凝剂掺入混凝土后,能使混凝土在5min内初凝,10min内终凝。1h 就可产生强度,1d 强度提高 2~3 倍,但后期强度会下降,28d 强度为不掺时的 80%~90%。温度升高,可以提高速凝效果。混凝土水灰比增大则降低速凝效果,故掺用速凝剂的混凝土水灰比一般为 0.40~0.45 之间。掺加速凝剂后,混凝土的干缩率有增加趋势,弹性模量、抗剪强度、黏结力等有所降低。

速凝剂主要用于矿山井巷、铁路隧道、引水涵洞、地下工程以及喷锚支护时的喷射混凝土或喷射砂浆工程中。

4.4 普通混凝土的配合比设计

混凝土配合比是指混凝土中各组成材料数量之间的比例关系。确定比例关系的工作为配合比设计。混凝土配合比常用的表示方法有2种:一种是以 $1m^3$ 混凝土中各项材料的质量表示,如水泥(m_{co})300kg、水(m_w)180kg、砂(m_s)720kg、石子(m_g)1 200kg;另一种表示方法是以各项材料相互间的质量比来表示(以水泥质量为1),将上述质量换算成质量比为水泥:砂:石子:水 = 1:2.4:4:0.6。

4.4.1 混凝土配合比设计的目的

混凝土的性能取决于各种组成材料的配合比例。

配合比设计的任务,就是根据原材料的技术性能及施工条件,确定出能满足工程所要求的技术经济指标的各项组成材料的用量。其基本要求是:达到混凝土结构设计的强度等级;满足混凝土施工所要求的和易性;满足工程所处环境和使用条件对混凝土耐久性的要求;符合经济原则,节约水泥,降低成本。

4.4.2 混凝土配合比设计的步骤

4.4.2.1 基本资料

①了解工程设计要求的混凝土强度等级,以便确定混凝土配制强度。

②了解工程所处环境对混凝土耐久性的要求,以便确定所配制混凝土的最大水灰比和最小水泥用量。

③了解结构构件断面尺寸及钢筋配置情况,以便确定混凝土骨料的最大粒径。

④掌握原材料的性能指标,包括:水泥的品种、强度等级、密度;砂、石骨料的种类、体积密度、级配、最大粒径;拌和用水的水质情况;外加剂的品种、性能、适宜掺量等。

⑤明确混凝土的运输和浇灌方法以及对坍落度的要求。

4.4.2.2 混凝土配合比设计中的重要参数

水灰比、砂率、单位用水量是混凝土配合比的 3 个重要参数,确定这 3 个参数的基本原则是:在满足混凝土强度和耐久性的基础上,确定混凝土的水灰比;在满足混凝土施工要求的和易性的基础上,根据粗骨料的种类和规格,确定混凝土的单位用水量;砂的数量,应以填充石子空隙后略有富余的原则来确定砂率。

(1)水灰比

在其他条件不变的情况下,水灰比的大小直接影响混凝土的强度及耐久性。水灰比较小时,混凝土的强度、密实性及耐久性较高,但耗用水泥较多,混凝土发热量也较大。因此,应在满足强度及耐久性要求的前提下,尽可能取用较大的水灰比,以节约水泥。此外,对于耐久性和强度要求较低的混凝土(如大体积内部混凝土),在确定水灰比时,还需要考虑混凝土的和易性,当水灰比过大时,混凝土拌和物的黏聚性及保水性难以得到满足,将会影响混凝土质量,并给施工造成困难,因此不宜选用过大的水灰比。

满足强度要求的混凝土的水灰比,可由用于本工程的原材料进行试验所建立的混凝土强度与水灰比(或灰水比)关系曲线(或关系式)求得。满足耐久性要求的水灰比,应通过混凝土抗渗性、抗冻性等试验来确定,考虑到混凝土耐久性是抵抗多种环境破坏的因素,同一工程可在根据强度和耐久性要求所确定的两个水灰比中,选取其中较小者,以便能同时满足强度和耐久性要求。

(2)混凝土单位用水量

单位用水量是控制混凝土拌和物流动性的主要因素,确定混凝土单位用水量的原则以满足混凝土拌和物流动性的要求为准。

影响混凝土单位用水量的因素很多,如砂石品质及级配、骨料最大粒径、水泥需水性经验值。当缺乏资料时,可根据混凝土坍落度要求,初步估计单位用水量,再按此单位用水量试拌混凝土,测定其坍落度,坍落度不符合要求,则应调整单位用水量(注意应保持水灰比不变),再作试验,直到符合要求为止。

(3)含砂率

砂率对混凝土和易性的影响,已在 4.2.1.2 中讲述过。在设计好的混凝土中,其含砂率应当是合理砂率(也称最佳砂率)。

由于影响合理砂率的因素很多,尚不能用计算的方法准确的求得合理砂率。通常确定砂率时,可先参照经验图表初步估计,然后在通过混凝土拌和物和易性试验来确定。其方法是:预先估计几个砂率,拌制几种混凝土,进行和易性对比试验,从中选出合理砂率。合理砂率用以下近似公式来估算:

$$\frac{S}{S+G} = \frac{Kr_S P}{Kr_S P + r_G} \tag{4-4}$$

式中　S,G——$1m^3$ 混凝土中砂、石子用量,kg;
　　　r_S,r_G——砂、石子的松散容重,kg/m^3;
　　　P——石子的空隙率,%;
　　　K——拨开系数,一般取 1.1~1.4。

该式的基本假定是混凝土中用砂来填充石子空隙并略有多余,以拨开石子颗粒,在石子周围形成足够的砂浆层。对于坍落度较大的混凝土,应取较大的 K 值;反之,则取较小的 K 值。

还应指出,一般施工时采取的砂率,常比实验室试验所确定的合理砂率增大1%左右。这样可弥补拌和物运送过程中的砂浆流失,并可避免骨料分离以及局部混凝土砂浆不足所造成的蜂窝、孔洞。

4.4.2.3　混凝土配合比设计的步骤

混凝土配合比设计的主要步骤如图4-7所示。

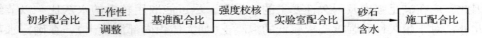

图4-7　混凝土配合比设计步骤

初步配合比主要是依据设计的基本条件,参照理论和大量实验提供的参数进行计算,得到基本满足强度和耐久性的配合比;基准配合比是在初步配合比的基础上,通过实配、检测、进行工作性的调整,对配合比进行修正;实验室配合比是通过对水灰比的微量调整,在满足设计强度的前提下,确定水泥用量最少的方案,从而进一步调整确定的配合比;而施工配合比是考虑实际砂、石的含水对配合比的影响,对配合比进行修正,是实际应用的配合比。

4.4.2.4　初步配合比的确定

(1)配制强度($f_{cu,o}$)的确定

为了使混凝土的强度保证率达到95%的要求,在进行配合比设计时,必须使混凝土的配制强度($f_{cu,o}$)高于设计要求的强度标准值($f_{cu,k}$)。配制强度按下式计算:

$$f_{cu,o} \geq f_{cu,k} + 1.645\sigma \tag{4-5}$$

其确定方法如下:

①根据前1个月(或3个月)相同强度等级、配合比的混凝土强度资料,混凝土强度

标准差 σ 按下式计算：

$$\sigma = \sqrt{\sum_{i=1}^{n} f_{cu,i}^2 - nm_{f_{cu}}^2} \tag{4-6}$$

式中 $f_{cu,i}$——第 i 组的试件的强度，MPa；

$m_{f_{cu}}$——n 组试件的强度平均值，MPa；

n——试件组数，n 应取大于30。

当混凝土强度等级小于或等于 $C_{90}25$ 时，如计算值 $\sigma < 2.5$ MPa，取 $\sigma = 2.5$ MPa；当强度等级等于或大于 $C_{90}30$ 时，如计算值 $\sigma < 3.0$ MPa，取 $\sigma = 3.0$ MPa。

②当施工单位无历史统计资料时，σ 可按表4-9取用。

表4-9　混凝土标准差 σ 取值

混凝土强度标准值	≤$C_{90}15$	$C_{90}20 \sim C_{90}25$	$C_{90}30 \sim C_{90}35$	$C_{90}40 \sim C_{90}45$	≥$C_{90}50$
σ/MPa	3.5	4.0	4.5	5.0	5.5

③遇有下列情况时应提高混凝土配制强度：

a. 现场条件与试验室条件有显著差异时；

b. C30 及其以上强度等级的混凝土，采用非统计方法评定时。

（2）初步确定水灰比（W/C）

根据已知的混凝土配制强度（$f_{cu,o}$）及使用水泥的实际强度（f_{ce}）或水泥强度等级，按混凝土强度公式（4-7）计算出所要求的水灰比值。

混凝土强度等级小于 C60 级时，混凝土水灰比宜按下式计算：

$$W/C = \frac{a_a f_{ce}}{f_{cu,o} + a_a a_b f_{ce}} \tag{4-7}$$

式中 a_a，a_b——回归系数；

f_{ce}——水泥 28d 抗压强度实测值，MPa。

当无水泥 28d 抗压强度实测值时，式中的 f_{ce} 值可按下式确定：

$$f_{ce} = r_c f_{ce,g} \tag{4-8}$$

式中 r_c——水泥强度等级值的富余系数，可按实际统计资料确定；

$f_{ce,g}$——水泥强度等级值，MPa。

f_{ce} 值也可根据 3d 强度或快测强度推定 28d 强度关系式推定得出。

回归系数 a_a 和 a_b 宜按下列规定确定：

①回归系数 a_a 和 a_b 应根据所使用的水泥、骨料，通过试验由建立的水灰比与混凝土强度关系式确定。

②当不具备上述统计资料时，其回归系数可按表4-10选用。

表4-10　回归系数 a_a 和 a_b 选用表（JGJ 55—2011）

石子品种系数	碎石	卵石
a_a	0.46	0.48
a_b	0.07	0.33

为了保证混凝土的耐久性,水灰比还不得大于表 4-4 中规定的最大水灰比值,如计算所得的水灰比大于规定的最大水灰比值时,应取规定的最大水灰比值。

(3)选取 $1m^3$ 混凝土的用水量(m_{wo})

每立方米混凝土用水量的确定,应符合下列规定:

①干硬性和塑性混凝土用水量的确定:

a. 水灰比在 0.40~0.80 范围时,根据粗骨料的品种、粒径及施工要求的混凝土拌和物稠度,其用水量可按表 4-11、表 4-12 选取。

b. 水灰比小于 0.40 的混凝土以及采用特殊成型工艺的混凝土的用水量,应通过试验确定。

②流动性和大流动性混凝土的用水量计算:

a. 以表 4-12 中坍落度 90mm 的用水量为基础,按坍落度每增大 20mm,用水量增加 5kg,计算出未掺外加剂时混凝土的用水量。

表 4-11 干硬性混凝土的用水量 单位:kg/m³

拌和物稠度		卵石最大粒径/mm			碎石最大粒径/mm		
项目	指标	10	20	40	16	20	40
维勃稠度/s	16~20	175	160	145	180	170	155
	11~15	180	165	150	185	175	160
	5~10	185	170	155	190	180	165

表 4-12 塑性混凝土的用水量 单位:kg/m³

拌和物稠度		卵石最大粒径/mm				碎石最大粒径/mm			
项目	指标	10	20	31.5	40	16	20	31.5	40
坍落度/mm	10~30	190	170	160	150	200	185	175	165
	35~50	200	180	170	160	210	195	185	175
	55~70	210	190	180	170	220	205	195	185
	75~90	215	195	185	175	230	215	205	195

注:① 本表用水量系采用中砂时的平均值。采用细砂时,每立方米混凝土用水量可增加 5~10kg;采用粗砂时,则可减少 5~10kg。
② 掺用各种外加剂或掺合料时,用水量相应调整。

b. 掺外加剂时的混凝土用水量按下式计算:

$$m_{wa} = m_{wo}(1 - B) \tag{4-9}$$

式中 m_{wa}——掺外加剂时,每 $1m^3$ 混凝土的用水量,kg/m^3;

m_{wo}——未掺外加剂时,每 $1m^3$ 混凝土的用水量,kg/m^3;

B——外加剂的减水率,%,应经试验确定。

(4)计算 $1m^3$ 混凝土的用水量(m_{co})

根据已初步确定的水灰比(W/C)和选用的单位用水量(m_{wo}),可计算出水泥用量(m_{co})

$$m_{co} = \frac{m_{wo}}{W/C} \quad (4\text{-}10)$$

为保证混凝土的耐久性,由上式计算得出水泥用量还应满足表 4-4 规定的最小水泥用量的要求,如计算得出的水泥用量小于规定的最小水泥用量,则应取规定的最小水泥用量值。

(5)选取合理的砂率值(B_s)

应当根据混凝土拌和物的和易性,通过试验求出合理砂率。如无历史资料,坍落度为 10~60mm 的混凝土砂率可根据骨料种类、规格和水灰比,按表 4-13 选用。

表 4-13　混凝土的砂率(JGJ 55—2011)　　　　　　　　　　　单位:%

水灰比	卵石最大粒径/mm			碎石最大粒径/mm		
(W/C)	10	20	40	16	20	40
0.40	26~32	25~31	24~30	30~35	29~34	27~32
0.50	30~35	29~34	28~33	33~38	32~37	30~35
0.60	33~38	32~37	31~36	36~41	35~40	33~38
0.70	36~41	35~40	34~39	39~44	38~43	36~41

注:① 本表数值系中砂的选用砂率,对细砂或粗砂,可相应地减小或增大砂率。
② 对坍落度大于 60mm 的混凝土,可经试验确定,也可在上表的基础上,按坍落度每增大 20mm,砂率增大 1% 的幅度予以调整;坍落度小于 10mm 的混凝土,其砂率应经试验确定。
③ 只用一个单粒级粗骨料配制混凝土时,砂率应适当增大。
④ 对薄壁构件砂率取偏大值。

(6)计算粗、细骨料的用量(m_{go})和(m_{so})

粗、细骨料的用量可用质量法或体积法求得。

①质量法　如果原材料情况比较稳定,所配制的混凝土拌和物的体积密度将接近一个固定值,这样可以先假设 1m³ 混凝土拌和物的质量值,并可列出以下两式:

$$\begin{cases} m_{co} + m_{go} + m_{so} + m_{wo} = m_{cp} \\ B_s = \left[\dfrac{m_{so}}{m_{so} + m_{go}}\right] \times 100 \end{cases} \quad (4\text{-}11)$$

式中　m_{co}——1m³ 混凝土的用水量,kg/m³;
　　　m_{go}——1m³ 混凝土的粗骨料的用量,kg/m³;
　　　m_{so}——1m³ 混凝土的细骨料的用量,kg/m³;
　　　B_s——砂率,%;
　　　m_{cp}——1m³ 混凝土拌和物的假定质量,kg/m³,其值可取 2 350~2 450kg/m³。

解以上联立两式,即可求出 m_{go}、m_{so}。

②体积法　假定混凝土拌和物的体积等于各组成材料绝对体积和混凝土拌和物中所含空气体积之总和。因此,在计算 1 m³ 混凝土拌和物的各材料用量时,可列出以下两式:

$$\begin{cases} \dfrac{m_{co}}{p_c} + \dfrac{m_{go}}{p_g} + \dfrac{m_{so}}{p_s} + \dfrac{m_{wo}}{p_w} + 0.01a = 1 \\ B_s = \dfrac{m_{so}}{(m_{so} + m_{go})} \times 100 \end{cases} \quad (4\text{-}12)$$

式中　p_c——水泥密度,可取 2 900~3 100kg/m³;

p_g——粗骨料的体积密度，kg/m^3；

p_s——细骨料的体积密度，kg/m^3；

p_w——水的密度，可取 $1\ 000kg/m^3$；

a——混凝土的含气量百分数，在不使用引气剂型外加剂时，可取 1。

解以上联立两式，即可求出 m_{go}、m_{so}。

通过以上 6 个步骤，便可将水、水泥、砂和石子的用量全部求出，得出初步计算配合比，供试配用。

以上混凝土配合比计算公式和表格，均以干燥状态骨料(系指含水率小于 0.5% 的细骨料和含水率小于 0.2% 的粗骨料)为基准。当以饱和面干骨料为基准进行计算时，则应做相应的修正。

4.4.2.5 混凝土配合比设计的试配、调配与确定

(1) 配合比的试配与调配

按初步计算配合比，称取实际工程中使用的材料，进行试拌。混凝土的搅拌方法，应与生产时使用的方法相同。当所用骨料最大粒径 $D_{max} \leqslant 31.5mm$ 时，试配的最小拌和量为 15L；D_{max} 为 40mm，试配的最小拌和量为 25L。混凝土搅拌均匀后，检查拌和物的性能。当试拌出的拌和物坍落度或维勃稠度不能满足要求，或黏聚性和保水性不良时，应在保持水灰比不变的条件下，相应调整用水量和砂率，直到符合要求为止。然后，提出供检验强度用的基准配合比。

进行混凝土的强度检验时，应至少采用 3 个不同的配合比。其一为基准配合比；另外 2 个配合比，水灰比宜较基准配合比分别增加或减少 0.05，而其用水量与基准配合比相同，砂率可分别增加或减少 1%。当不同水灰比的混凝土拌和物坍落度与要求值的差超过允许偏差时，可通过增减用水量进行调整。每种配合比制作一组(3 块)试件，并经标准养护到 28d 时试压(在制作混凝土试件时，尚需检验混凝土拌和物的和易性及测定体积密度，并以此结果作为代表这一配合比的混凝土拌和物的性能值)。

(2) 设计配合比的确定

由试验得出的各水灰比及其对应的混凝土强度的关系，用作图法或计算法求出与混凝土配制强度($f_{cu,o}$)相对应的水灰比。并按下列原则确定 1 m^3 混凝土的材料用量。

①用水量(m_w) 取基准配合比中的用水量，并根据制作强度试件时测得的坍落度或维勃稠度，进行适当的调整。

②水泥用量(m_c) 以用水量乘以选定的水灰比计算确定。

③粗、细骨料用量(m_g、m_s) 取基准配合比中的粗、细骨料用量，并按选定的水灰比进行适当的调整。

(3) 混凝土体积密度的校正

配合比经试配、调整和确定后，还需根据实测的混凝土体积密度($p_{c,t}$)做必要的校正，其步骤是：

①计算混凝土的体积密度计算值($p_{c,c}$)：

$$p_{c,c} = m_w + m_c + m_g + m_s \tag{4-13}$$

②计算混凝土配合比校正系数 δ：

$$\delta = \frac{p_{c,t}}{p_{c,c}} \quad (4\text{-}14)$$

当混凝土体积密度实测值($p_{c,t}$)与计算值($P_{c,c}$)之差的绝对值不超过计算值的2%时，由以上定出的配合比即为确定的设计配合比；当二者之差超过计算值的2%时，应将配合比中的各项材料用量均乘以校正系数 δ，即为确定的混凝土设计配合比。

4.4.2.6 施工配合比

设计配合比是以干燥材料为基准的，而工地存放的砂、石都含有一定的水分，且随着气候的变化而经常变化。所以，现场材料的实际称量应按工地砂、石的含水情况进行修正，修正后的配合比称为施工配合比。

假定工地存放砂的含水率为 $a(\%)$，石子的含水率为 $b(\%)$，则将上述设计配合比换算为施工配合比，其材料称量为：

$$\begin{cases} m'_c = m_c \quad \text{kg} \\ m'_s = m_s(1+0.01a) \quad \text{kg} \\ m'_g = m_g(1+0.01b) \quad \text{kg} \\ m'_w = m_w - 0.01am_s - 0.01bm_g \quad \text{kg} \end{cases} \quad (4\text{-}15)$$

4.4.2.7 普通混凝土配合比设计举例

【例】 某渡槽工程，现浇钢筋混凝土柱，混凝土设计强度等级 C25。施工要求坍落度为 30～50mm，混凝土采用机械搅拌、机械振捣。施工无历史统计资料。采用材料为：

水泥：强度等级为 42.5 的普通硅酸盐水泥，实测强度为 43.5MPa，密度为 3 000 kg/m³。

砂：中砂，$M_x = 2.5$，体积密度 $P_s = 2\ 650\text{kg/m}^3$。

石子：碎石，最大粒径 $D_{max} = 20\text{mm}$，体积密度 $P_g = 2\ 700\text{kg/m}^3$。

水：自来水。

设计混凝土配合比（按干燥材料计算），并求出施工配合比。施工现场砂的含水率为3%，碎石含水率为1%。

【解】

1. 初步计算配合比

(1) 确定配制强度($f_{cu,o}$)

查表 4-9，取标准差 $\sigma = 5$，则

$$f_{cu,o} = f_{cu,k} + 1.645\sigma = 25 + 1.645 \times 5 = 33.2\text{MPa}$$

(2) 确定水灰比(W/C)

查表 4-10，碎石回归系数 $a_a = 0.46$，$a_b = 0.07$，按式 4-7 计算：

$$W/C = \frac{a_a f_{ce}}{f_{cu,o} + a_a a_b f_{ce}} = \frac{0.46 \times 43.5}{33.2 + 0.46 \times 0.07 \times 43.5} = 0.578$$

查表 4-4，结构物处于干燥环境，要求 $W/C \leq 0.65$，所以水灰比可取 0.57。

(3) 确定单位用水量 (m_{wo})

查表 4-12，取 $m_{wo} = 195 \text{kg/m}^3$

(4) 计算水泥用量 (m_{co})

$$m_{co} = \frac{m_{wo}}{W/C} = \frac{195}{0.57} = 342 \text{kg/m}^3$$

查表 4-4，处于干燥环境，水泥用量最少为 250kg/m^3，所以可取 342kg/m^3。

(5) 确定合理砂率值 (B_s)

查表 4-13，$W/C = 0.57$，碎石 $D_{max} = 20 \text{mm}$，故可取 $B_s = 36\%$。

(6) 计算石子、砂用量 (m_{go} 及 m_{so})

采用体积法计算。

根据式(4-12)，取 $a = 1$，则

$$\begin{cases} \dfrac{342}{3\,000} + \dfrac{m_{go}}{2\,700} + \dfrac{m_{so}}{2\,650} + \dfrac{195}{1\,000} + 0.01 \times 1 = 1 \\ \dfrac{m_{so}}{m_{so} + m_{go}} = 0.36 \end{cases}$$

解得：$m_{go} = 1\,177 \text{kg/m}^3 \quad m_{so} = 661 \text{kg/m}^3$

初步配合比为：

$m_{co} : m_{so} : m_{go} : m_{wo} = 342 : 661 : 1177 : 195 = 1 : 1.93 : 3.44 : 0.57$

2. 配合比的试配、调整和确定

(1) 配合比的试配、调整

按初步计算配合比，试拌混凝土 15L，其材料用量为：

水泥：$0.015 \times 342 = 5.13 \text{kg}$

水：$0.015 \times 195 = 2.93 \text{kg}$

砂：$0.015 \times 661 = 9.92 \text{kg}$

石子：$0.015 \times 1\,177 = 17.66 \text{kg}$

经搅拌后做坍落度试验，其值为 20mm。尚不符合要求，因而增加水泥浆（水灰比为 0.57）量，则水泥用量增至 5.38kg，水用量增至 3.08kg。调整后的材料用量为：

水泥：5.38kg；

水：3.08kg；

砂：9.92kg；

石子：17.66kg；

总质量为 36.04kg。

经搅拌后，测得坍落度为 30mm，黏聚性、保水性均良好。混凝土拌和物的实测体积密度为 $2\,390 \text{kg/m}^3$。则 1m^3 混凝土的材料用量为：

水泥：$m'_{co} = \dfrac{5.38}{36.04} \times 2\,390 = 357 \text{kg}$

水：$m'_{wo} = \dfrac{3.08}{36.04} \times 2\,390 = 204 \text{kg}$

砂：$m'_{so} = \dfrac{9.92}{36.04} \times 2\,390 = 658 \text{kg}$

石子：$m'_{go} = \dfrac{17.66}{36.04} \times 2\,390 = 1\,171 \text{kg}$

基准配合比为：

$$m'_{co} : m'_{so} : m'_{go} : m'_{wo} = 357 : 658 : 1\,171 : 204 = 1 : 1.84 : 3.28 : 0.57$$

（2）强度检验

在基准配合比的基础上，拌制 3 种不同水灰比的混凝土。其中一组是水灰比为 0.57 的基准配合比，另两组的水灰比各增减 0.05，分别为 0.62 和 0.52。经试拌调整以满足和易性的要求。测得其体积密度，0.52 水灰比的混凝土为 2 400kg/m³，0.62 水灰比的混凝土为 2 380kg/m³。制作 3 组混凝土立方体试件，经 28d 标准养护，测得抗压强度，见表 4-14。

根据上述 3 组抗压强度试验结果，可知水灰比为 0.57 的基准配合比的混凝土强度能满足配制强度 $f_{cu,o}$ 的要求，可定为混凝土的设计配合比。

表 4-14　不同水灰比下的混凝土抗压强度

W/C	抗压强度/MPa
0.52	38.0
0.57	33.5
0.62	27.21

3. 现场施工配合比

将设计配合比换算成现场施工配合比。用水量应扣除砂、石所含的水量，而砂、石用量则应增加砂、石含水的质量。所以，其材料称量为：

$m'_c = 357 \text{kg}$

$m'_s = 658 \times (1 + 0.03) = 678 \text{kg}$

$m'_g = 1\,171 \times (1 + 0.01) = 1\,183 \text{kg}$

$m''_w = 204 - 658 \times 0.03 - 1\,171 \times 0.01 = 173 \text{kg}$

4.5　其他品种混凝土

4.5.1　抗渗混凝土（防水混凝土）

抗渗混凝土是指抗渗等级等于或大于 W6 的混凝土。主要用于水工工程、地下基础工程、屋面防水工程等。目前，常用的抗渗混凝土有普通抗渗混凝土、外加剂抗渗混凝土和膨胀水泥抗渗混凝土。

4.5.1.1　普通抗渗混凝土

普通抗渗混凝土是以调整配合比的方法，提高混凝土自身密实性以满足抗渗要求的混凝土。

根据 JCJ 55—2000《普通混凝土配合比设计规程》，普通抗渗混凝土的配合比设计应符合以下技术要求：

①水泥强度不应小于 42.5，其品种应按设计要求选用。

②粗骨料的最大粒径不宜大于40mm,其含泥量不得超过1.0%,泥块含量不得大于0.5%。

③1m³混凝土的水泥用量不宜过小,含掺合料应不小于320kg。

④砂率不宜过小,为35%~45%;坍落度30~50mm。

⑤水灰比对混凝土的抗渗性有很大影响,除应满足强度要求外,还应符合表4-15的规定。

表4-15 抗渗混凝土的最大水灰比

抗渗等级	最大水灰比	
	C20~C30混凝土	C30以上混凝土
W6	0.66	0.55
W8~W12	0.55	0.50
W12以上	0.50	0.45

4.5.1.2 外加剂抗渗混凝土

外加剂抗渗混凝土,是在混凝土中掺入适宜品种和数量的外加剂,改善混凝土内部结构,隔断或堵塞混凝土中的各种孔隙、裂缝及渗水通道,以达到改善抗渗性的一种混凝土。常用的外加剂有引气剂、防水剂、膨胀剂、减水剂或引气减水剂等。

掺用引气剂的抗渗混凝土,其含气量宜控制在3%~5%。进行抗渗混凝土配合比设计时,尚应增加抗渗性能试验。

4.5.1.3 膨胀水泥抗渗混凝土

膨胀水泥抗渗混凝土,是采用膨胀水泥配制而成的混凝土。由于这种水泥在水化过程中能形成大量的钙矾石,会产生一定的体积膨胀,在有约束的条件下,能改善混凝体的孔结构,使毛细孔径减小,总孔隙率降低,从而使混凝土密实度、抗渗性能提高。

4.5.2 抗冻混凝土

抗冻混凝土是指抗冻等级等于或大于F50的混凝土。《普通混凝土配合比设计规程》中对抗冻混凝土提出了以下技术措施和规定。

①配制抗冻混凝土应选用硅酸盐水泥或普通硅酸盐水泥,不宜使用火山灰质硅酸盐水泥。

②宜选用连续级配的粗骨料,其含泥量不得大于1.0%,泥块含量不得大于0.5%;细骨料含泥量不得大于3.0%,泥块含量不得大于1.0%。

③由于骨料的坚固性,尤其是一些风化较严重的骨料会影响混凝土的抗冻性,故对于抗冻性要求较高的F100及以上的混凝土应进行坚固性试验。

④宜采用减水剂。对抗冻等级F100及以上的混凝土应掺引气剂,掺入后的含气量应符合表4-16的要求。

⑤抗冻混凝土配合比除遵循普通混凝土配合比设计的规定外,供试配用的最大水灰比尚应符合抗冻要求,见表4-5。

表4-16 长期处于潮湿及严寒环境中混凝土的最小含气量

粗骨料最大粒径/mm	最小含气量/%
40	4.5
25	5.0
20	5.5

注:含气量的百分比为体积比。

⑥进行抗冻混凝土的配合比设计时应增加抗冻融性试验。

4.5.3 高强混凝土

一般把强度等级为C60及其以上的混凝土称为高强混凝土。它是用水泥、砂、石原材料外加减水剂或同时外加粉煤灰、F矿粉、矿渣、硅粉等混合料,经常规工艺生产而获得高强的混凝土。

配制高强混凝土时,应选用质量稳定、强度等级不低于42.5级的硅酸盐水泥或普通硅酸盐水泥。应掺用活性较好的矿物掺合料,且宜复合使用矿物掺合料。混凝土的水泥用量不应大于550kg/m³;水泥和矿物掺合料的总量不应大于600kg/m³。配制混凝土时,应掺用高效减水剂或缓凝高效减水剂。

对强度等级为C60级的混凝土,其骨料的最大粒径不应大于31.5mm,对于强度等级高于C60级的混凝土,其骨料的最大粒径不应大于25 mm;其中,针、片状颗粒含量不宜大于5.0%,含泥量不应大于0.5%,泥块含量不宜大于0.2%;其他质量指标应符合现行GB/T 14685—2001《建筑用碎石、卵石》的规定。

细骨料的细度模数宜大于2.6,含泥量不应大于2.0%,泥块含量不应大于0.5%。其他质量指标也应符合现行标准的规定。

4.5.4 大体积混凝土

大体积混凝土是指混凝土结构物实体的最小尺寸等于或大于1m,或预计会因水泥水化热引起混凝土的内外温差过大而导致裂缝的混凝土。

大型水坝、桥墩、高层建筑的基础等工程所用混凝土,应按大体积混凝土设计和施工,为了减少由于水化热引起的温度应力,在混凝土配合比设计时,应选用水化热低及凝结时间长的水泥,如低热矿渣硅酸盐水泥、中热硅酸盐水泥、矿渣硅酸盐水泥、粉煤灰硅酸盐水泥、火山灰质硅酸盐水泥等;当采用硅酸盐水泥或普通硅酸盐水泥时,应采取相应措施延缓水化热的释放;大体积混凝土应掺用缓凝剂、减水剂和能减少水泥水化热的掺合料。

大体积混凝土在保证混凝土强度及坍落度要求的前提下,应提高掺合料及骨料的含量,以降低每立方米混凝土的水泥用量。粗骨料宜采用连续级配,细骨料宜采用中砂。

大体积混凝土宜在配合比确定后进行水化热的验算或测定。

4.6 砂浆

砂浆是由胶凝材料、细骨料和水等材料按适当比例配制而成。砂浆与混凝土不同之处在于没有粗骨料,又可以认为砂浆是一种细骨料混凝土。所以有关混凝土的各种基本规律,原则上也适用于砂浆。

在水土保持工程中,砂浆用量大,用途广。它主要用于砌筑结构(如基础、墙体等);用于建筑物的内外表面的抹面,起到装饰或保护墙体作用;用于砖、石、砌块的构缝,以提高抗渗性、耐久性等。砂浆也用于制作钢丝网水泥等。建筑砂浆在使用时的特点是铺设层很薄,多辅砌在多孔吸水的底面,强度要求不高(一般在2.5~15MPa)等。

建筑砂浆按用途不同可分为砌筑砂浆和抹面砂浆。按胶凝材料不同,建筑砂浆又可分为水泥砂浆、石灰砂浆、石膏砂浆、沥青砂浆及混合砂浆。混合砂浆有水泥石灰砂浆、水泥黏土砂浆和石灰黏土砂浆等。

4.6.1 砂浆的组成材料和技术性质

4.6.1.1 砂浆的组成材料

(1)胶凝材料

砂浆常用的胶凝材料有水泥、石灰等。砂浆应根据所使用的环境和部位来合理选择胶凝材料种类,如处于潮湿环境中的砂浆只能选用水泥作为胶凝材料,而处于干燥环境中胶凝材料可选用水泥或石灰。普通水泥、矿渣水泥、火山灰水泥等通用水泥都可以配制砂浆,砌筑水泥专门用于配制砌筑砂浆和抹面砂浆,配成的砂浆具有较好的和易性。砌筑砂浆所用水泥强度等级一般为砂浆强度等级的4~5倍,水泥砂浆采用的水泥强度等级不宜超过42.5。

(2)细骨料(砂子)

砂浆所用的砂子应符合混凝土用砂的质量要求。但由于砂浆层较薄,对砂子的最大粒径应有所限制。用于砌筑石材的砂浆,砂子的最大粒径不应大于砂浆层厚度的1/5~1/4;砌砖所用的砂浆宜采用中砂或细砂,且砂子的粒径不应大于2.5mm;用于各种构件表面的抹面砂浆及勾缝砂浆,宜采用细砂,且砂子的粒径不应大于1.2mm。

此外,为了保证砂浆的质量,对砂中的含泥量也有要求。对强度等级大于等于M5的砂浆,砂中含泥量应不大于5%;对强度等级小于M5的砂浆,砂中含泥量应不大于10%。

(3)水

砂浆的用水与混凝土用水的质量要求相同。

(4)掺和料

在砂浆中掺入掺和料可改善砂浆的和易性,节约水泥,降低成本。常用的掺和料有石灰、粉煤灰、黏土等。为了保证砂浆的质量,生石灰应充分熟化成石灰膏后,再掺入到砂浆中。

(5)外加剂

为了改善砂浆的某些性能,可在砂浆中掺入外加剂,如引气剂、缓凝剂、早强剂等。外加剂的品种与掺量应通过试验确定。

4.6.1.2 砂浆的技术性质

砂浆的技术性质主要是新拌砂浆的和易性和硬化后砂浆的强度,另外还有砂浆的黏结力、变形等性能。

(1)新拌砂浆的和易性

新拌砂浆应具有良好的和易性,使砂浆较容易地铺成均匀的薄层,且与基面紧密粘结。砂浆的和易性包括流动性和保水性两方面。

①流动性 砂浆的流动性又称稠度,是指在自重或外力作用下流动的性质。砂浆的稠度大小用沉入度(单位为mm)表示,用砂浆稠度仪测定。沉入度越大,砂浆流动性越好。

砂浆稠度的选择要考虑砌体材料的种类、气候条件等因素。一般基底为多孔吸水材料或在干热条件下施工时,砂浆的流动性应大一些;而对于密实的、吸水较少的基底材料,或在湿冷条件下施工时,砂浆的流动性应小一些。砂浆的流动性可参考表4-17选用。

表4-17 砂浆流动性(沉入度)选用参考表 单位:mm

砌体种类	干燥气候或多孔水材料	寒冷气候或密实材料	抹灰工程	机械施工	手工操作
砖砌体	80~100	60~80	底层	80~90	100~120
普通毛石砌体	60~70	40~50	中层	70~80	70~90
振捣毛石砌体	20~30	10~20	面层	70~80	90~100
混凝土砌体	70~90	50~70	灰浆面层	—	90~120

②保水性 砂浆保水性是指砂浆保持水分的能力,也指砂浆中各项组成材料不易分层离析的性质。若砂浆的保水性不好,在运输和使用过程中会发生泌水、流浆现象,使砂浆的流动性下降,难以铺成均匀、密实的砂浆薄层;并且水分流失会影响胶凝材料的凝结硬化,造成砂浆强度和黏结力下降。所以在工程中应选用保水性良好的砂浆,以保证工程质量。

砂浆保水性的大小用分层度(单位为mm)表示,用砂浆分层度仪测定。分层度越大,砂浆保水性越差,不便于施工。水泥砂浆的分层度一般以10~20mm为宜,不宜超过30mm;水泥石灰混合砂浆的分层度不宜超过20mm。若分层过小,砂浆虽然保水性好,但硬化后容易产生干缩裂缝。

(2)砂浆的强度

砂浆的强度通常指立方体抗压强度,是将砂浆制成立方体标准试件,在标准条件下养护28d,用标准试验方法测得的抗压强度平均值,见附录中的试验四。根据砂浆28d的抗压强度,将砂浆划分为M1.0、M2.5、M5.0、M7.5、M10、M15、M20七个强度等级。如M10表示砂浆的抗压强度为10MPa。

砂浆的强度除与砂浆本身的组成材料和配合比有关,还与基层材料的吸水性有关。

对于普通水泥配制的砂浆可参考以下两种方法计算其强度。

①不吸水基层(如致密石材) 当基层为不吸水材料时,影响砂浆强度的因素与普通混凝土相似,主要为水泥强度等级和水灰比。砂浆强度可采用式(4-16)计算。

$$f_m = 0.29 f_{ce}(C/W - 0.40) \tag{4-16}$$

式中 f_m——砂浆28d的抗压强度值,MPa;

　　　f_{ce}——水泥的实际强度,MPa;f_{ce}可通过试验确定,也可取水泥强度富余系数 $\gamma_c = 1.0$,按 $f_{ce} = 1.0 \times f_c$ 计算,其中 f_c 为水泥强度等级;

　　　C/W——水灰比。

②吸水基层(如砖或其他多孔材料) 当基层为吸水材料时,砂浆中多余的水分被基层吸收。砂浆中水分的多少取决于砂浆的保水性,与砂浆初始水灰比关系不大。因此砂浆的强度主要与水泥用量和水泥强度等级有关,与水灰比关系不大。砂浆强度可采用式(4-17)计算。

$$f_m = \frac{Af_{ce}Q_c}{1000} + B \tag{4-17}$$

式中 f_m——砂浆28d的抗压强度值,MPa;

　　　Q_c——每立方米砂浆中水泥的用量,kg;

　　　A,B——砂浆特征系数,可参考表4-18选用;

　　　f_{ce}——水泥的实际强度,MPa;f_{ce}可通过试验确定,也可取 $f_{ce} = 1.0 \times f_c$,其中 f_c 为水泥强度等级。

表4-18 砂浆特征系数 A、B 参考数值

砂浆种类	A	B
水泥砂浆	1.03	3.50
水泥混合砂浆	3.03	-15.09

(3)砂浆的黏结力

砂浆黏结力的大小影响砌体的强度、耐久性、稳定性、抗震性等,与工程质量有密切关系。一般砂浆的抗压强度越高,黏结力越大。此外,砂浆的黏结力还与基层材料的表面状态、润湿情况、清洁程度及施工养护等条件有关,在粗糙、润湿、清洁的基层上使用,且养护良好的砂浆与基层的黏结力较好。因此,砌筑前应将块材表面清理干净,浇水润湿,必要时凿毛,砌筑后应加强养护,从而提高砂浆与块材之间的黏结力,保证砌体的质量。

(4)砂浆的抗渗性与抗冻性

关于砂浆的抗渗性和抗冻性问题,从技术上说,只要控制水灰比便可以达到要求。但砂浆的用水量大,水灰比降低时将会使水泥用量大量增加,而且仅用高抗渗等级的砂浆并不一定能够保证砌体的抗渗性能。因此,在砌石坝工程中,常对坝体采取其他防渗措施,而对其砂浆只按强度要求配制,这样具有更好的技术经济效果。但对那些直接受水和冰冻作用的砌体,仍应考虑砂浆的抗渗和抗冻要求。在其配制中除应控制水灰比外,还经常加入外加剂来改善其抗冻性能。另外,在施工工艺上应按照工程需要提出要求,例如用防水砂浆做刚性防水层时,应注意采用多层做法,同时做好层间结合。

(5) 砂浆的变形

砂浆在承受荷载、温度变化或湿度变化时,均会产生变形。变形过大或不均匀会降低砌体的整体性,引起沉降或裂缝。砂浆中混合料掺量过多或使用轻骨料,会产生较大的收缩变形,为了减少收缩,可在砂浆中加入适量的膨胀剂。

4.6.2 砌筑砂浆

用于砌筑砖、砌块、石材等各种块材的砂浆称为砌筑砂浆。砌筑砂浆起着胶结块材、传递荷载的作用,同时还起着填实块材缝隙,提高砌体抗渗、抗冻等耐久性作用。

4.6.2.1 常用砌筑砂浆

(1) 水泥砂浆

水泥砂浆由水泥、砂子和水组成。水泥砂浆和易性较差,但强度较高,适用于潮湿环境、水中以及要求砂浆强度等级较高的工程。

(2) 水泥石灰混合砂浆

水泥石灰混合砂浆由水泥、石灰、砂子和水组成,其强度、和易性、耐水性介于水泥砂浆和石灰砂浆之间,一般用于地面以上的工程。

4.6.2.2 砌筑砂浆的配合比设计

砂浆配合比指每立方米砂浆中各种材料的用量(质量比),可以根据结构的部位,确定强度等级,查阅有关手册确定配合比,见表 4-19。另外,可按照 JGJ/T 98—2010《砌筑砂浆配合比设计规程》的要求设计配合比,并通过试验加以验证。水土保持工程常用水泥砂浆作为砌筑砂浆,这里仅介绍水泥砂浆的配合比设计方法。

(1) 确定初步配合比

① 初步选用配合比　对于水泥砂浆,如果按照强度要求计算,得到的水泥的用量往往不能满足和易性要求,因此《砌筑砂浆配合比设计规程》规定:各种材料的用量从表 4-19 中参考选用。

表 4-19　每立方米水泥砂浆材料用量　　　　　　　　　　　单位:kg

强度等级	水泥	砂	用水量
M5	200~230	砂的堆积密度值	270~330
M7.5	230~260		
M10	260~290		
M15	290~300		
M20	340~400		
M25	360~410		
M30	430~480		

注:① M15 及 M15 以下强度等级水泥砂浆,水泥强度等级为 32.5 级,M15 以上强度等级水泥砂浆,水泥强度等级为 42.5 级;
② 当采用细砂或粗砂时,用水量分别取上限或下限;
③ 稠度小于 70mm 时,用水量可小于下限;
④ 施工现场气候炎热或干燥季节,可酌量增加用水量。

②计算砂浆试配强度 $f_{m,0}$。为了保证砂浆具有95%的保证率,砂浆的配制强度应高于设计强度。配制强度按式(4-18)计算。

$$f_{m,0} = kf_2 \qquad (4-18)$$

式中　$f_{m,0}$——砂浆的试制强度,MPa,应精确至0.1MPa;
　　　f_2——砂浆强度等级值,MPa,应精确至0.1MPa;
　　　k——系数,按表4-20取值。

表4-20　砂浆强度标准差 σ 及 k 值

施工水平	强度标准差 σ/MPa							k
	M5	M7.5	M10	M15	M20	M25	M30	
优良	1.00	1.50	2.00	3.00	4.00	5.00	6.00	1.15
一般	1.25	1.88	2.50	3.75	5.00	6.25	7.50	1.20
较差	1.50	2.25	3.00	4.50	6.00	7.50	9.00	1.25

(2)配合比调配、调整和确定

①采用与工程实际相同的材料和搅拌方法试拌砂浆,选用基准配合比,以及基准配合比中水泥用量分别增减10%共3个配合比,分别试拌。

②按砂浆性能试验方法测定砂浆的沉入度和分层度。当不能满足要求时应使和易性满足要求。

③分别制作强度试件(每组6个试件),标准养护到28d,测定砂浆的抗压强度,选用符合设计强度要求,满足和易性要求,且水泥用量最少的砂浆配合比作为砂浆配合比。

④根据拌和物的密度,校正材料的用量,保证每立方米砂浆中的用量准确。一般情况下水泥砂浆拌和物的密度不应小于1 900kg/m³,水泥混合砂浆拌和物的密度不应小于1 800kg/m³。

4.6.3　其他砂浆

4.6.3.1　防水砂浆

防水砂浆是指用于防水层的砂浆。防水砂浆层又称刚性防水层,适用于不受振动和具有一定刚度的混凝土或砖石砌体表面。

防水砂浆可用普通水泥砂浆制作,也可在水泥砂浆中掺入适量防水剂制成,在水泥砂浆中掺入适量防水剂制成的防水砂浆目前应用最广泛。防水剂的掺量,一般为水泥质量的3%~5%,常用的防水剂有硅酸钠类、金属皂类、有机硅类等。

防水砂浆配合比为水泥与砂子的质量比不宜大于1:2.5,水灰比应为0.50~0.60,稠度不应大于80mm。水泥宜采用32.5强度等级以上的水泥,砂子应选用洁净的中砂。

4.6.3.2　小石子砂浆

小石子砂浆是近几年来在砌石坝工程中采用的一种砌筑砂浆,它是在水泥砂浆中掺入适量的小石子配制而成。这种砂浆对于用块石砌筑的砌体工程较为合适。由于块石的外形很不规则，砌体空隙率一般达到40%~50%，而且空隙也较粗大，如全部用水泥砂浆来填充，水泥耗用量很大，采用小石子砂浆则可节约水泥并能提高砌体强度。

在小石子砂浆中，因为渗入了小石子，砂浆中骨料的总表面积和空隙率显著降低。故用水量大为减少，水泥用量相应降低。与普通砂浆比，小石子砂浆的强度较高。

小石子砂浆所用小石子的最大粒径，工程上现采用的有10mm和20mm两种。最大粒径的选择主要取决于料源条件。小石子的掺量一般为砂浆骨料总质量的20%~30%。

小石子砂浆的配合比如选择适当，其和易性能够满足施工要求，施工操作与普通砂浆无差别。但当小石子粒径选用过大或掺量过多时，小石子砂浆则不及普通砂浆易于捣实，若能采用振捣器施工，则效果较好。

4.6.3.3 勾缝砂浆

在石砌体表面的砌缝中进行勾缝，可以提高灰缝的耐久性，还能增加砌体的美观。勾缝采用M10或M10以上的水泥砂浆，并宜用细砂配制。勾缝砂浆的流动性必须调配适度，砂浆过稀，灰缝容易变形走样，过稠则灰缝表面粗糙。火山灰水泥的干缩性大，灰缝易于开裂，故不宜用来配制勾缝砂浆。

用水泥砂浆勾缝也是一种简易又经济的砌体防渗措施，在不少地区的砌石坝和其他砌石工程中已被采用。在一些石质较软的砌石坝工程中，一般先将灰缝凿成宽5cm，深4~5cm的梯形槽，将M10或M15号水泥砂浆分成2~3次压填入槽缝内，以减少砂浆的干缩，并增强与石料的黏结。

4.6.3.4 修补混凝土用砂浆

修补混凝土或其他缺陷的砂浆，要求收缩较小或不收缩，以利于牢固地结合成为一个整体。为此可采用膨胀水泥或在普通水泥中加入膨胀剂（目前应用最多的是硫铝酸钙类膨胀剂，也可用铝粉），也可采用喷砂浆或预缩砂浆。预缩砂浆是将拌和好的砂浆存放0.5~1h后再使用的干硬性砂浆。由于砂浆在存放期间的预缩，减少了填充后砂浆的体积收缩，收缩率可降至原收缩率的1/7~1/2。预缩砂浆所用的砂子须经过1.6mm筛子过筛，取其筛上的部分。砂浆的水灰比为0.3~0.4，灰砂比为1:2~2:5，并掺入水泥质量0.003%的加气剂，砂浆的稠度以能用手捏成团，手上潮湿又不析出水为标准。这种砂浆的抗压强度可达33.5MPa，能满足一般耐磨混凝土面层强度要求。预缩砂浆是一种施工简便又经济（成本仅是环氧砂浆的1%）的修补材料。

本章小结

本章以普通混凝土为学习重点，同时介绍了混凝土的发展及其他品种混凝土。

本章主要掌握混凝土耐久性的影响因素及混凝土各种变形条件，掌握混凝土强度的主要影响因素、混凝土配合比设计等。

在混凝土的组成材料中,水泥胶结材料是关键的、最重要的成分,应将已学过的水泥知识运用到混凝土中来。砂和石子是同一性状但粒径不同的骨料,而所起的作用基本相同,应掌握它们在配制混凝土时的技术要求。

混凝土配合比设计,要求掌握水灰比、砂率、用水量及其他一些因素对混凝土全历程性能的影响。正确处理三者之间的关系及其定量的原则,基本掌握配合比计算及调整方法。应当明确,配合比设计正确与否应通过试验的检验确定。

理解混凝土对粗细骨料的质量要求及这些质量要求对混凝土的经济、技术影响;混凝土的轴心抗压强度的确定及其与立方体抗压强度之间的关系;外加剂的作用机理及其常用品种等;

了解混凝土的组成及特点;普通混凝土的结构及破坏类型;混凝土外加剂、其他混凝土的特点及应用要点。

砂浆的技术性质主要是新拌砂浆的和易性和硬化后砂浆的强度。砂浆的和易性包括流动性和保水性,用沉入度和分层度表示。砂浆的强度通常指立方体抗压强度,根据砂浆 28d 的抗压强度,分为 7 个强度等级。常用的砂浆有砌筑砂浆、防水砂浆、勾缝砂浆、小石子砂浆和修补混凝土用砂浆。

思考题

1. 普通混凝土的组成材料有哪几种?
2. 何谓混凝土拌和物的和易性?影响混凝土拌和物和易性的因素有哪些?
3. 什么是合理砂率?合理砂率有何技术及经济意义?
4. 影响混凝土强度的因素有哪些?采用哪些措施可提高混凝土的强度?
5. 采用哪些措施可以提高混凝土的抗渗性?抗渗性的大小对混凝土耐久性的其他方面有何影响?
6. 混凝土配合比设计的任务是什么?需要确定的 3 个参数是什么?怎样确定?
7. 常用的外加剂有哪些种类?各有什么作用?
8. 混凝土立方体抗压强度与立方体抗压强度标准值间有何关系?混凝土强度等级的含义是什么?
9. 在测定混凝土拌和物的和易性时,遇到如下 4 种情况应采取什么有效和合理的措施进行调整?
   ①坍落度比要求的大;②坍落度比要求的小;③坍落度比要求的小且黏聚性较差;④坍落度比要求的大,且黏聚性、保水性都较差。
10. 防水砂浆的用途是什么?怎样配制?
11. 修补混凝土用砂浆的用途是什么?怎样配制?
12. 小石子砂浆的用途是什么?配制要点是什么?

推荐阅读书目

1. 土木工程材料. 黄政宇. 高等教育出版社,2002.
2. 建筑材料. 4 版. 李亚杰. 中国水利水电出版社,2003.
3. 土木工程材料. 宓永宁,娄宗科. 中国农业大学出版社,2004.

第 5 章 砌筑材料

水土保持工程建筑物所使用的砌筑材料主要是天然石材和砌墙砖，砌筑材料的质量一般会占整个建筑物质量的40%~80%。因此，砌筑材料的选材在水土保持建筑工程中占有十分重要的地位。天然石材主要以当地的岩石为原料，具有就地取材、节约成本、耐久性好等优点。但天然岩石性质差别很大，所以要对三大类岩石及其性质有一个系统的了解，才能够因地制宜合理选用石材。砌墙砖制造工艺简单，具有一定强度，在水土保持工程中也有较广泛的用途。

5.1 砌筑用石材

5.1.1 天然岩石的主要性质

5.1.1.1 天然岩石的主要物理性质

（1）表观密度

按表观密度大小，天然石材分为轻石和重石2类。表观密度大于1 800kg/m³者为重石，可用作建筑物的基础、路面、水工建筑物等；表观密度小于1 800kg/m³者为轻石，可用于有保温要求的建筑。

（2）吸水性

岩石吸水性与石材孔隙的数量及其特征有关。致密且孔隙率小的石材吸水性小，疏松多孔的石材反之；细孔石材的水分通过毛细作用吸进，能保持比较久；粗孔石材的水分易进也易排出。岩浆岩和变质岩的吸水率一般不大于0.5%。沉积岩由于形成条件不同，孔隙率与孔隙特征的波动很大，吸水率波动也很大。如致密的石灰岩吸水率小于1%，而多孔的贝壳石灰岩可高达15%。石料吸水性对其强度、耐水性及抗渗性等都有很大影响。

（3）抗冻性

天然石料的抗冻性取决于其矿物成分、结构及构造。当石料中含有较多的云母、黄铁矿、黏土等矿物时，抗冻性较差。按石料在水饱和状态下所能承受的冻融循环次数，可将其抗冻性分为5、10、15、25、50、100及200等标号。一般认为吸水率小于0.5%的石料，冻融破坏的可能性很小，可以考虑不做抗冻性试验。

（4）膨胀和收缩性

石材遇热膨胀、遇冷收缩的性能和其他材料相同，但它冷却后却不能恢复到原来的体积而保留微量的残余膨胀变形，这一点在设计和施工中，接头处理中要考虑。

(5)耐水性

当岩石中含有较多的黏土或易溶于水的物质时，吸水后或软化或溶解。在经常与水接触的建筑物中，石料的软化系数一般不应低于 0.75~0.90。

5.1.1.2 天然岩石的主要力学性质

天然石材的力学性质主要是干燥状态抗压强度。根据工程实际需要，有时要检验它的水饱和状态抗压强度，冻融循环后抗压强度、耐磨率等。石材强度变化较大，即使同一种岩石在同一地点强度也不完全相同。因此，试验结果只可供选择石材时作参考。石材的强度通过用标准试件，按 GB/T 9966.1—2020《天然石材试验方法 第 1 部分：干燥、水饱和、冻融循环后压缩强度试验方法》，GB/T 9966.2—2020《天然石材试验方法 第 2 部分：干燥、水饱和弯曲强度试验方法》，GB/T 9966.4—2020《天然石材试验方法 第 4 部分：耐磨性试验方法》规定进行试验测得。

(1)抗压强度

①干燥抗压强度　指石材在干燥状态下抵抗压力的最大能力。将石材制成 50mm×50mm×50mm 的立方体试件，每组 5 块，测定其干燥状态下破坏荷载极限值，然后按材料力学方法计算其抗压强度。

②水饱和抗压强度　指石材在水饱和状态下抵抗压力的最大能力。石材随着含水量的增加其内部结合力会减弱，强度会有不同程度的降低。例如花岗岩，若长期浸泡在水中，强度可能降低 3%。在水利工程中，按浸水饱和状态的极限抗压强度，划分为 100、80、70、60、50、30 等 6 个标号，中、小型水工建筑物应选用 30~50 号以上的石料；用于堆石坝的石料，一般选用 60~80 号以上的中硬或硬质岩石；用于砌石坝的石料，一般选用 60 号以上的岩石。

③冻融循环后抗压强度　石材的孔隙如果吸水饱和，遇冷结冰膨胀，石材的内外层产生明显的应力差和温度差，将导致石材表面产生脱屑剥落，强度逐渐降低。石材冻融循环后抗压强度是以石材在水饱和状态下反复冻融 25 次以后测得的抗压强度。对于长期浸水或于潮湿环境中且受冻的重要结构中使用的石材，应将此作为选择石材的依据。

(2)耐磨性

石材耐磨性与其组成矿物的硬度、结构、构造以及抗压强度、冲击韧性有关。组成矿物越坚硬、构造越致密，抗压强度和冲击韧性越高，则石材的耐磨性越好。

5.1.2　砌筑用石材

5.1.2.1　常用天然石料

(1)岩浆岩

常用的岩浆岩包括花岗岩和玄武岩。

花岗岩是岩浆岩中分布最广的岩石，主要由长石、石英、云母以及深色矿物组成，其表观密度为 2 500~2 800kg/m^3，干燥抗压强度为 80~250MPa，吸水率一般小于 1.0%，抗冻可达 100~200 号，耐风化、耐酸和耐碱性良好，并有良好的耐磨性，是十分优良的建筑材料。

玄武岩主要由斜长石、辉石或橄榄石等矿物组成，其表观密度为 2 500 ~ 3 000kg/m³，抗压强度因构造不同而波动较大，范围在 100 ~ 500MPa。致密玄武岩的强度和耐久性都很好，但因硬度高、脆性大，加工困难，主要用作筑路材料、堤岸的护坡材料等。

(2) 沉积岩

常用的沉积岩有石灰岩和砂岩。

石灰岩是沉积岩中最主要的岩石。石灰岩的强度和耐久性均不如花岗岩，表观密度 2 000 ~ 2 600kg/m³，抗压强度为 20 ~ 120MPa，吸水率为 0.1% ~ 4.5%。石灰岩的分布很广，易于开采和加工，应用广泛，但它属于碱性岩石，不耐酸性介质的侵蚀。

砂岩是石英砂通过胶结物质胶结而成的一种岩石，常呈层状。砂岩分硅质砂岩、铁质砂岩、石灰砂岩、黏土质砂岩等。砂岩的性能与胶结物的种类及密实程度有关。致密的硅质砂岩坚硬耐久，性能接近花岗岩，表观密度可达 2 700 kg/m³，抗压强度可达 250MPa，但较难加工。灰质砂岩加工容易，其强度可达 60 ~ 80MPa，是砂岩中最常用的一种。铁质砂岩次于灰质砂岩，仍能用于比较次要的工程。黏土质砂岩遇水软化，不能用于水工建筑物。砂岩常用作基础、衬面等，硅质砂岩在水工建筑中有较好的用途。

(3) 变质岩

片麻岩是最常见的变质岩，由于有片麻纹理，粗糙多孔，因此硬度较差，易风化，但石质差别较大，有较致密，也有的极其粗杂，只能供一般建筑使用。

5.1.2.2 常用石材制品

(1) 片石

片石又称毛石，是由爆破或开采直接得到的形状不规则的石材，最小长度及中部厚度不小于 150mm，每块质量宜为 20 ~ 30kg。除重要工程应选用坚密的岩浆岩外，一般工程可就地选用石灰岩或砂岩。

(2) 块石

块石比毛石形状整齐，是将毛石略经加工而成。块石形状大致方正，厚度不宜小于 200mm，宽不宜小于及等于厚度，顶面及底面应平整，表面凹入部分不得大于 20mm。

(3) 细料石

细料石是形状规则的六面体，经细加工，表面凹凸深度不得大于 20mm，厚度和宽度均不小于 200mm，长度不大于厚度的 3 倍。

(4) 半细料石

半细料石除对表面凹凸深度要求不大于 10mm 外，其他规格与细料石相同。

(5) 粗料石

粗料石除对表面凹凸深度要求不大于 20mm 外，其他规格与细料石相同。

(6) 毛料石

毛料石稍加修整，形状为规则的六面体，厚度不小于 200mm，长度为厚度的 1.5 ~ 3 倍。

5.2 砌墙砖

砌墙砖按生产工艺不同分为烧结砖和免烧砖。烧结砖是经焙烧工艺制得的，免烧砖通常是通过蒸气养护或蒸压养护制得的。烧结砖的应用最广泛。

5.2.1 烧结砖的主要品种

烧结砖是以黏土、页岩、煤矸石或粉煤灰为主要原料，经过熔烧而成的砖。按有无穿孔可分为普通砖、多孔砖和空心砖。

烧结普通砖是指尺寸为 240mm×115mm×53mm 的实心砖，无孔洞或孔洞率小于 15%。其 4 块砖长、8 块砖宽、16 块砖高加上每块砖之间 10mm 的灰缝，都正好是 1m，因此 1m³ 砖砌体理论用砖 512 块。

多孔砖是指孔洞率≥15%，孔的尺寸小而数量多的砖。其外形为直角六面体，规格尺寸分别为 190mm×190mm×90mm 和 240mm×115mm×90mm 两种，过去称为竖孔空心砖或承重空心砖。常用于承重部位。

空心砖是指孔洞率≥35%，孔的尺寸大而数量少的砖。砖和砌块的外形为直角六面体，在与砂浆的接合面上应设有增加结合力的深度 1mm 以上凹槽。生产和使用空心砖可节省黏土 30% 以上，节约燃料 10%~20%，且砖坯焙烧均匀，烧成率高。用空心砖砌筑的墙体，比实心砖自重减轻 1/3 左右，工效提高约 40%，造价降低近 20%。

5.2.2 烧结普通砖的技术要求

GB/T 5101—2017《烧结普通砖》对烧结普通砖的形状尺寸、强度等级、抗风化性能、泛霜、石灰爆裂等技术性能作了具体规定，并规定产品中不允许有欠火砖、酥砖和螺旋纹砖。

5.2.2.1 形状尺寸要求

烧结普通砖的形状为直角六面体，标准尺寸为 240mm×115mm×53mm。通常将 240mm×115mm 面称为大面，将 240mm×53mm 面称为条面，将 115mm×53mm 面称为顶面。烧结普通砖的尺寸允许偏差应符合表 5-1 的规定。

表 5-1 烧结普通砖尺寸允许偏差

单位：mm

公称尺寸	优等品		一等品		合格品	
	样本平均偏差	样本极差≤	样本平均偏差	样本极差≤	样本平均偏差	样本极差≤
240	±2.0	6	±2.5	7	±3.0	8
115	±1.5	5	±2.0	6	±2.5	7
53	±1.5	4	±1.6	5	±2.0	6

表中尺寸偏差检验样本数为 20 块，其检验方法：长度应在砖的 2 个大面的中间处分别测量 2 个尺寸；宽度应在砖的 2 个大面的中间处分别测量 2 个尺寸；高度应在 2 个条面的中间处分别测量 2 个尺寸。当被测处有缺损或凸出时，可在其旁边测量，但应选择不利的一侧。其中每一尺寸精确至 0.5mm，每一个方向以 2 个测量尺寸的算术平均值表示。

样本平均偏差是指取 20 块砖样规格尺寸的算术平均值减去其公称尺寸的差值。样本极差是指抽检的 20 块砖样中的最大测定值与最小值之差值。

5.2.2.2 外观质量

烧结普通砖的外观质量应符合表 5-2 的规定。

表 5-2 烧结普通砖外观质量要求　　　　单位：mm

项目			优等品	一等品	合格品
两条面高度差		≤	2	3	4
弯曲		≤	2	3	4
杂质凸出高度		≤	2	3	4
缺棱掉角的 3 个破坏尺寸对面		不得同时大于	5	20	30
裂纹长度	a. 大面上宽度方向及其延伸条面的长度	≤	30	60	80
	b. 大面上长度方向及其延伸至顶面的长度或条	≤			
顶面上水平裂纹的长度			50	80	100
完整面		不得少于	二条面和二顶面	一条面和一顶面	—
颜色			基本一致	—	—

注：①为装饰而施加的色差、凹凸纹、拉毛、压花等不算作缺陷。
②凡有下列缺陷之一者，不得称为完整面：a) 缺损在条面或顶面上造成的破坏面尺寸同时大于 10mm × 10mm；b) 条面或顶面上裂纹宽度大于 1mm，其长度超过 30mm；c) 压陷、黏底、焦花在条面或顶面上的凹陷或凸出超过 2mm，区域尺寸同时大于 10mm × 10mm。

弯曲分别在大面和条面上测量，测量时将砖用卡尺的两条脚沿棱边两端放置，择其弯曲最大处将垂直尺推至砖面，以弯曲中测得的较大者作为测量结果。

杂质凸出高度是指杂质在砖面上造成的凸出高度，以杂质距砖面的最大距离表示。

缺棱掉角在砖上造成的破损程度，以破损部分对长、宽、高 3 个棱边的投影尺寸来度量，称为破坏尺寸。

完整面系指宽度中有大于 1mm 的裂缝长度不得超过 30mm；条顶面上造成的破坏面不得同时大于 10mm × 20mm。缺损造成的破坏面系指缺损部分在条、顶面的投影面积。

裂纹分为长度方向、宽度方向和水平方向 3 种，以被测方向的投影长度表示。如果裂纹从一个面延伸至其他面上时，则累计其延伸的投影长度。

外观检验抽取砖样 50 块，根据上述检查方法，检查出其中的不合格品块数 d_1。当 $d_1 \leq 7$ 时，外观质量合格；$d_1 \geq 11$ 时，外观质量不合格；$d_1 > 7$ 且 $d_1 < 11$ 时，需要再次抽样检验。如判为再次抽样检验，则从坯中再抽取砖样 50 块，检查出其中的不合格品数 d_2 后，按下列规则判断：$d_1 + d_2 \leq 18$ 时，外观质量合格；$d_1 + d_2 \geq 19$ 时，外观质量不合格。

颜色：优等品应基本一致；合格品无要求。检验方法为：抽砖样 20 块，条面朝上随机分两排并列，在自然光下距离砖面 2m 处目测外露的条顶面。

5.2.2.3 强度等级

砖根据抗压强度分为 MU30、MU25、MU20、MU15、MU10 五个强度等级，其强度等级应符合表 5-3 规定。变异系数 $\delta \leqslant 0.21$ 时，按表 5-3 中抗压强度平均值(f_0)、强度标准值 f_k 指标评定砖的强度等级；变异系数 $\delta > 0.21$ 时，按表 5-3 中的抗压强度平均值 (f_0)、单块最小抗压强度值 f_{min} 评定砖的强度等级，单块最小抗压强度值精确至 0.1MPa。

表 5-3 砖的强度等级 单位：MPa

强度等级	抗压强度平均值 $f_0 \geqslant$	变异系数 $\delta \leqslant 0.21$ 强度标准值 $f_k \geqslant$	变异系数 $\delta > 0.21$ 单块最小抗压强度值 $f_{min} \geqslant$
MU30	30.0	22.0	25.0
MU25	25.0	18.0	22.0
MU20	20.0	14.0	16.0
MU15	15.0	10.0	12.0
MU10	10.0	6.5	7.5

其中：

$$\delta = \frac{s}{f} \tag{5-1}$$

$$s = \sqrt{\frac{1}{9} \sum_{i=1}^{10} (f_i - f_0)^2} \tag{5-2}$$

$$f_k = f_0 - 1.8s \tag{5-3}$$

式中 f_k——强度标准值，MPa，精确至 0.1MPa；
δ——砖强度变异系数，精确至 0.01；
s——10 块试样的抗压强度标准差，MPa，精确至 0.01 MPa；
f_0——10 块试样的抗压强度平均值，MPa，精确至 0.1MPa；
f_i——单块试样抗压强度测定值，MPa，精确至 0.01 MPa。

5.2.2.4 抗风化性能

根据全国和地区风化程度不同，全国划分为严重风化区和非严重风化区。严重风化区包括：黑龙江省、吉林省、辽宁省、内蒙古自治区、新疆维吾尔自治区、宁夏回族自治区、甘肃省、青海省、陕西省、山西省、河北省、北京市和天津市。其他省、自治区和上海市为非严重风化区。

严重风化区中的东北三省、内蒙古和新疆地区的砖必须做冻融试验。冻融试验后，每块砖样不允许出现裂纹、分层、掉皮、缺棱、掉角等冻坏现象；质量损失不得大于 2%。其他严重风化区和非严重风化区砖的抗风化性能若符合表 5-4 规定，可不做冻融试验；否则必须进行冻融试验。

5h 沸煮吸水率和饱和系数分别取 5 块砖样试验，每块 5h 沸煮，吸水率 W_5 和饱和系数 K 分别为：

$$W_5 = \frac{100(G_5 - G_0)}{G_0} \tag{5-4}$$

表 5-4 砖的抗风化性能

砖种类	严重风化区				非严重风化区			
	5h 沸煮吸水率/% ≤		饱和系数 ≤		5h 沸煮吸水率/% ≤		饱和系数 ≤	
	平均值	单块最大值	平均值	单块最大值	平均值	单块最大值	平均值	单块最大值
黏土砖	18	20	0.85	0.87	19	20	0.88	0.90
粉煤灰砖	21	23			23	25		
页岩砖	16	18	0.74	0.77	18	20	0.78	0.80
煤矸石砖								

注：粉煤灰掺入量(体积比)小于30%时，抗风化性能指标按黏土砖规定。

$$K = \frac{G_{24} - G_0}{G_5 - G_0} \tag{5-5}$$

式中 W_5——试样沸煮 5h 吸水率,%；

G_5——试样沸煮 5h 的湿质量，g；

G_0——试样干质量，g；

K——试样饱和系数；

G_{24}——常温水浸泡 24h 试样湿质量，g。

5.2.2.5 泛霜

泛霜是可溶性盐类在砖或砌块表面的盐析现象，一般呈白色粉末、絮团或絮片状。试验时根据泛霜程度划分以下 4 种：

① 无泛霜 试样表面的盐析几乎看不到。

② 轻微泛霜 试样表面出现一层细小明显的霜膜，但试样表面清晰。

③ 中等泛霜 试样部分表面或棱角出现明显霜层。

④ 严重泛霜 试样表面出现起砖粉、掉屑及脱皮现象。

当砖泛霜严重、砖的使用又处于潮湿环境时，将直接影响到砖的耐久性。当砖为中等泛霜时不得用于潮湿部位。优等品应无泛霜，一等品不允许出现中等泛霜，合格品不得严重泛霜。

5.2.2.6 石灰爆裂

烧结砖的原料或内燃物质中掺杂着石灰石，焙烧时被烧成生石灰，砖吸水后，体积膨胀而发生的爆裂现象。石灰爆裂轻者造成墙面的抹灰起鼓，重者造成砖砌体强度下降。根据标准规定：

优等品：不允许出现最大破坏尺寸大于 2mm 的爆裂区域。

一等品：① 最大破坏尺寸大于 2mm 且小于等于 10mm 的爆裂区域，每组砖样不得多于 15 处；② 不允许出现最大破坏尺寸大于 10mm 的爆裂区域。

合格品：① 最大破坏尺寸大于 2mm 且小于等于 15mm 的爆裂区域，每组砖样不得多于 15 处，其中大于 10mm 的不得多于 7 处；② 不允许出现最大破坏尺寸大于 15mm 的爆裂区域。

5.2.2.7 其他性质

①产品中不允许有欠火砖、酥砖、螺旋纹砖。

②产品等级：强度和抗风化性能合格的砖，根据尺寸偏差、外观质量、泛霜和石灰爆裂分为优等品、一等品、合格品3个等级。

本章小结

水土保持工程建筑物所使用的砌筑材料主要是天然石材和砌墙砖，天然石材主要以当地的岩石为原料，具有就地取材、节约成本、耐久性好等优点。但天然岩石性质差别很大，所以要对三大类岩石及其性质有一个系统的了解，才能够合理选用石材。天然石材的力学性质主要是干燥状态抗压强度。根据工程实际需要，有时要检验它的水饱和状态抗压强度、冻融循环后抗压强度、弯曲强度、耐磨率等。目前，用烧结方法生产的黏土砖仍然是我国工程建筑物所使用的主要建筑材料，砌墙砖是黏土砖中的主要品种。砌墙砖可以从不同的角度加以分类，GB/T 5101—2017《烧结普通砖》对烧结普通砖的形状尺寸、强度等级、抗风化性能、泛霜、石灰爆裂等技术性能作了具体规定，水土保持工程建筑物所使用的砌墙砖要求符合这些规定。

思考题

1. 天然石料如何分类？各有哪些性质？
2. 水土保持工程常用的石材制品有哪些？分别有什么加工尺寸的要求？
3. 什么是砌墙砖？有哪些种类？
4. 水土保持工程中对烧结砖有什么质量要求？

推荐阅读书目

1. 土木工程材料．黄政宇．高等教育出版社，2002．
2. 土木工程材料．宓永宁，娄宗科．中国农业大学出版社，2004．
3. 建筑材料．4版．李亚杰．中国水利水电出版社，2003．

第 6 章 防水材料

土建工程中将主要起防水作用的材料称为防水材料。对防水材料的主要要求是具有较高的抗渗性和耐水性，并具有一定的强度、黏结力、耐久性、耐高低温性、抗冻性、耐腐蚀性等。

建筑工程防水技术按其构造做法可分为构件自身防水和防水层防水两大类。防水层的做法又可分为刚性防水材料防水和柔性防水材料防水。刚性材料防水是采用涂抹防水砂浆、浇注掺入防水剂的混凝土等；柔性材料防水是采用铺设防水卷材、涂抹防水涂料等。多数建筑物采用柔性材料防水。防水材料按其组成成分可分为无机防水材料、有机防水材料与金属防水材料等。沥青基防水材料是应用最广的防水材料，但是其使用寿命较短。随着高分子材料的出现，防水材料已向橡胶基和树脂基防水材料及高聚物改性沥青系列发展。

6.1 沥青

沥青是一种有机凝胶材料，它与许多材料表面有良好的黏结力，不仅能黏附在矿物材料表面上，而且能黏附在木材、钢铁等材料表面，是建筑工程中应用最广的防水材料。

沥青按其在自然界中获得的方式可分为地沥青和焦油沥青两大类。地沥青分为2类：天然沥青和石油沥青。焦油沥青是各种有机物（煤、泥炭、木材等）干馏加工得到的焦油，经再加工而得到的产品。焦油沥青按其加工的有机物名称而命名，如由煤干馏所得的煤焦油，经再加工后得到的沥青即称为煤沥青。

建筑工程中最常用的是石油沥青和煤沥青。

6.1.1 石油沥青的基本性质

6.1.1.1 石油沥青的主要成分

石油沥青的化学成分较复杂，常将石油沥青中化学特性及物理、力学性质相近的物质划分为若干组，称为"组分"。

（1）油分

油分是石油沥青中最轻的组分，密度为 $0.7 \sim 1 g/cm^3$，油分在石油沥青中的含量为 40%~60%，赋予石油沥青流动性。

（2）树脂（沥青脂胶）

树脂是黄色至黑褐色黏稠半固体，能溶于汽油等。树脂在石油沥青中的含量为

15%~30%，它赋予石油沥青塑性和黏性。

（3）地沥青质

地沥青质是石油沥青中最重的部分，在石油沥青中的含量为10%~30%，其含量越多，沥青的温度敏感性越小，黏性越大，也越脆。

石油沥青中还含2%~3%的碳青质和油焦质，它能降低石油沥青的黏结力。此外，石油沥青中还含有一定量的固体石蜡，它会降低沥青的黏性、塑性、温度敏感性和耐热性。石油沥青中的各组分是不稳定的。石油沥青的技术性质随各组分的含量和温度而变化。

6.1.1.2 石油沥青的技术性质

（1）黏滞性（黏性）

黏滞性反映沥青材料在外力作用下，材料内部阻碍其相对流动的能力，以绝对黏度表示。石油沥青的黏滞性大小与组分及温度有关。地沥青质含量高，同时有适量的树脂，而油分含量较少时，则黏滞性较大。在一定温度范围内，当温度上升时，黏滞性随之降低；反之，则随之增大。

绝对黏度的测定方法工程上常用相对黏度表示，用针入度计测量。黏稠石油沥青的针入度是在温度为25℃的条件下，以质量50g的标准针，经5s沉入沥青中的深度（0.1mm称1度）来表示。符号为P(25℃、50g、5s)，针入度测定示意图如图6-1所示。针入度值大，说明沥青流动性大，黏性差；针入度越小，表明石油沥青的黏度越大。

（2）塑性（延展性）

塑性指沥青材料在外力作用下发生变形而不破坏（产生裂缝或断开），除去外力后仍保持变形后形状的性质。石油沥青的塑性大小与组分有关。石油沥青中树脂含量较多，且其他组分含量适当时，则塑性较大。影响沥青塑性的使用因素有温度和沥青膜层厚度。温度升高，塑性增大；膜层越厚，塑性越高。在常温下，塑性较好的沥青在产生裂缝时，也可由于特有的黏塑性而自行愈合，故塑性还反映了沥青开裂后的自愈能力。沥青之所以能用来制造性能良好的柔性防水材料，很大程度上取决于沥青的塑性。

以沥青的延度指标来反映沥青的塑性。延度越大，沥青的塑性越好，柔性和抗断裂性越好。沥青延度是把沥青制成"8"字形标准试件，试件中间最狭处断面积为1cm²，在规定温度（一般为25℃）和规定速度（5cm/min）的条件下，在延伸仪上进行拉伸，延伸度以试件拉细而断裂时的长度（cm）表示。延度测定示意图如图6-2所示。

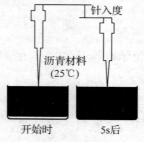

图6-1　沥青针入度测定示意图

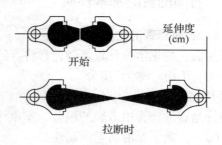

图6-2　沥青延度测定示意图

(3) 温度敏感性（温度稳定性）

温度敏感性指石油沥青的黏滞性和塑性随温度升降而变化的性能。温度敏感性较小的石油沥青，其黏滞性、塑性随温度的变化较小。温度敏感性常用软化点来表示，软化点是沥青材料由固体状态转变为具有一定流动性的膏体时的温度。软化点可通过"环球法"试验测定，它是将沥青试样装入规定尺寸（直径约16mm、高约6mm）的铜环中，上置规定尺寸和质量的钢球（直径9.53mm、质量3.5g），浸入水或甘油中，以5℃/min的速率加热至沥青软化下垂到规定距离（25.4mm）时的温度（℃），即为沥青软化点。软化点越高，则温度敏感性越小。

不同沥青的软化点不同，大致在25℃~100℃之间。软化点高，说明沥青的耐热性能好，但软化点过高，又不易加工；软化点低的沥青，夏季易产生变形，甚至流淌。

(4) 大气稳定性

大气稳定性是指石油沥青在热、阳光、氧气和潮湿等因素的长期综合作用下抵抗老化的性能，它反映沥青的耐久性。大气稳定性可以用沥青的蒸发减量及针入度变化来表示，即试样在160℃温度加热蒸发5h后的质量损失百分率和蒸发前后的针入度比两项指标来表示。蒸发损失率越小，针入度比越大，则表示沥青的大气稳定性越好，即老化越慢。

蒸发损失百分率与蒸发前后针入度比计算公式如下：

$$蒸发损失百分率 = \frac{蒸发前质量 - 蒸发后质量}{蒸发前质量} \times 100\%$$

$$蒸发前后针入度比 = \frac{蒸发后针入度}{蒸发前针入度} \times 100\%$$

(5) 施工安全性

黏稠沥青在使用时必须加热，当加热至一定温度时，沥青材料中挥发的油分蒸气与周围空气组成混合气体。此种蒸气与空气组成的混合气体遇火焰极易燃烧而引发火灾，为此，必须测定沥青加热闪火和燃烧的温度，即闪点和燃点。

闪点是指加热沥青至挥发出的可燃气体和空气的混合物，在规定条件下与火焰接触，初次闪火（有蓝色闪光）时的沥青温度。

燃点是指加热沥青产生的气体和空气的混合物，与火焰接触能持续燃烧5s以上时，此时沥青的温度。燃点温度比闪点温度约高10℃。沥青质含量越多，闪点和燃点相差越大。液体沥青由于油分较多，闪点和燃点相差很小。

6.1.2 石油沥青的标准与选用

6.1.2.1 石油沥青的标准

根据我国现行石油沥青标准，石油沥青主要划分为三大类：建筑石油沥青、道路石油沥青和普通石油沥青。各品种按技术性质划分为多种牌号。道路石油沥青和普通石油沥青技术标准见表6-1，建筑石油沥青技术标准见表6-2。

表 6-1 道路石油沥青和普通石油沥青技术标准表

质量指标	道路石油沥青(SH 0522—2010)					普通石油沥青(SY 1665—1977)		
	200 号	180 号	140 号	100 号	60 号	75	65	55
针入度(25℃, 100g, 5s)/(1/10mm)	200~300	150~200	110~150	80~110	50~80	75	65	55
延度(25℃)/cm	20	100	100	90	70	2	1.5	1
软化点/℃	30~48	35~48	38~51	42~55	45~58	60	80	100
针入度比/%	报告*					报告*		
闪点(开口杯法)/℃ 不低于	180	200	230	230	230	230	230	230

注：*报告为实测值。

表 6-2 建筑石油沥青技术标准表

项 目		质量指标			试验方法
		10 号	30 号	40 号	
针入度(25℃, 100g, 5s)/(1/10mm)		10~25	26~35	36~50	GB/T 4509
针入度(46℃, 100g, 5s)/(1/10mm)		报告*	报告*	报告*	GB/T 4509
针入度(0℃, 200g, 5s)/(1/10mm)	不小于	3	6	6	
延度(25℃, 5cm/min)/cm	不小于	1.5	2.5	3.5	GB/T 4508
软化点(环球法)/℃	不低于	95	75	60	GB/T 4507
溶解度(三氯乙烯)/%	不小于	99.0			GB/T 11148
蒸发后质量变化(163℃, 5h)/%	不大于	1			GB/T 11964
蒸发后25℃针入度比**/%	不小于	65			GB/T 4509
闪点(开口杯法)/℃	不低于	260			GB/T 267

注：*报告为实测值。
**测定蒸发损失后样品的25℃针入度原与25℃针入度之比乘以100后，所得的百分比，称为蒸发后针入度比。

从表中可以看出，针入度、延度、软化点是划分石油沥青牌号的主要依据，根据针入度指标确定牌号，而每个牌号则应保证相应的延度和软化点以及溶解度、蒸发损失、蒸发后针入度比、闪点等。牌号越小，沥青越硬。牌号增大时，针入度和延度也增大，而软化点降低。有些牌号尚有甲、乙之分。道路石油沥青和建筑石油沥青的牌号越高，塑性越好，但黏性和温度稳定性较差。

6.1.2.2 石油沥青的选用

选用沥青材料时，应根据工程性质、当地气候条件、使用部位以及施工方法来选择不同牌号的沥青。对一般温暖地区、受日晒或经常受热部位，为防止受热软化，应选择牌号较小的沥青；在寒冷地区、夏季暴晒、冬季受冻的部位，不仅要考虑受热软化，还要考虑低温脆裂，应选用中等牌号沥青；对一些不易受温度影响的部位，可选用牌号较大的沥青。当缺乏所需牌号的沥青时，可以用不同牌号的沥青进行掺配。

6.2 沥青混合料

沥青材料一般与级配合适的矿物质材料拌和，配制成沥青混合料，经铺筑、成型后成为沥青混凝土(由沥青、粗/细骨料及矿粉组成)、沥青砂浆(由沥青、细骨料及矿粉组成)、沥青碎石(由沥青、粗骨料及矿粉组成)、沥青胶及沥青嵌缝油膏等，主要用于铺路、水工防渗及建筑防水。矿物质材料包括粗骨料、细骨料和填料，其中粗骨料系指粒径大于2.5mm的矿料；细骨料系指粒径0.074(或0.08)~2.5mm的矿料；填料系指粒径小于0.074mm的矿料。

6.2.1 沥青混合料的分类

按不同的分类方法和分类目的，沥青混合料分成不同的类型：
(1)按胶结材品种分类
按胶结材品种，沥青混合料可分为石油沥青混合料和煤沥青混合料。
(2)按拌和或铺筑时的温度分类
按拌和或铺筑时的温度，沥青混合料可分为热拌热铺、热拌冷铺和冷拌冷铺沥青混合料。
(3)按矿料最大粒径分类
沥青混合料可分为粗粒式(最大粒径为圆孔筛30mm或40mm)、中粒式(最大粒径为圆孔筛20mm或25mm)、细粒式(最大粒径为圆孔筛10mm或15mm)以及砂粒式(最大粒径为圆孔筛5mm)。粗粒式沥青混合料多用于沥青面层的下层，中粒式沥青混合料可用于面层下层或作单层式沥青面层，细粒式和砂粒式多用于沥青面层的上层。此外，还有特粗式沥青碎石混合料。
(4)按沥青混合料的密实度分类
①密级配沥青混合料 各种粒径的矿料颗粒级配连续、相互嵌挤密实，压实后剩余空隙率小于10%。
②开级配沥青混合料 级配主要由粗集料组成，细集料较少，矿料相互拨开，压实后剩余空隙率大于15%。
介于以上两者之间是半开级配沥青混合料。

6.2.2 沥青混合料的技术性质

6.2.2.1 沥青混合料的技术性质

(1)沥青混合料的强度

沥青混合料的结构与黏性土类似，受力后呈剪切破坏。混合料的强度与沥青的黏性、混合料中沥青的用量、矿质混合料的级配及沥青与矿料的黏结情况等因素有关。使用针入度较大的沥青或沥青用量较多时，混合料的强度低而破坏时的应变大。采用级配良好的矿料，矿粉用量适当时，沥青用量小，可使混合料获得较高的强度。

(2) 沥青混合料的高温稳定性能

沥青混合料的高温稳定性能是指其在夏季高温条件下，经荷载反复作用后不产生压辙等的性能。

通常所说的"高温"是指在夏季气温高于 25℃～30℃ 及沥青混合料表面温度达到 40℃～50℃ 以上，已经达到或超过沥青的软化点的温度的情况，且随着温度的升高和荷载的加大，变形增大。沥青混合料在高温条件或长时间承受荷载作用下会产生显著的变形，其中不能恢复的部分成为永久变形，它降低了沥青混合料的使用性能，缩短其使用寿命。

(3) 沥青混合料的水稳定性能

水损害是沥青混合料在水或冻融循环的作用下，由于荷载的作用，进入其空隙中的水逐渐渗入沥青与集料的界面上，使沥青的黏附性降低并逐渐丧失黏结力，沥青混合料掉粒、松散，继而形成沥青混合料构筑物表面的坑槽、推挤变形等的损坏现象。它主要取决于矿料的性质、沥青与矿料之间相互作用的性质，以及沥青混合料的空隙率、沥青膜的厚度等。

(4) 沥青混合料的抗疲劳性能

当荷载重复次数超过一定次数以后，沥青混合料构筑物会出现裂纹，产生疲劳断裂破坏。沥青混合料的疲劳寿命除了受荷载条件的影响外，还受到材料性质和环境变化的影响。

(5) 沥青混合料的耐老化性能

沥青混合料的耐老化性能，是在使用期间承受多项环境因素的综合作用下，其使用性能保持稳定或较少发生质量变化的能力。

沥青混合料的老化分为短期老化和长期老化。短期老化也称为施工期老化或称热老化。产生的原因主要是温度，即沥青混合料施工温度；其次是高温保持时间和空气接触的条件等因素。为减轻沥青混合料的短期老化，可采取以下几项措施：①在保证沥青混合料拌和、摊铺、碾压技术性能的前提下，尽可能采用比较低的拌和温度；②尽量缩短沥青混合料的高温保存时间；③在运输过程中应加盖篷布，减少与空气的接触。

在使用过程中，沥青的老化是一个长时间的过程，减轻沥青混合料的老化主要应从混合料的结构上考虑，即在可能的条件下尽量使用吸水率小的集料，减小表面混合料的空隙率，加强压实，减少沥青与空气的接触，同时采用耐老化性能好的沥青材料（如改性沥青等）。其中保证沥青混合料路面有足够的密实性是减轻老化的根本性措施。

(6) 沥青混合料的施工和易性能

沥青混合料的和易性是指它在拌和、运输、摊铺及压实过程中，既保证质量又便于施工的性能。单纯从混合料材料性质而言，影响施工和易性的因素主要是混合料的级配情况，如粗细集料的颗粒大小相差过大，缺乏中间颗粒，混合料容易离析（粗粒集中表面，细粒集中底部）；细料太少，沥青层就不易均匀地分布在粗颗粒表面；细料过多，则拌和困难。此外，当沥青用量过少，或矿粉用量过多时，混合料容易疏松，不易压实。反之，如沥青用量过多，或矿粉质量不好，则容易使混合料黏结成团块，不易摊铺。混合料的拌和质量也对和易性产生较大影响，一般应使用机械拌和。

6.2.2.2 沥青混合料组成材料的技术性质及质量要求

沥青混合料的技术性质决定于组成材料的性质、级配组成和混合料的制备工艺等因素，为保证沥青混合料的技术性质，要正确选择符合质量要求的材料。

(1) 沥青

沥青混合料用沥青应符合规范对沥青的要求。煤沥青不宜用于热拌沥青混合料的表面层。沥青面层所用的沥青标号，宜根据地区气候条件、施工季节气温、施工方法等按规定选用。

(2) 粗集料

粗集料是经压碎、筛分而成的粒径大于2.36mm的碎石、矿渣等集料。其质量应满足以下要求：粗集料(石料)应具有足够的强度和耐磨性能；配制沥青混凝土应尽量选用与沥青具有良好黏结力的碱性石料，以提高沥青混凝土的强度和抗水性；碎石形状应近似立方体，表面粗糙、带棱角，要求清洁、干燥、无风化、不含杂质。

(3) 细集料

在沥青混凝土中，细集料是指粒径小于2.36mm的天然砂、机制砂及石屑等骨料。配制沥青混凝土宜采用优质的天然砂和机制砂，在缺少砂的地区也可使用石屑。石屑是指采石场加工碎石时通过4.75mm筛的筛下部分。

(4) 填料

填料是指在沥青混凝土中起填充作用的粒径小于0.075mm的矿物质粉末(矿粉)。一般以石灰石和白云石磨细的矿粉为宜，也可选用水泥、石灰、粉煤灰等磨细颗粒作为填料。

矿粉具有一定的细度和级配，与沥青有良好的黏结力，可提高沥青混凝土的密度、整体的黏结性和抗水性。用于沥青混凝土中的矿粉应干燥、洁净。

6.3 防水涂料

6.3.1 防水涂料的特点和用途

防水涂料是一种流态或半流态物质，涂在基材表面后，通过溶剂或水分挥发或各组分间的化学反应，形成具有一定厚度的弹性连续薄膜(即固化成膜)，使基材与水隔绝，起到防水、防潮的作用。防水涂料特别适合于结构复杂和不规则部位的防水，能形成无接缝的完整防水层。防水涂料可人工涂刷或喷涂施工，操作简单、快捷、便于维修。但是，防水涂料形成的防水层属于薄层防水，且防水层厚度很难保持均匀一致，致使防水效果受到限制。防水涂料适用于渡槽、梁道等混凝土面板的防渗处理，也用于普通工业与民用建筑的屋层防水、地下室防水和地面防潮、防渗等防水工程。

6.3.2 常用防水涂料

6.3.2.1 沥青类防水涂料

(1) 冷底子油(液体沥青)

冷底子油是将建筑石油沥青(30号、10号或60号)加入汽油、柴油,或将煤沥青(软化点为50℃~70℃)加入苯,溶合而成的沥青溶液。一般不单独作为防水材料使用,而作为打底材料与沥青胶配合使用,增加沥青胶与基层的黏结力。常用配合比为有2种:①石油沥青:汽油=30:70;②汽油沥青:煤油(或柴油)=40:60。一般现用现配,用密闭容器储存,以防溶剂挥发。

液体沥青按其凝固速度的快慢分为快凝、中凝和慢凝3种。快凝液体沥青(快凝稀释沥青)用沸点低的汽油等为稀释剂;慢凝液体沥青(慢凝稀释沥青)用沸点高的柴油等作稀释剂。一般在干燥的底层上,宜使用快凝液体沥青,在潮湿底层上宜用中凝稀释沥青。

(2) 乳化沥青

乳化沥青是一种棕黑色的水乳液,具有无毒、不燃、干燥快、黏结力强等特点,在0℃以上可流动,易于涂刷和喷涂。采用乳化沥青黏结防水卷材做防水层,造价低、用量省,可减轻防水层重量。在水利工程中,乳化沥青可以与湿骨料混合,用于铺筑坝面、渠道、路面等,是一种新型的筑坝、铺路材料。乳化沥青的贮存期一般不宜超过6个月,贮存时间过长容易引起凝聚分层。一般不宜在0℃以下贮存,不宜在-5℃以下施工,以免水分结冰而破坏防水层。

(3) 沥青胶

沥青胶是为了提高沥青的耐热性,降低沥青层的低温脆性,在沥青材料中加入填料进行改性而制成的液体。其施工方法有冷用和热用2种。热用比冷用的防水效果好;冷用施工方便,不会烫伤,但耗费溶剂。沥青胶用于沥青或改性沥青类卷材的黏结、沥青防水涂层和沥青砂浆层的底层。

(4) 高聚物改性沥青防水涂料

高聚物改性沥青防水涂料一般是采用各类橡胶或SBS聚合物对沥青改性,制成水乳型或溶剂型防水涂料。高聚物改性沥青防水涂料的质量与沥青基防水涂料(液体沥青和乳化沥青)相比较,其低温柔性和抗裂性均显著提高。

6.3.2.2 其他防水涂料

(1) 合成高分子防水涂料

合成高分子防水涂料具有高弹性、高耐久性及优良的耐高低温性能。适用于屋面防水工程,地下室、水池及卫生间的防水工程,以及重要的水利、道路、化工等防水工程。

(2) 聚合物水泥基防水涂料(JS复合防水涂料)

聚合物水泥基防水涂料既有有机材料弹性高又有无机材料耐久性好的优点,涂覆后形成高强的防水涂膜,并可根据工程需要配置彩色涂层。这种涂料可在潮湿或干燥的砖石、砂浆、混凝土、金属、木材、各种保温层、防水层上直接施工，涂层坚韧高强，耐久性强，无毒、无害，施工简单，在立面、斜面和顶面施工不流淌，耐高温。适用于新旧建筑物及构筑物，是目前工程上应用较广的一种新型材料。

6.4 防水卷材

防水卷材是建筑工程中最常用的柔性防水材料。按其组成材料分沥青防水卷材、高聚物改性沥青防水卷材和合成高分子防水卷材三大类。按卷材的结构不同又可分为有胎卷材和无胎卷材2种。所谓有胎卷材，即是用纸、玻璃布、棉麻织品、聚酯毡或玻璃丝毡（无纺布）、塑料薄膜或编织物等增强材料作胎料，将沥青、高分子材料等浸渍或涂覆在胎料上，所制成的片状防水卷材。所谓无胎卷材，即将沥青、塑料或橡胶与填充料、添加剂等经混炼压延（或挤出）而制成的防水卷材。各类防水卷材都是厂家生产的成品，选用请参照 GB 50345—2012《屋面工程技术规范》中的规定及产品说明书进行。

6.5 密封材料

密封材料是指能承受建筑物接缝位移以达到气密、水密的目的，而嵌入结构接缝中的定形和非定形材料。定形密封材料是具有一定形状和尺寸的密封材料，如止水带，密封条、带，密封垫等。非定形密封材料又称密封胶、密封膏等。密封材料按其嵌入接缝后的性能分为弹性密封材料和塑性密封材料，弹性密封材料嵌入接缝后，当接缝位移时，在密封材料中引起的应力值几乎与应变量成正比；塑性密封材料嵌入接缝后，当接缝位移时，在密封材料中发生塑性变形，其残余应力迅速消失。常用的密封材料有：

（1）建筑防水密封膏

建筑防水密封膏属非定形密封材料。常用的建筑防水密封膏有：建筑防水沥青嵌缝油膏、硅酮建筑密封膏、聚氨酯建筑密封膏、聚氯乙烯建筑防水接缝材料。沥青嵌缝油膏主要用于冷施工型的屋面、墙面防水密封及桥梁、涵洞、输水洞及地下工程等的防水密封。PVC接缝材料防水性能好，具有较好的弹性和较大的塑性变形性能，可适应较大的结构变形，适用于各种屋面嵌缝或表面涂刷成防水层，也可用于大型墙板嵌缝、渠道、涵洞、管道等的接缝处理。

（2）合成高分子止水带（条）

合成高分子止水带属定形建筑密封材料。它是将具有气密和水密性能的橡胶或塑料制成一定形状（带状、条状、片状等），嵌入到建筑物接缝、伸缩缝、沉降缝等结构缝内的密封防水材料。主要用于地下及屋顶结构缝防水工程，闸坝、桥梁、隧洞、溢洪道等水工建筑物变形缝的防漏止水，闸门、管道的密封止水等。常用的合成高分子止水材料有橡胶止水带及止水橡皮、塑料止水带及遇水膨胀型止水条等。

本章小结

防水材料应具有较高的抗渗性和耐水性,并具有一定的强度、黏结力、耐久性、耐高低温性、抗冻性、耐腐蚀性等。沥青基防水材料是应用最广的防水材料,最常用的是石油沥青和煤沥青。石油沥青的主要技术性质及表示方法有:黏滞性用针入度衡量,塑性用延度衡量,温度敏感性用软化点衡量,大气稳定性用蒸发减量及针入度变化衡量。针入度、延度、软化点是划分石油沥青牌号的主要依据。衡量沥青施工安全性的技术指标是闪点和燃点。沥青混合料的技术性质有强度、高温稳定性能、水稳定性、抗疲劳性能、耐老化性能和施工和易性。防水材料包括防水涂料和防水卷材,防水涂料是一种流态或半流态物质,涂在基材表面后,使基材与水隔绝,起到防水、防潮的作用。防水卷材是将沥青、高分子材料等浸渍或涂覆在胎料上所制成的片状防水卷材。

思考题

1. 石油沥青有哪些主要技术性质?各用什么指标表示?
2. 何为沥青混合料?应如何进行分类?
3. 沥青混合料的结构可分为哪几类?各有何特点?
4. 工程上常用的防水涂料有哪几类,其用途和作用是什么?
5. 工程上常用的防水卷材有哪几类,其用途和作用是什么?

推荐阅读书目

1. 建筑材料(建筑工程类专业适用). 侯子义. 天津大学出版社,2004.
2. 建筑材料与检测技术. 黄家骏. 武汉理工大学出版社,2000.
3. GB 50290—98《土工合成材料应用技术规范》.

第7章 金属材料

金属材料中，应用最为广泛的是钢材。钢材是指用于钢结构的各种型材（如圆钢、角钢、工字钢等）、钢板、钢管，特别是用于钢筋混凝土中的各种钢筋、钢丝、钢绞线等。钢筋混凝土结构在水土保持工程中发挥了重要作用，特别是在流域沟道治理工程、挡土墙工程的设计中应用极为广泛。

7.1 钢材的分类和力学性能

7.1.1 钢材的分类

7.1.1.1 按化学成分分类

按化学成分分类，钢材可分为碳素钢和合金钢。

（1）碳素钢

碳素钢含碳量为 0.02%～2.06%，除铁元素外，不含其他金属元素。根据含碳量的多少，碳素钢又分为低碳钢（含碳量低于 0.25%）、中碳钢（含碳量范围为 0.25%～0.6%）和高碳钢（含碳量高于 0.6%）。水保工程中一般使用低碳钢。

（2）合金钢

合金钢指除铁元素外，还含有一定量的合金元素，例如含硅、锰、钛、钒、铬、铌等的钢材。根据合金元素的含量，合金钢又分为低合金钢（合金元素总含量低于 5%）、中合金钢（合金元素总含量为 5%～10%）、高合金钢（合金元素总含量高于 10%）。水保工程中一般使用低合金钢。

7.1.1.2 按冶炼时的脱氧程度分类

按冶炼时的脱氧程度分类，钢材可分为沸腾钢、镇静钢、半镇静钢和特殊镇静钢。

（1）沸腾钢

沸腾钢是脱氧不完全的钢，这类钢的特点是钢中含硅量很低，其优点是钢的收率高，生产成本低，表面质量和深冲性能好。缺点是钢的杂质多，性能不均匀。

（2）镇静钢

镇静钢为完全脱氧的钢。镇静钢产品率较低，成本较高，适用于承受振动冲击荷载或重要的焊接钢结构中。优质钢和合金钢一般都是镇静钢。

（3）半镇静钢

半镇静钢脱氧程度介于沸腾钢和镇静钢之间，这类钢同时具有沸腾钢和镇静钢的某些优点,在冶炼操作上较难掌握。

(4) 特殊镇静钢

特殊镇静钢脱氧相当完全,钢材质量最好。

7.1.1.3 按钢材中的有害杂质分类

根据钢材中的有害杂质(主要是磷、硫元素)含量的多少分为普通钢、优质钢、高级优质钢、特殊优质钢。

7.1.1.4 按钢材在结构中的用途分类

钢材可分为钢结构用钢和钢筋混凝土结构用钢。

(1) 钢结构用钢

钢结构用钢包括碳素钢、低合金钢 2 种。其产品类型主要是型钢和板材。

(2) 钢筋混凝土结构用钢

钢筋混凝土结构用钢主要产品类型有钢筋、钢丝等线材,包括热轧钢筋、冷拉钢筋、预应力混凝土用热处理钢筋、冷轧带肋钢筋、冷拔低碳钢丝、预应力混凝土用钢丝及钢绞线等。按照钢筋的表面状态特征分为光圆钢筋和带肋钢筋。带肋钢筋有月牙肋钢筋和等高肋钢筋。

7.1.2 钢材的力学性能

钢材作为结构材料的主要力学性能包括抗拉性能、抗弯性能、冲击韧性、耐疲劳性等。

7.1.2.1 抗拉性能

结构用钢材力学性能中,抗拉性能最重要,通过拉力试验测定,其重要表征是应力—应变关系。结构用钢材应力—应变关系明显分为 4 个阶段:弹性阶段、屈服阶段、强化阶段和颈缩阶段。

(1) 弹性阶段

如图 7-1 所示,钢材在 OA 段受力时,应力与应变成线性正比。当去掉外载荷时,试件能够恢复原来形状,A 点对应的应力称为比例极限,用 σ_p 表示。在 A 点之前,应力与应变的比值保持为一常数,该比值为弹性模量,用 E 表示:

$$E = \frac{\sigma}{\varepsilon}$$

式中 σ——弹性阶段的应力峰值;
ε——峰值应力对应的应变值。

E 表示产生单位弹性应变时所需应力的大小,它反映钢材的刚度,是计算结构受力

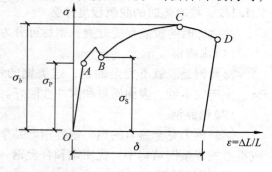

图 7-1 钢材的应力—应变曲线

变形的重要指标。常用碳素钢 Q235 的弹性模量 E 为 $(2.0 \sim 2.1) \times 10^5 \mathrm{MPa}$。

(2) 强化阶段

当加载的应力值达到 σ_p 后,应变增加的很快,但应力基本保持不变,这种现象称为屈服。此时应力与应变不再成比例,试件开始产生塑性变形。应力应变曲线上开始出现屈服点 B,此时的应力 σ_s 称为屈服极限。屈服极限是衡量材料强度的重要指标。常用低碳钢的屈服极限 σ_s 一般在 $185 \sim 235 \mathrm{MPa}$ 之间。对于含碳量较高,硬度较大,但较脆的硬钢,由于没有明显的屈服阶段,如图 7-2 所示,规定以产生残余应变为 0.2% 时的应力 $\sigma_{0.2}$ 作为屈服强度。钢材受力达到屈服点后,变形迅速发展,尽管尚未破坏但已不能满足使用要求,设计中一般以屈服点作为强度取值的依据。

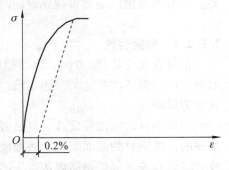

图 7-2　硬钢的应力—应变曲线

(3) 屈服阶段

当加载的应力超过屈服极限后,因塑性变形使其内部的组织结构得到调整,抵抗变形的能力有所增强,应力—应变曲线又开始上升。随着进一步的加载,应力达到最大值 σ_b,称为抗拉强度,即应力—应变曲线上的最高点 C 点,常用低碳钢的抗拉强度通常在 $375 \sim 500 \mathrm{MPa}$。屈服强度与抗拉强度的比值 (σ_s/σ_b) 称为屈强比。屈强比值越小,钢材在受力超过屈服点时的可靠性越大,结构的安全储备越大。因此,工程上使用的钢材不仅希望具有高的屈服极限,还希望具有一定的屈强比。常用低碳钢的屈强比为 $0.58 \sim 0.63$,低合金钢的屈强比一般为 $0.65 \sim 0.75$。

(4) 颈缩阶段

应力超过抗拉强度后,试件的变形开始集中于某一小段内,使该段的横截面面积显著减小,出现颈缩现象。此时,应力—应变曲线开始下降,直到试件被拉断。

7.1.2.2　冷弯性能

冷弯性能是指钢材在冷加工(常温下加工)产生塑性变形时,对产生裂缝的抵抗能力,是建筑钢材的重要工艺性能,冷弯性能也是对钢材焊接程度的一种很好的检验指标。

钢材的冷弯性能指标,用试件在常温下所能承受的弯曲程度表示。钢的技术标准中对各牌号钢的冷弯性能指标都有规定:按规定的弯曲角和弯心直径进行试验,试件的弯曲处不发生裂缝、裂断或起层,即认为冷弯性能合格。

7.1.2.3　冲击韧性

冲击韧性指钢材抵抗冲击荷载的能力,用冲断试样所需的能量来表示。

冲击韧性与温度有关,有些材料在常温时冲击韧性并不低,破坏时呈现韧性破坏特征;但当温度低于某值时,冲击韧性突然大幅度下降,材料发生脆性断裂,这种性质称为钢材的冷脆性。钢材的脆性转变温度与钢的品种、化学成分、微观结构及试验条件有关。北方寒冷地区需要重视钢材的冷脆性问题。

7.1.2.4 耐疲劳性

钢材在交变荷载(方向、大小循环变化的力)的反复作用下,易发生疲劳破坏。通常取交变应力循环次数达某一固定值(如 $N=10^7$)时试件不发生破坏的最大应力值 σ_N 作为其疲劳极限。

一般钢材的抗拉强度高,其疲劳极限也较高。由于疲劳裂纹是在应力集中形成和发展的,故钢材的截面变化、表面质量及内应力大小等可能造成应力集中的因素都与其疲劳极限有关。例如钢筋焊接接头的卷边和表面微小的腐蚀缺陷,都可使疲劳极限显著降低。当疲劳条件与腐蚀环境同时出现时,可促使局部应力集中的出现,大大增加了疲劳破坏的危险性。

7.2 建筑钢材的品种选用

7.2.1 建筑钢材的主要品种

建筑用主要钢材有碳素钢、优质碳素钢和低合金钢等。

7.2.1.1 碳素钢

碳素钢牌号表示方法按 GB/T 700—2006《碳素钢》规定,按屈服点强度分为 5 个牌号,又按冲击韧性将质量分级,按牌号顺序钢材的强度增大,但塑性、韧性下降。表示方法为:Q + 屈服点数值(MPa) − 质量等级符号 + 脱氧方法符号。质量等级分为 A、B、C、D 4 个质量等级;脱氧方法按脱氧程度分为:沸腾钢(F)、镇静钢(Z)、特殊镇静钢(TZ);镇静钢也可不标符号,即 Z 和 TZ 都可不标。例如 Q235 − AF 表示屈服极限为 235MPa,质量等级为 A 级(最低等级)的沸腾钢。

碳素钢力学性能稳定,塑性好,在各种加工过程中敏感性较小(如轧制、加热或迅速冷却),构件在焊接、超载、受冲击和温度应力等不利的情况下能保证安全。而且,碳素钢冶炼方便,成本较低,目前在建筑中应用中占相当大的比重。

7.2.1.2 优质碳素钢

优质碳素钢的钢号用两位数字表示。较高含锰量时,在钢号后加注"Mn"。优质碳素钢主要用于重要结构的钢铸件及高强螺栓,常用 30~45 号钢;在预应力钢筋混凝土中用于制作锚具,常用 45 号钢;用于碳素钢丝、刻痕钢丝和钢绞线,常用 65~80 号钢。

7.2.2 常用钢筋

目前混凝土结构用钢筋主要有热轧钢筋、冷拉热轧钢筋、冷拔低碳钢丝、冷轧带肋钢筋、热处理钢筋和预应力混凝土用钢丝及钢绞线等。

7.2.2.1 热轧钢筋

(1) 热轧钢筋的标准与性能

热轧钢筋是建筑工程中用量最大的钢材品种之一,主要用于钢筋混凝土结构和预应力钢筋混凝土结构的配筋。GB/T 1499.1—2017《钢筋混凝土用钢 第1部分:热轧光圆钢筋》和 GB/T 1499.2—2018《钢筋混凝土用钢 第2部分:热轧带肋钢筋》规定,热轧直条圆钢筋为Ⅰ级,强度等级代号为 HPB235 和 HPB 300;热轧带肋钢筋的牌号由 HRB 和屈服点的最小值表示,牌号分别为 HRB335、HRB400、HRB500。其中 H 表示热扎,R 表示带肋,B 表示钢筋,后面的数字表示屈服点最小值。见表7-1和表7-2。

表7-1 热轧光圆钢筋力学性能

表面形状	钢筋级别	强度等级代号	公称直径/mm	屈服点 σ_s/MPa	抗拉强度 σ_b/MPa	伸长率 δ/%	冷弯 d—弯芯直径 a—钢筋公称直径
				不小于			
光圆	Ⅰ	HPB235	6~22	235	370	25	180° $d=a$
		HPB300	6~22	300	420	25	180° $d=a$

表7-2 热轧带肋钢筋力学性能

牌号	公称直径/mm	屈服点 σ_s(或 $\sigma_{P0.2}$)/MPa	抗拉强度 σ_b/MPa	伸长率 δ/%
		不小于		
HRB335	6~25	335	455	17
	28~40			
	>40~50			
HRB400	6~25	400	540	16
	28~40			
	>40~50			
HRB500	6~25	500	630	15
	28~40			
	>40~50			

(2) 应用

Ⅰ级钢筋(HPB235)是用 Q235 碳素钢轧制而成的光圆钢筋。它的强度较低,但具有塑性好,伸长率高($\delta > 25\%$),便于弯折成型,容易焊接等特点。可用作中、小型钢筋混凝土结构的主要受力钢筋、箍筋等。

HRB335 与 HRB400 级钢筋强度较高,塑性和可焊性均较好。钢筋表面轧有通长的纵筋和均匀分布的横肋,从而加强了钢筋与混凝土之间的黏结力。用 HRB335 级钢筋与 HRB400 级钢筋作为钢筋混凝土结构的受力钢筋,比使用Ⅰ级钢筋可节省钢材 40%~50%。因此,广泛用于大、中型钢筋混凝土结构的主筋。HRB335 级钢筋与 HRB400 级钢筋冷拉后，也可作预应力筋。

HRB500 级钢筋表面也轧有纵筋和横肋，主要作为预应力钢筋。在使用前可进行冷拉处理，以提高屈服点，达到节省钢材的目的。

7.2.2.2 冷拉热轧钢筋

将热轧钢筋在常温下拉伸至超过屈服点小于抗拉强度的某一应力，然后卸荷，即制成了冷拉钢筋。冷拉可使屈服点提高17%～27%，材料变脆，屈服阶段缩短，伸长率降低。施工中，可将冷拉、除锈、调直、切断合并为一道工序，提高效率。冷拉既可以节约钢材，又可制作预应力钢筋。

7.2.2.3 冷轧带肋钢筋

冷轧带肋钢筋是用低碳钢热轧圆盘条经冷轧或冷拔减径后，在其表面冷轧成三面有肋的钢筋。GB/T 13788—2017《冷轧带肋钢筋》规定，冷轧带肋钢筋代号用 LL 表示，并按抗拉强度等级划分为三级：LL550、LL650、LL800。冷轧带肋钢筋具有和冷拉、冷拔带肋钢筋相近的强度，在中、小型预应力混凝土结构构件和普通混凝土结构构件中得到了越来越广泛的应用。

本章小节

水保工程中一般使用低碳钢和低合金钢。钢材作为结构材料的主要力学性能包括抗拉性能、抗弯性能、冲击韧性、耐疲劳性等。抗拉性能的重要表征是应力—应变关系。结构用钢材应力—应变关系明显分为4个阶段：弹性阶段、屈服阶段、强化阶段、颈缩阶段，设计中一般以屈服点作为强度取值的依据。屈服强度与抗拉强度的比值称为屈强比，屈强比值越小，结构的安全储备越大。冷弯性能是指钢材在常温下加工产生塑性变形时，对产生裂缝的抵抗能力。冲击韧性指钢材抵抗冲击荷载的能力。钢材的耐疲劳性是其在交变荷载的反复作用下抵抗破坏的能力，用疲劳极限衡量。

钢筋混凝土结构在水土保持工程中发挥着重要作用，目前混凝土结构用钢筋主要有：热轧钢筋、冷拉热轧钢筋、冷拔低碳钢丝、冷轧带肋钢筋、热处理钢筋和预应力混凝土用钢丝及钢绞线冷轧扭钢筋等。

思考题

1. 低碳钢受拉时的应力—应变图中，分为哪几个阶段？各阶段的特征及指标是什么？
2. 什么是屈强比？其在工程中的实际意义是什么？
3. 什么是钢材的冲击韧性？
4. 钢材冷弯性能的工程意义是什么？
5. 什么是钢材的疲劳极限？
6. 举例说明普通碳素钢的表示方法？

推荐阅读书目

1. 建筑材料. 4版. 李亚杰. 中国水利水电出版社, 2003.
2. 建筑材料. 王秀花. 机械工业出版社, 2003.

第 8 章

土工合成材料

土工合成材料泛指用于土木工程的合成材料产品,目前分为四大类:第一类是土工织物,它是透水的合成纤维织物;第二类是土工膜,它是用塑料制成的柔性不透水薄膜;第三类是土工塑料,如土工格栅、土工网和泡沫塑料等;第四类是土工复合材料,根据应用要求将土工合成材料或与其他材料复合在一起。土工合成材料在土木、水利、交通、铁道和环境工程中得到广泛的应用,起到排水反滤、防渗、加筋、隔离、防护和减载等作用;在侵蚀控制工程中,由于土工合成材料施工便捷、造价低,应用越来越普及。

8.1 土工合成材料的工程特性

土工合成材料的工程特性包括物理性质、力学性质、水力学性质、土工合成材料与土相互作用特性,以及耐久性等内容。

8.1.1 土工合成材料的物理性质

(1) 单位面积质量

单位面积质量反映土工合成材料的均匀程度,也反映材料的抗拉强度、顶破强度和渗透系数等特性,不同产品的单位面积质量差别较大,一般为 $50 \sim 1\,200\,g/m^2$。测量方法采用称量法。

(2) 厚度

土工织物的厚度对其水力学特性指标影响很大,指在承受一定压力(一般为 2 000 Pa)的情况下,织物上下两个平面之间的距离,单位为 mm。土工织物的厚度在承受压力时的变化很大,且随加压持续时间的延长而减小,故测定厚度应按要求施加一定的压力,并规定在加压 30 s 时读数。

(3) 孔隙率

土工合成材料的孔隙率是孔隙的体积与总体积之比。土工织物的孔隙率与材料孔径的大小有关,直接影响到织物的透水性、导水性和阻止土粒随水流流失的能力。无纺织物在不受压力的情况下,孔隙率一般在 90% 以上,随着压力的增大,孔隙率减小。

(4) 孔径

土工合成材料的透水性、导水性和保持土粒的性能都与其孔隙通道的大小和数量有关,衡量土工织物孔隙大小的常用单位是 mm。土工织物的孔径是很不均匀的,不但不同规格的产品其孔径各不相同,而且同一种织物中也存在着大小不等的孔隙通道。同时孔隙的大小随织物承受的压力而变化,因而孔隙只是一个人为规定的反映织物通道大小的代表性指标。

应力对织物孔径有很大影响。当织物受到沿织物平面的拉力或法向压力作用时,织物的孔径将会发生变化。

8.1.2 土工合成材料的力学性质

反映土工合成材料力学性质的指标主要有抗拉强度、握持强度、撕裂强度、顶破强度和刺破强度等。此外,土工合成材料的蠕变特性也是土工织物的重要力学特性。

(1) 抗拉特性和伸长率

在土工合成材料的工程应用中,加筋、隔离和减荷作用都直接利用了材料的抗拉能力,相应的工程设计中需要用到材料的抗拉强度。其他如滤层和护岸的应用也要求土工合成材料具有一定的抗拉强度,因此抗拉强度是土工合成材料最基本也是最重要的力学特性指标。

土工合成材料的抗拉强度是指试样在拉力机上拉伸至断裂的过程中,单位宽度所承受的最大拉力,单位为 kN/m。土工合成材料的抗拉强度计算见式(8-1)。

$$T = \frac{P_m}{B} \times 1000 \tag{8-1}$$

式中 T——抗拉强度,kN/m;

P_m——拉伸过程中最大拉力,kN;

B——试样的初始宽度,mm。

土工合成材料的伸长率是指试样长度的增加值与试样初始长度的比值,用百分数表示。因为土工合成材料的断裂是一个逐渐发展的过程,故断裂时的伸长不易确定,一般用达到最大拉力时的伸长率表示,即

$$\varepsilon = \frac{L_m - L_0}{L_0} \times 100\% \tag{8-2}$$

式中 ε——伸长率,%;

L_0——试样的初始长度(夹具间距),mm;

L_m——到达最大拉力时的试样长度,mm。

影响土工合成材料抗拉强度和伸长率的因素主要有原材料种类、结构型式、试样的宽度和拉伸速率。此外,因为土工合成材料的各向异性,沿不同方向拉伸也会获得不同的结果。

(2) 握持强度(抓拉强度)

握持强度反映土工合成材料分散集中荷载的能力。土工合成材料在铺设过程中不可避免地承受抓拉荷载,当土工织物铺放在软土地基中,织物上部相邻块石的压入,也会引起类似于握持拉伸的过程。握持强度仅用作不同织物性能的比较,供设计人员参考。

(3) 胀破强度

土工织物铺在凹凸不平的基础上,或上部有石块压入时,土工织物将承受一定的法

向荷载。目前，采用胀破强度、圆球顶破强度和 CBR（加州承载比试验）顶破强度来衡量。

(4) 蠕变特性

材料的蠕变是指在大小不变的外力作用下，变形随时间增长而逐渐加大的现象。蠕变的大小主要取决于材料的性质和结构情况。一般的聚合物材料是黏弹性的，具有很强的蠕变性，而织物的纤维（或经纬纱）之间没有刚性的连接，蠕变更明显。土工合成材料的蠕变性是它能否应用于永久性工程的关键。影响蠕变特性的因素很多，除原材料和结构外，还和荷载的大小有关，一般用荷载水平表示，即单位宽度所承受拉力与抗拉强度的比值。此外，蠕变性还与温度和侧限压力等因素有关。

8.1.3 土工合成材料的水力学性质

(1) 垂直织物平面的透水性

土工织物起渗滤作用时，水流的方向垂直于织物平面，应用中要求土工织物必须能阻止土颗粒随水流流失，同时还要具有一定的透水性。

土工织物的透水性用渗透系数和透水率来表示。渗透系数的水力学意义是水力坡降等于1时的渗透流速，即

$$k_n = \frac{v}{i} = \frac{v\delta}{\Delta h} \tag{8-3}$$

式中　k_n——渗透系数，cm/s；

　　　v——渗透流速，cm/s；

　　　δ——土工织物的厚度，cm；

　　　i——渗流水力坡降；

　　　Δh——受试土工织物试件上下游测压管水位差，cm。

透水率的水力学意义是水位差等于1时的渗透流速，即

$$\psi = \frac{v}{\Delta h} \tag{8-4}$$

式中　ψ——透水率，s^{-1}。

从定义和上述两式可知，透水率和渗透系数之间的关系为

$$\psi = \frac{k_n}{\delta} \tag{8-5}$$

土工织物的透水性能受多种因素影响，除取决于织物本身的材料、结构、孔隙的大小和分布外，还与实际应用中织物平面所受的法向应力、水质、水温和水中含气量等因素有关。

(2) 沿织物平面的透水性

土工织物用作排水材料时，水在织物内部沿织物平面方向流动。土工织物在内部孔隙中输导水流的性能用沿织物平面的渗透系数或导水率表示。沿织物平面的渗透系数定义为水力坡降等于1时的渗透流速，导水率等于沿织物平面的渗透系数与织物厚度的乘积。

土工织物的导水率和沿织物平面的渗透系数与织物的原材料、结构有关。此外，还与织物平面的法向压力、水流状态、水流方向与织物经纬向夹角、水的含气量和水的温度等因素有关。

8.1.4 土工合成材料与土的相互作用性质

(1) 土工合成材料与土的界面摩擦特性

土工合成材料与周围的土产生相对位移时，在接触面上将产生摩擦阻力。接触面上的摩擦阻力用界面摩擦剪切强度（界面抗剪强度）表示，界面摩擦剪切强度符合库仑定律，即

$$\tau_f = c_{sg} + P_n \tan\phi_{sg} \tag{8-6}$$

式中 τ_f——界面摩擦抗剪强度，kPa；

c_{sg}——土和织物的界面黏聚力，kPa；

P_n——织物平面的法向压力，kPa；

ϕ_{sg}——土和织物的界面摩擦角，°。

界面摩擦特性与土的抗剪强度、土的种类及土工合成材料的结构有关。筋材与周围土的摩擦系数应由试验测定。无试验条件时，土工织物的摩擦系数可采用$(2\tan\varphi)/3$，土工格栅采用$0.8\tan\varphi$，φ为土料的内摩擦角。

(2) 土工织物的淤堵

土工织物用作滤层时，水中的土颗粒可能封闭织物表面的孔口或堵塞在织物内部，产生淤堵现象，使得织物的渗透流量逐渐减小。同时，在织物上产生过大的渗透力，严重的淤堵会使滤层失去作用。织物的淤堵主要取决于织物的孔径分布和土颗粒的级配。如果土颗粒均匀且大于织物的等效孔径，或者虽不均匀，但在水流作用下能形成稳定的反滤结构，则一般不会产生较明显的淤堵。此外，水流的条件也对淤堵有影响，例如，单一方向的水流比流向反复变化的水流易形成淤堵。

8.1.5 土工合成材料的耐久性

土工合成材料的耐久性是指其物理和化学性能的稳定性，是其能否应用于永久性工程的关键。土工合成材料的耐久性可以包括多方面的内容，主要是指对紫外线辐射、温度和湿度的变化、化学侵蚀、生物侵蚀、冻融变化和机械损伤等外界因素的抗御能力。

(1) 土工合成材料的老化

土工合成材料的老化是指在加工贮存和使用过程中，受环境的影响，材料性能逐渐劣化的过程。土工合成材料在有覆盖的情况下（如埋在土中），老化的速度要缓慢得多。试验和实践表明土工合成材料可以在永久性的工程中加以应用。

干湿变化和冻融循环可能使一部分空气或冰屑积存在土工织物内，加速它的老化。

(2) 抗磨损能力

土工合成材料与其他材料接触摩擦时，部分纤维被剥离，产生强度下降的现象，称为土工合成材料的磨损。土工合成材料在装卸、铺设过程中会发生磨损，不同的聚合物

材料抗磨损能力不同,例如聚酰胺优于聚酯和聚丙烯,单丝厚型有纺织物具有较强的抗磨损能力,扁丝薄型有纺织物抗磨损能力很低,厚的针刺无纺织物,表层容易被磨损,但内层一般不会被磨损。

计算土工合成材料的允许抗拉强度时,应计入材料老化、施工损伤和蠕变对强度的影响。

8.2 土工织物

8.2.1 土工织物的特点

土工织物按制造方法可分为有纺(织造)土工织物和无纺(非织造)土工织物。有纺土工织物由两组平行的呈正交或斜交的经线和纬线交织而成。无纺土工织物是把纤维作定向的或随意的排列,再经过加工而成。按照联结纤维的方法不同,可分为化学联结、热力联结和机械联结3种联结方式。

土工织物突出的优点是重量轻,整体连续性好(可做成较大面积的整体),施工方便,抗拉强度较高,耐腐蚀和抗微生物侵蚀性好。缺点是未经特殊处理,抗紫外线能力低,如暴露在外,受紫外线直接照射容易老化,但如果不直接暴露,则抗老化及耐久性能仍较高。

8.2.2 土工织物的应用

土工织物在水土保持工程中的应用主要有侵蚀控制工程和堤坝背水坡的排水等。

(1)侵蚀控制工程

土工织物可用于侵蚀控制工程,如在护岸工程中,在块石或预置混凝土块与被保护土坡之间铺设织物滤层,作为反滤排水层,防止土坡中孔隙水排出不畅,过大的孔隙水压力将混凝土板顶起,造成破坏。

(2)堤坝背水坡的贴坡排水

土工织物铺设于在背水坡渗流逸出的范围,以防土粒流失。在织物上也可用块石或预制混凝土块覆盖层。

用作滤层的土工织物主要是无纺土工织物,是用针刺法黏合。因其厚度大、孔隙率高、渗透性大、反滤和排水性能俱佳,在堤岸防护工程中应用较广。它要求具有一定的抗拉强度和厚度,并要求一定的孔径大小,既要防止被保护土料中的细颗粒被淘刷,又要保证有足够的透水性。

8.3 土工膜

8.3.1 土工膜的特点

土工膜是土工合成材料的主要产品之一,是具有极低渗透性的膜状材料,渗透系数为 $1\times10^{-10}\sim1\times10^{-13}$ cm/s,是理想的防渗材料。与传统的防水材料相比,土工膜具有渗透系数低、低温柔性好、形变适应性强、重量轻、强度高、整体连接性好、施工方便等优点。复合土工膜具有较好的抗拉和抗穿刺性能,并且具有较高的界面摩擦系数,对于较厚的无纺织物还具有一定的沿织物平面方向在其内部传输水和气的能力。常用的为两层织物夹一层膜的制品,称为二布一膜。

土工膜表面光滑,它与其他材料之间的摩擦角比土的摩擦角小,很容易沿界面产生滑动。

土工膜的渗透系数是随土工膜所承受的正压力而变化,总的趋势是随压力的增加而减小。如果土工膜承受的压力(水头或覆盖层的荷载)或者其接触层的土粒较粗(较粉粒粗)时,土工膜很容易被刺破而丧失其防渗能力。

单一的土工膜在设计上是不承受大的拉应力的,虽然在施工期和运用期土工膜也承受拉应力,但一般远小于其允许抗拉强度(如有可能承受大的拉应力则应选用复合型的土工膜),所以土工膜在工程中只起防渗作用。

8.3.2 土工膜的应用

土工膜是一种在平面上扩张的薄膜,透水和透气性很低,它能有效地挡水隔气,所以被广泛地应用到各种具有防渗要求的工程上。例如,坝工上的挡水,渠道上的防渗,地下垂直防渗墙,自溃坝的上游面防渗,隧道内的防水衬层,作为水库的浮动覆盖层防止污染和蒸发,防止建筑物下面的水分上升,防止在敏感土地区的水入渗,制作土工长管袋作挡水围堰等,也可在沥青铺面下作防水层,还用于污染源的隔离、垃圾填埋场底部衬垫和顶部封盖层等等。

8.4 其他土工织物

除以上两大类土工织物外,水土保持工程中还使用以下织物。

(1)土工袋

土工袋(土袋)一般用聚丙烯有纺织物缝制,也可用有纺织物与聚乙烯薄膜复合加工制作,内部充以砂或现场土。土袋因材料易得和价格低而被广泛应用。土工袋可用于汛期建造丁坝和防浪堤等防护工程,但是土袋不可用作永久设施。

(2)土工网垫

土工网垫又称为三维植被网,是用聚乙烯、尼龙或聚丙烯线以一定的方式缠绕成的柔性垫,具有开敞式结构,孔隙率大于90%,厚度为10~30mm。将土工网垫铺于需保护的土坡上,在铺好的垫上撒播耕植土、草籽和肥料,作为护坡材料。

(3)土工绳网

土工绳网由聚丙烯绳(也可用黄麻绳)制成,典型的产品绳径为5mm,开口为15mm×15mm,其开口面积比约60%,即有40%的坡面被网直接保护。土工绳网对土坡有加筋作用,同时对坡面径流有限制作用,保护坡面上土壤不受雨水的冲刷,拦蓄的水分还有利于贫瘠的山坡上种植植被。

本章小结

本章重点讲解土工合成材料的基本物理性质、力学性质、水力学性质、土工合成材料与土的相互作用性质以及耐久性。土工合成材料的基本物理性质包括单位面积质量、厚度、孔隙率和孔径，基本物理性质影响土工合成材料的力学性质和水力学性质。土工合成材料的力学性质主要有抗拉特性、伸长率、握持强度、胀破强度以及蠕变特性。土工合成材料的水力学性质主要是透水性，包括垂直织物平面的透水性和沿织物平面的透水性，二者均可用渗透系数来表示，还可以用透水率或导水率表示。土工合成材料与土的相互作用性质主要讲解界面摩擦特性和土工织物的淤堵问题，界面摩擦特性用界面摩擦剪切强度表示，淤堵主要取决于织物的孔径分布和土颗粒的级配。土工合成材料的耐久性主要讲解土工合成材料的老化问题和抗磨损能力。常用的土工合成材料有土工织物、土工膜、土工袋、土工网垫等。

思考题

1. 土工合成材料的力学性质有哪些？怎样表示？
2. 土工合成材料的水力学性质有哪些？怎样表示？
3. 土工合成材料与土的界面摩擦特性怎样表示？
4. 衡量土工合成材料耐久性的主要指标是什么？
5. 简述土工织物的特点和主要用途。
6. 简述土工膜的特点和主要用途。
7. 用于坡面防护的土工织物有哪些？各有什么特点？

推荐阅读书目

土工合成材料. 王钊. 机械工业出版社. 2005.

第 9 章 工种施工

一个建设工程的施工，需要各专业工种的相互配合。本章讲解各主要专业工种工程施工的施工机械、施工工艺和施工方法以及在各专业工种施工中提高施工效率、降低施工成本、多快好省地施工的基本规律。本章是施工的基础和重要组成部分，也是学习特定建筑物的工程施工和施工组织与管理的基础。

9.1 土工

9.1.1 土方的开挖和运输

9.1.1.1 概述

土方的开挖方法有人工开挖、机械开挖、爆破开挖和水力机械化开挖等，可根据不同情况采用相应的开挖方法。但在大多数条件下，采用机械开挖往往是高效和经济的。

土方工程的工程量往往很大，施工中又受气候、水文、地质等因素影响。因此，根据现场条件，合理地选择施工机械、施工方法，进行周密的施工组织，对于提高劳动生产率、降低工程造价具有重要意义。

在土方工程施工中，对施工影响较大的有土的硬度和土的可松性。为区分土的硬度，按土的开挖难易程度将土分为 8 类，见表 9-1，这也是确定土工劳动定额的依据。

表 9-1 土的工程分类

类 别	土的名称	开挖方法	可松性系数	
			K_s	K'_s
一类土（松软土）	砂土、粉土、冲积砂土层、疏松的种植土、淤泥（泥炭）	用锹、锄头挖掘，少许用脚蹬	1.08～1.17	1.01～1.04
二类土（普通土）	粉质黏土、潮湿的黄土；夹有碎石、卵石的砂；粉土混卵（碎）石；种植土、填土	用锹、锄头挖掘，少许用镐翻松	1.14～1.28	1.02～1.05
三类土（坚土）	软黏土、中等密实黏土；重粉质黏土、砾石土；干黄土、含有碎石、卵石的黄土、粉质黏土；压实的填土	主要用镐，少许用锹、锄头挖掘，部分用撬棍	1.24～1.30	1.04～1.07
四类土（砂砾坚土）	坚硬密实的黏性土或黄土；含有碎石、卵石的中等密实的黏性土或黄土；粗卵石；天然级配砂石；软泥灰岩	先用镐、撬棍，后用锹挖掘，部分用楔子及大锤	1.26～1.37	1.06～1.09

(续)

类 别	土的名称	开挖方法	可松性系数 K_S	可松性系数 K'_S
五类土（软石）	硬质黏土；中等密实的页岩、泥灰岩、白垩土；胶结不紧的砾岩；软石灰岩及贝壳石灰岩	镐或撬棍、大锤挖掘，部分使用爆破方法	1.30~1.45	1.10~1.20
六类土（次坚石）	泥岩、砂岩、砾岩；坚实的页岩、泥灰岩；密实的石灰岩；风化花岗岩、片麻岩及正长岩	用爆破方法，部分用风镐	1.30~1.45	1.10~1.20
七类土（坚石）	大理石；辉绿岩；玢岩；粗、中粒花岗岩；坚实的白云岩、砂岩、砾岩、片麻岩、石灰岩；微风化安山岩；玄武岩	用爆破方法	1.30~1.45	1.10~1.20
八类土（特坚石）	安山岩；玄武岩；花岗片麻岩；坚实的细粒花岗岩、闪长岩、石英岩、辉长岩、辉绿岩、玢岩、角闪岩	用爆破方法	1.45~1.50	1.20~1.30

土的可松性是自然状态下的土经开挖后，体积因松散而增大，以后虽经回填压实，仍不能恢复其自然体积的性质。由于土方工程量是以自然状态下的土体积来计算的，所以在土方平衡调配、计算土方机械生产率及运输机具数量等时候，必须考虑土的可松性。土的可松性程度一般以最初可松性系数 K_S 和最后可松性系数 K'_S 表示。

$$K_S = \frac{V_2}{V_1}$$
$$K'_S = \frac{V_3}{V_1} \tag{9-1}$$

式中 K_S——最初可松性系数；
K'_S——最后可松性系数；
V_1——土在天然状态下的体积，m^3；
V_2——土经开挖后的松散体积，m^3；
V_3——土经回填压实后的体积，m^3。

在土方工程中，K_S 是计算土方施工机械及运土车辆等的参数，K'_S 是计算场地平整标高及填方时所需挖土量等的重要参数。

9.1.1.2 常用的土方挖运机械

(1)单斗式挖掘机

①正铲挖掘机 正铲挖掘机适用于开挖停机面以上的土方，但不能用于水下开挖。正铲挖掘机的挖掘力大，能挖掘一至四类土和经爆破的岩石及冻土，开挖方式根据开挖路线与汽车相对位置的不同分为正向开挖侧向装土和正向开挖后方装土 2 种，如图 9-1 所示，前者生产率较高；后者适用于开挖场地狭窄的情况。为了提高生产率，除了工作

面高度必须满足装满土斗的要求之外,还要考虑开挖方式和运土机械配合,应尽量减少回转角度,缩短每个循环的延续时间。

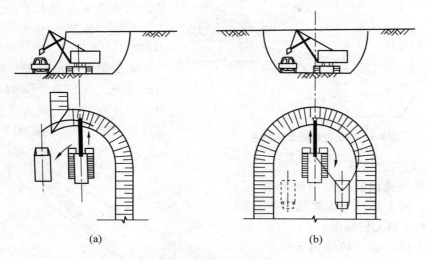

图 9-1 正铲开挖方式
(a)正向开挖侧向装土 (b)正向开挖后方装土

②反铲挖掘机 反铲挖掘机适用于开挖一至三类土。主要用于开挖停机面以下的土方,一般反铲的最大挖土深度为 4~6m,经济合理的挖土深度为 3~5m。

反铲的开挖方式可以采用沟端开挖法,即反铲停于沟端,后退挖土,向沟一侧弃土或装汽车运走,如图 9-2(a)所示;也可采用沟侧开挖法,即反铲停于沟侧,沿沟边开挖,它可将土弃于距沟较远的地方但边坡不易控制,如图 9-2(b)所示。

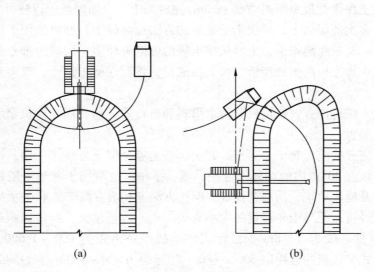

图 9-2 反铲开挖方式
(a)沟端开挖 (b)沟侧开挖

③拉铲挖掘机 拉铲挖掘机适用于挖掘一至三类土，它可开挖停机面以下的土方和水下泥土，如较大的基坑、基槽、沟渠等。工作特点如图9-3所示。

④抓铲挖掘机 抓铲挖掘机适宜开挖施工面狭窄而深的基坑、深槽、深井等。但挖掘力不大，只适宜开挖较松软的土，如图9-4所示。

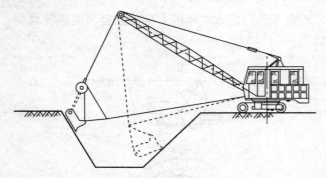

图9-3 拉铲挖掘机工作特点

（2）挖运组合机械

挖运组合机械能同时担负开挖、运输、卸土、铺土等任务。常用的挖运组合机械有推土机和铲运机。

①推土机 推土机适用于推挖一至三类土，它既可薄层切土，又能短距离推运，广泛用于平整场地、回填土方、堆筑堤坝以及配合挖掘机集中土方、修路开道等。推土机经济运距在100m以内，一般最远推运距离不超过200m，效率最高的运距为60m。为提高生产率，推土机在切土时应根据土质情况，尽量

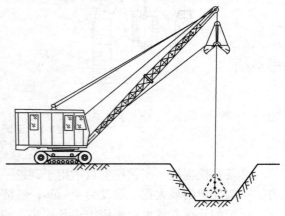

图9-4 抓铲挖掘机工作特点

采用最大的切土深度在最短距离内(6～10m)完成切土，以缩短低速行驶时间。在土质较硬时，可采用多次薄层切土，一次集中推运的方法提高效率；亦可采用下坡切土的方法提高切土动力。若长距离推土，土料从推土板两侧散失较多，为减少推土过程中土料的损失，可采用在推土板两侧加挡板，或先推成槽，然后在槽中推土，或多台并列推土等措施。

②铲运机 按行使方式铲运机分为牵引式和自行式，前者用拖拉机牵引，后者本身带有行驶动力装置。

铲运机可完成挖土、装土、运土、卸土、平土等全部土方施工工序，适用于一至三类土。常用于坡度20°以内的场地土方挖、填、平整，也可用于薄层土层料场的覆盖层剥离、采料以及堤坝填筑、沟渠开挖等，但挖方深度和填方高度都不宜过大。

铲运机的经济运距与土斗容量的大小有关，土斗容量越大，经济运距越远。常用铲运机的土斗容量一般为2～8m³，自行式铲运机经济运距为800～1 500m，最大可达3 500m；牵引式铲运机的运距以600m为宜，当运距为200～350m时效率最高。

提高铲运机生产率的措施一般有：尽量缩短循环时间，使运距最短，利用有利地形进行挖运；采用下坡铲土、推土机助铲法等，以缩短装土时间，提高铲运机土斗充盈程度；保持道路良好。

(3) 运输机械

运输机械有自卸汽车、有轨机车以及带式运输机。自卸汽车由于具有无需修筑专门的道路且运输地点机动灵活等优点，应用较为普遍。

9.1.1.3 土方挖掘机械与运输机械的配合

当挖掘机挖出的土方需用运输机械运走时，挖掘机械的生产率不仅取决于自身的技术性能，还与所选的运输机械是否与之相配合有关。一般来说，连续式挖掘机械应与连续式运输机械相配合，循环式挖掘机械应与循环式运输机械相配合，否则需增添存土的中间设施。

当使用单斗式挖掘机与自卸汽车相配合时，为了使挖掘机充分发挥生产能力，应使运土车辆的载重量 Q 与挖掘机的每斗土重保持一定的倍率关系，同时应有足够数量的运土车辆以保证挖掘机连续工作。从挖掘机方面考虑，汽车的载重量大可减少等待车辆掉头的时间，有利于提高挖掘机的工作效率。从运土车辆方面考虑，载重量小的汽车台班费低，但需要的车辆数量多；载重量大的汽车台班费高，但需要的车辆数量少。最适合的车辆载重量应使土方施工单价最低，可以通过核算确定。一般情况下，汽车的载重量以每斗土重的 3~5 倍为宜。

挖掘机的生产率 P 可按下式计算：

$$P = \frac{8 \times 3600}{t} \times q \times \frac{k_C}{k_S} \times k_B \quad (\text{m}^3/\text{台班}) \tag{9-2}$$

式中　t——挖掘机每次作业循环延续时间，s；
　　　q——挖掘机斗容量，m^3；
　　　k_S——土的最初可松性系数，见表 9-1；
　　　k_C——土斗的充盈系数，可取 0.8~1.1；
　　　k_B——工作时间利用系数，一般为 0.6~0.8。

运土车辆的数量 N，可按下式计算：

$$N = \frac{T}{t_1 + t_2} \tag{9-3}$$

式中　T——运输车辆每一工作循环的延续时间，s，由装车、重车运输、卸车、空车开回及等待时间组成；
　　　t_1——因运输车辆调头使挖掘机等待的时间，s；
　　　t_2——运输车辆装满一车土的时间，s。

$$t_2 = nt$$

$$n = \frac{10Q}{q \times \left(\dfrac{k_C}{k_S}\right) \times \gamma} \tag{9-4}$$

式中　n——运土车辆每车装土斗数；
　　　Q——运土车辆的载重量，t；
　　　q——挖掘机斗容量，m^3；
　　　k_C——土斗的充盈系数，可取 0.8~1.1；

k_s——土的最初可松性系数，见表9-1；

γ —— 实土重度，kN/m^3。

缩短运输车辆每一工作循环的延续时间 T，在运输量不变的情况下，可减少运输车数量，提高运输效率。改善道路条件，可有效地缩短运输车辆每一工作循环延续时间、降低油耗、减少车辆磨损，施工中应以土方运输成本最低为目标，通过核算确定道路标准。

为了减少车辆的调头、等待和装土时间，装土场地必须考虑调头方法及停车位置。如在坑边设置两个通道，使汽车不用调头，可以缩短调头等待时间。

9.1.2 土方压实

9.1.2.1 影响土方压实的因素

土方压实的质量与许多因素有关，主要影响因素为：土料本身的性质、压实功能、铺土厚度以及含水量大小等。土料本身的性质与压实质量、压实成本有着很大的关系。选择压实的土料应为强度高、压缩性小、水稳定性好、便于施工的土料。黏性土料与非黏性土料的压实特性有着显著的差别。一般黏性土料的黏结力较大，摩擦力较小，具有较大的压缩性，但由于其透水性小，排水困难，压缩过程慢，所以较难达到固结压实。而非黏性土料黏结力小，摩擦力大，具有较小的压缩性，但由于透水性大，排水容易，压缩过程快，能很快达到密实。

土料压实后的干密度与压实机械在其上所施加的功有一定关系。在开始压实时，土的干密度增加很快，待接近土的最大干密度时，压实功虽然增加许多，而土的干密度增加很少或不再增加。

土在压实功的作用下，压应力随深度增加而逐渐减小，只有在压实机械有效作用深度以内的土才能得到有效压实。故只有采用分层铺土，分层压实的施工方法才能取得理想的压实效果。铺土厚度应小于压实机械压土时的有效作用深度，而且还应考虑最优铺土厚度。铺得过厚，要压很多遍才能达到规定的干密度；铺得过薄，则要增加机械的总压实遍数。最优的铺土厚度应使土方既能达到压实的质量要求，并且总压实遍数又最少。最优铺土厚度与选用的压实机械、土的性质和含水量等有关，可通过压实试验确定。

黏性土料含水量是影响压实效果的重要因素之一。在某一压实功能下，土的干密度达到最大值时的含水量称为最优含水量；对应每一种土料，在一定压实功能下，只有在最优含水量范围内，才能获得最大的干密度，且压实也较经济。由于黏性土料含水量的大小，直接影响到压实质量，应严格控制黏性土的含水量。

9.1.2.2 压实机械及其适用情况

(1) 压实机械

根据压实作用力来划分，通常有碾压、夯击、震动压实3种类型。随着工程机械的发展，又有震动和碾压同时作用的震动碾，产生震动和夯击作用的震动夯等。常用的压实机械有以下几种：

①羊脚碾 羊脚碾的外形如图9-5所示,它由拖拉机牵引行进,钢板空心滚筒侧面设有加载孔,可在滚筒内加载铸铁块和砂砾石等调节碾重,重型羊脚碾的碾重可达30t,适用于黏性土料的压实。羊脚碾的羊脚插入土中,不仅使羊脚端部的土料受到压实,而且侧向挤压土料,从而达到均匀压实的效果。在压实过程中,羊脚对表层土有翻松作用,无需刨毛就能保证土料良好的层间结合。

图9-5 羊脚碾外形图
1-羊脚 2-加载孔 3-碾滚筒 4-杠辕框架

②震动碾 震动碾是一种震动和碾压相结合的压实机械,它有自行和拖拉机牵引2种类型,重型震动碾碾重可达50t。在碾压时,震动碾的碾滚产生高频震动,震动能以压力波的形式传到土体内。非黏性土料在震动作用下,土粒间的内摩擦力迅速降低,颗粒间产生相对位移,使细颗粒填入粗颗粒间的空隙而达到密实。由于震动作用,震动碾的压实影响深度比一般碾压机械大1~3倍,可达1m以上,碾压效率高,是压实非黏性土石料的高效压实机械。

③气胎碾 气胎碾的主要构造是由装载荷重的金属车厢和装在轴上的4~6个气胎组成,碾压时在金属车厢内加载,并同时将气胎充气至设计压力。图9-6为拖行单轴式气胎碾的示意图。气胎碾在碾压土料时,气胎随土体的变形而变形,气胎与土体的接触面积也随之增大,始终能保持较为均匀的压实效果。它与刚性碾比较,气胎不仅对土体的压力分布均匀而且作用时间长,压实效果好,压实土料厚度大,生产效率高。气胎碾既适宜于压实黏性土料,又适宜于压实非黏性土料,能做到一机多用,有利于黏性土料与非黏性土料平起同时上升,用途广泛。

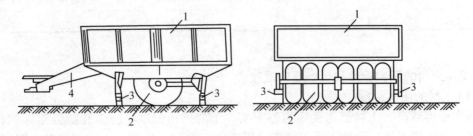

图9-6 拖行单轴式气胎碾示意图
1-金属车厢 2-充气气胎 3-千斤顶 4-牵挂杠

④夯板 夯板可以吊装在去掉土斗的挖掘机臂杆上,借助卷扬机操纵绳索系统使夯板上升。夯击土料时,使夯板自由下落,其铺土厚度可达1m,生产效率较高。对于大颗粒料可用夯板夯实,在夯击黏性土料或略受冰冻的土料时,可将夯板装上羊脚,以提高夯实效果。

夯板工作时,机身臂杆回转,顺序打出一扇形夯迹,接着机身后退移动,打出下一排扇形夯迹,如图 9-7 所示。为避免漏夯,夯迹与夯迹之间要套夯,其重叠宽度为 10~15cm,夯迹排与排之间也要搭接相同的宽度。

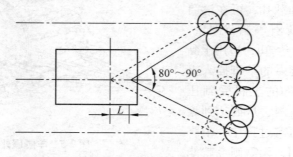

图 9-7 夯板工作示意图

(2)各种压实机械的适用情况

土方压实施工时,应根据不同的施工条件、土料性质选择适合的压实机械,以保证压实质量和提高压实效率。各种压实机械地适应性可归纳如表 9-2 所示。

表 9-2 各种碾压设备的适应情况

碾压设备	堆石	砂、砂砾料		砾质土	黏性土	黏土		软弱风化土石混合料
		优良级配	均匀级配			低中强度黏土	高强度黏土	
5~10t 震动平碾	可用	适用	适用	适用	可用	可用	可用	
10~15t 震动平碾	适用	适用	适用	适用	可用	可用	可用	
震动凸块碾		可用	可用	适用	适用	适用	适用	
震动羊脚碾				可用	适用	适用	适用	
气胎碾		适用	适用	适用	适用	适用	适用	
羊脚碾				可用	适用	适用	适用	
夯板		适用	适用	适用	适用	可用	可用	
尖齿碾								适用

9.1.2.3 土料的压实标准和现场压实试验

(1)土料的压实标准

压实标准越高,土料就需要压得越密实,土的抗压强度、防渗性能等指标就越好。但压实标准提得过高,会增加施工难度,提高施工费用。另外,不同工程对土料密实的质量要求不同;不同土料能够密实的程度也不一样。因此,压实标准并不是越高越好,应根据工程的设计要求和土料的物理力学特性通过土工试验确定适合的指标。

黏性土的压实标准,主要以压实干表观密度 γ_d 和施工含水量 W 这 2 个指标来控制;非黏性土料以相对密度 D 来控制。在现场用相对密度 D 控制施工质量不太方便,通常将相对密度 D 转换为对应的干表观密度 γ_d 来控制,其换算公式为:

$$\gamma_d = \frac{\gamma_{\min}\gamma_{\max}}{\gamma_{\max}(1-D)+\gamma_{\min}D} \tag{9-5}$$

式中 γ_d—— 干表观密度；

γ_{min}—— 最小干表观密度（土料极松散时的干表观密度）；

γ_{max}—— 最大干表观密度（土料极紧密时的干表观密度）；

D—— 相对密度。

由于沙卵石的粗粒含量不同，其最小干表观密度 γ_{min} 与最大干表观密度 γ_{max} 也不同。因此，对于含砾石的非黏性土料，其干表观密度 γ_d 大小应按不同砾石含量，分别确定不同标准。

（2）压实参数的确定

为了达到设计要求的压实标准和提高施工效率，就要通过现场压实试验，确定最合理的压实参数。压实参数包括压实机械的类型、重量等机械参数和铺土厚度、碾压次数、土的施工含水量等施工参数。

压实试验前，先通过理论计算并参照类似工程经验，初选几种压实机械和拟定几组压实参数进行试验。试验中的碾压参数组合可参照表9-3确定。

表9-3 各种碾压设备的碾压参数组合

碾压机械	平碾	羊脚碾	气胎碾	夯板	震动碾
机械参数	选择3种单宽压力或碾重	选择3种羊脚接触压力或碾重	气胎的内压力和碾重各选3种	夯板的自重和直径各选择3种	碾重（每一种碾的碾重为定值）
施工参数	1. 选3种铺土厚度 2. 选3或4种碾压遍数 3. 选3或4种含水量	1. 选3种铺土厚度 2. 选3或4种碾压遍数 3. 选3或4种含水量	1. 选3种铺土厚度 2. 选3或4种碾压遍数 3. 选3或4种含水量	1. 选3种土厚度 2. 选3种夯实遍数 3. 选3种夯板落距 4. 选3种含水量	1. 选3或4种铺土厚度 2. 选3或4种碾压遍数 3. 充分洒水①
复核试验参数	按最优参数试验	按最优参数试验	按最优参数试验	按最优参数试验	按最优参数试验
每个参数实验场地大小/m²	3×10	6×10	6×10	8×8	10×20

注：①石的洒水量为其体积的30%~50%，砂砾料为20%~40%。

试验场地选择在料场附近地势较平坦的地方或建筑物不重要的部位。将试验地段划分为若干区，各区铺以不同含水量 W_1、W_2、W_3、W_4 及不同铺土厚度 h_1、h_2、h_3 的土料，如图9-8所示。

黏性土料压实含水量可取 $W_1 = W_P - 4\%$；$W_2 = W_P - 2\%$；$W_3 = W_P$；$W_4 = W_P + 2\%$ 4种进行试验。W_P 为土料的塑限。

在碾压 n_1 遍后，于试验场地的每个区取土样进行干表观密度 γ_d 和含水量 W 测定，按不同铺土厚度分别将测定成果绘制成土料干表观密度 γ_d 与含水量 W 关系曲线在不同的图上。同样，再将相同铺土厚度，碾压 n_2 遍、n_3 遍、n_4 遍的曲线分别绘制在对应的图上，如图 9-9、图 9-10 所示。

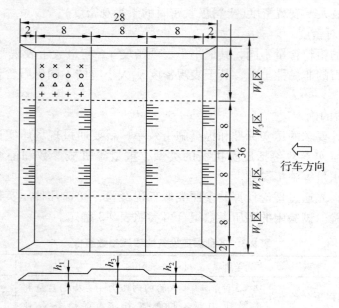

图 9-8　土料压实试验场地布置示意图（单位：m）

×—碾压 n_1 遍取样点　○—碾压 n_2 遍取样点　△—碾压 n_3 遍取样点　+—碾压 n_4 遍取样点

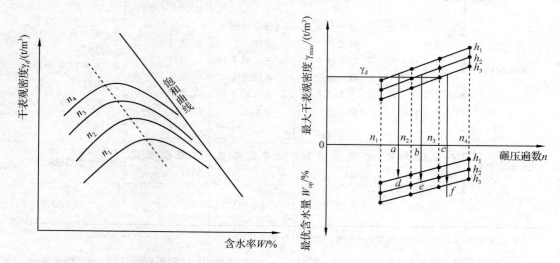

图 9-9　某铺土厚度、不同压实遍数土料干表观密度和含水量关系曲线

图 9-10　铺土厚度、压实遍数、最优含水量和最大干表观密度关系曲线

从图 9-10 的曲线中，根据设计干表观密度 γ_d，可分别查出不同铺土厚度所需的碾压遍数 a、b、c 及相应的最优含水量 d、e、f。然后再以单位铺土厚度的压实遍数进行比较，即比较 a/h_1、b/h_2、c/h_3，其中以单位铺土厚度的压实遍数最小者为经济合理。

在选定出经济的铺土厚度和压实遍数后,在图中查出对应最优含水量,将选定的最优含水量与天然含水量进行比较,看是否便于施工控制。如果施工控制困难,可适当改变含水量和其他参数。

最后将选定的这一组最优参数再进行一次复核试验。若试验结果满足设计、施工要求,便可作为现场使用的施工碾压参数。

对于非黏性土料的压实试验,也可用上述类似的方法进行,但因含水量的影响较小,可以不作考虑。根据试验结果,按不同铺土厚度绘制相对密度(或干表观密度)与压实遍数的关系曲线,如图9-11所示。然后根据设计相对密度(或干表观密度)分别查出不同铺土厚度所需的碾压遍数 a、b、c,再选择其中单位铺土厚度的压实遍数最小者作为施工依据。

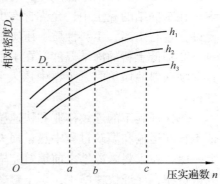

图9-11 非黏性土铺土厚度、相对密度与压实遍数关系曲线

在生产实践中,选择合理的压实参数是综合多种因素经压实试验而确定的,还要结合施工队伍现有的机械、是否满足施工强度要求、施工工作面大小及压实部位等情况综合考虑。有时对同一种土料采用两种机械进行组合压实时,可能取得更好的效果。

9.1.3 土方工程的冬季和雨季施工

土方工程的冬雨季施工,特别是黏性土料的冬雨季施工,常给施工造成很大困难。它使施工的有效工作日大为减少,影响施工进度。如施工措施不当,也易影响施工质量,给工程造成隐患。因此,采取经济、合理、有效的措施进行冬、雨季作业很有必要。

9.1.3.1 土方工程的冬季施工

冬季施工的主要问题在于:土的冻结使强度增高,不易压实;冻土的融化使土体的强度和土坡的稳定性降低;处理不好将使土体产生渗漏和塑流滑动。当日平均气温低于0℃时,黏性土料应按低温季节施工;当日平均气温低于-10℃时,一般不易填筑土料,否则应进行技术经济论证。

土料的低温季节施工,可采取的施工措施有防冻、保温、加热等。

(1)防冻

防冻就是在负温下施工时使土料不冻结。实践表明,含水量低于塑限的黏性土料及含水量低于4%~5%的砂砾料,可在负温不太低时,较长时间不冻结。因此,当负温不太低时,用具有正温的土料在露天填筑,只要控制好含水量,加快施工速度,就有可能在土料未冻结之前填筑完毕。

具体施工措施有：

①降低土料的含水量　对砂砾料，在入冬前应挖排水沟和截水沟以降低地下水位，使砂砾料含水量降到最低限度；对黏性土，将含水量降到塑限的90%。土中不得夹有冰雪；在未冻结的黏土中，允许含有少量直径小于5cm的冻块，但不能在填土中集中，其允许含量与土温、土料性质、压实机具和压实标准有关，需通过试验确定。

②降低土料的冻结温度　在土中掺入防冻材料，可降低土料的冻结温度。加拿大的肯尼坝在斜墙填筑时，土料中掺入1%的食盐，在-12℃的低温下，填筑工作仍能继续进行。

③保证施工的连续作业和快速施工　采用严密的施工组织，严格控制施工速度，保证土料在运输和填筑过程中热量损失最小，及时清除冻土，在下层土未冻结前迅速覆盖上一层，在土料未冻结之前填筑完毕。高度机械化施工，特别是压实过程采用重型碾和夯击机械，保证快速施工，是土料冬季压实的有效手段。

（2）保温

保温也是为了防冻，但保温的特点在于隔热。土料的保温方法有：

①覆盖保温材料　对采集面积不大的料场可覆盖树枝、树叶、干草、锯末等保温隔热。

②覆盖积雪保温　积雪是天然的隔热保温材料，在土层上覆盖一定厚度的积雪有一定保温效果。

③松土保温　在寒潮来临前将料场表层翻松、击碎并平整至25～35cm厚度，利用松土内的空气隔热保温。

总的说来，只要土料温度不低于5℃～10℃，碾压温度不低于2℃，均能保证土料的压实效果。

9.1.3.2　土方工程的雨季施工

在雨季，因黏土含水量太高，直接影响压实质量和施工进度，在一般情况下应通过调整施工进度安排，尽量避免在雨季进行黏土土料的施工。

雨季施工通常可采取如下施工措施：

（1）改造土料特性，使之适应雨季施工

改造土料特性，就是通过在黏性土料中掺入砂砾石料，使黏土的特性得到改变，以降低黏土对含水量的敏感性。土料中掺和砂石料是在料场中进行的，土料和砂砾石料相间平层铺填，可用自卸汽车分层进占或后退法铺土，铺成土堆。经过一定时间"闷土"后，用正向铲挖掘机立面开采或推土机斜面开采，使土料混合均匀。砂砾料与黏土的掺合重量比一般为1:1。

（2）改进施工方法

①采用合理的取土方式，对含水量偏高的土料，用推土机平层松土取料，有利于降低含水量。

②采用合理的堆存方式，晴天多采土料，加以翻晒后堆成土堆，以备雨天之用。土堆表面应压实抹光，防止雨水渗入。

(3)增设防雨设施

对面积不大的施工场地,可以搭建防雨棚,保证雨天施工。搭建防雨棚要增加费用,还会给施工带来一定干扰。当雨量不大,历时不长时,可在降雨前迅速撤离施工机械,然后用平碾或震动碾将铺土压成光面并留有排水坡度,以利排水。对来不及压实的松土可用塑料薄膜等加以覆盖。

另外,运输道路也是雨季施工的关键之一,应加强雨季的路面维护和排水。在多雨地区的主要运输道路,可考虑采用混凝土路面。

9.2 砖石工

砖石结构取材方便、施工简单、成本低廉,但烧制黏土砖占用大量农田,因而应多采用新型砌体材。

9.2.1 砌砖

9.2.1.1 砌砖施工

(1)砖墙砌筑工艺

砌砖施工通常包括超平、放线、摆砖样、立皮数杆、挂准线、铺灰、砌砖等工序。如砌清水墙,则还要进行选砖和勾缝;选出的砖应边角整齐、色泽均匀。砌筑应按以下施工顺序进行:当基底标高不同时,应从低处砌起,并由高处向低处搭接。当设计无要求时,搭接长度不应小于基础扩大部分的高度;墙体砌筑时,内外墙应同时砌筑,不能同时砌筑时,应留槎并做好接槎处理。砖应在砌筑前1~2d提前浇水湿润,烧结普通砖含水率宜为10%~15%。下面以房屋建筑砖墙砌筑为例,说明各工序的具体做法。

①超平、放线 砌筑完基础或每一楼层后,应校核砌体的轴线与标高。先在基础面或楼面上按标准的水准点定出各层标高,并用水泥砂浆或细石混凝土找平。建筑物底层轴线可按龙门板上定位钉为准拉线,沿拉线挂下线锤,将墙身中心轴线放到基础面上,以墙身中心轴线为准弹出纵横墙身边线,定出门洞口位置。各楼层的轴线则可利用预先引测在外墙面上的墙身中心轴线,借助于经纬仪把墙身中心轴线引测到各楼层上;或用线锤挂下,对准外墙面上的墙身中心轴线向上引测。轴线的引测是放线的关键,必须按图纸要求尺寸用钢皮尺进行校核。然后按楼层墙身中心线,弹出各墙边线,划出门窗洞口位置。

②摆砖样 按选定的组砌方法,在墙基顶面放线位置试摆砖样(不铺灰),在缝宽允许范围内调整竖缝宽度,尽量使门窗垛符合砖的模数,以减少

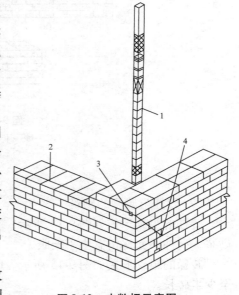

图9-12 皮数杆示意图

1-皮数杆 2-准线 3-竹片 4-圆铁钉

斩砖数量，提高砌砖效率，同时要保证砖及砖缝排列整齐、均匀。摆砖样在清水墙砌筑中尤为重要。

③立皮数杆　皮数杆是一种木制标杆，在其上根据设计要求、砖的规格、灰缝厚度等绘出每皮砖和砖缝厚度以及门窗洞口、过梁、楼板、梁底、预埋件等标高位置，如图9-12所示。皮数杆可以在砌筑时控制每皮砖的竖向尺寸，并使铺灰的厚度均匀、砖皮水平。皮数杆一般立于墙的转角处，其基准标高用水准仪校正。如墙的长度很大，可每隔10～20m再立一根。皮数杆用锚钉或斜撑加以固定，以保证其牢固和垂直。在每次开始砌筑前应检查一遍皮数杆的牢固程度和垂直度。

④铺灰砌砖　铺灰砌砖的操作方法很多，各地区的操作习惯、使用工具不同，操作方法也不尽相同。通常砌筑宜采用"三一"砌筑法，即一铲灰、一块砖、一揉压的砌筑方法。当采用铺浆法砌筑时，铺浆长度不得超过750mm，施工期间气温超过30℃时，铺浆长度不得超过500mm。

实心砖砌体一般采用一顺一丁、三顺一丁、梅花丁等组砌方法，如图9-13所示。每层承重墙的最上一皮砖、梁或梁垫下面、砖砌体台阶水平面上及挑出部分均应采用丁砌层砌筑。

砌砖通常先在墙角按照皮数杆进行盘角（砌筑墙角部），然后将准线挂在墙侧，作为墙身砌筑的依据，每砌一皮或两皮，准线向上移动一次。对墙厚等于或大于370mm的砌体，宜采用双面挂线砌筑，以保证墙面的垂直度与平整度。一些地区对240mm厚的墙体也采用双面挂线的施工方法，墙体的质量更好。

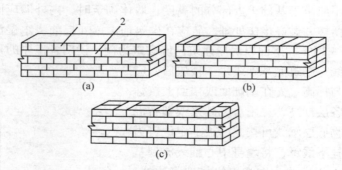

图 9-13　砖的组砌方法
（a）一顺一丁　（b）三顺一丁　（c）梅花丁
1－丁砌砖　2－顺砌砖

（2）砖柱与砖垛的砌筑

砖柱的组砌形式如图9-14所示，不得采用包心砌法。砌筑砖柱时全部灰缝均应填满砂浆，砖柱不允许留有脚手架眼。

砖垛的组砌形式如图9-15所示。墙与砖垛必须同时砌筑，并应使垛与墙身逐皮搭接至少半砖长。

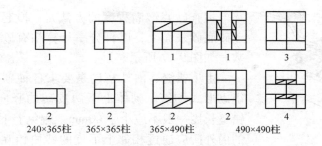

图 9-14 砖柱的组砌形式（单位：mm）

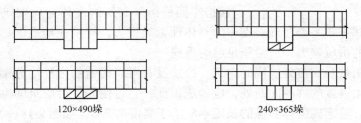

图 9-15 砖垛的组砌形式（单位：mm）

（3）砖基础的砌筑

砖基础下部为大放脚，上部为基础墙。大放脚有等高式和间隔式。等高式大放脚是每砌两皮砖，两边各收进 1/4 砖长（60mm）；间隔式大放脚是两皮砖及一皮砖交替砌筑，每砌两皮砖及一皮砖，两边各收进 1/4 砖长（60mm），最下面应为两皮砖，如图 9-16 所示。

砖基础大放脚一般采用一顺一丁砌筑形式，即一皮顺砖与一皮丁砖相间，上下皮垂直灰缝相互错开 60mm。

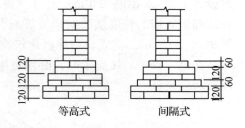

图 9-16 砖基础大放脚形式图（单位：mm）

9.2.1.2 砌筑质量要求

砌筑工程应着重控制灰缝质量，要求做到横平竖直、厚薄均匀、砂浆饱满、上下错缝、内外搭砌、接槎牢固。

对砌砖工程，要求每一皮砖的灰缝横平竖直、厚薄均匀。即要求每一皮砖必须在同一水平面上，每块砖必须摆平；砌体表面轮廓垂直平整，竖向灰缝垂直对齐。

灰缝的砂浆应饱满。水平灰缝砂浆不饱满会造成砖块的局部受弯而断裂，故实心砖砌体水平灰缝的砂浆饱满度不得低于 80%；竖向灰缝的饱满程度对一般以承压为主的砌体强度影响不大，但影响砌体抗透风和抗渗水的性能，故宜采用挤压或加浆方法砌筑，不得出现透明缝，严禁用水冲浆灌缝。水平灰缝厚度和竖向灰缝宽度规定为（10 ± 2）mm，过厚的水平灰缝容易使砖块浮滑，墙身侧倾；过薄的水平灰缝会影响砖块之间的黏结能力和砖块的均匀受压。

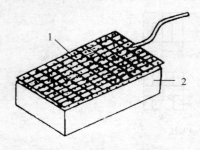

图 9-17　砂浆饱满程度检查
1-百格网　2-砖

检查砂浆饱满程度的方法是：掀起砖，将百格网放于砖底砂浆面上，以百分率计算粘有砂浆部分占有的格数，如图 9-17 所示。

上下错缝、内外搭砌是要求各种砌体均应按一定的组砌形式砌筑。砌体上下两皮砖的竖向灰缝应当错开，错缝长度一般不应小于60mm，避免上下通缝；砌体同皮的内外砖应通过相邻上下皮的砖块相互搭砌，以保证砌体的整体性和牢固。

接槎牢固是指先砌筑的砌体与后砌筑的砌体之间的接合牢固。接槎方式是否合理对砌体的整体性影响很大，特别在地震区，接槎质量将直接影响到砌体的抗震能力，应给予足够的重视。

砌体的转角处及交接处应同时砌筑，严禁没有可靠措施的内外墙分砌施工。当不能同时砌筑而必须设置的临时间断处，应砌成斜槎，它可使先、后砌筑的砌体之间砂浆饱满、接合牢固。普通砖砌体斜槎的长度不应小于高度的2/3，如图 9-18(a)所示。当留斜槎确有困难时，除转角处外，也可留直槎，但必须做成凸槎，并加设拉结筋。凸槎就是留有直槎的墙体从墙面砌出，砌出的长度不小于120mm；拉结钢筋数量为每120mm墙厚设置1根φ6钢筋（240mm墙厚设置2根φ6拉结钢筋），间距沿墙高不大于500 mm，拉结筋埋入墙的长度从墙留槎处算起，每边均不小于500mm，末端应设有90°弯钩，如图 9-18(b)所示。抗震设防地区建筑物的砌体接合处不得留设直槎。

在砌体接槎后续施工时，必须将接槎处的表面清理干净，浇水湿润，填实砂浆，并保持灰缝平整。

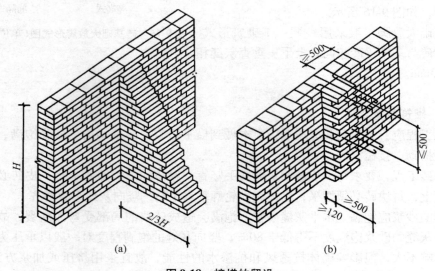

图 9-18　接槎的留设
(a)斜槎砌筑　(b)直槎砌筑

9.2.2 砌石

9.2.2.1 毛石砌体施工

毛石砌体应采用铺浆法砌筑。砌体砂浆必须饱满，叠砌面砂浆饱满度应大于80%。

毛石砌体的灰缝厚度宜为20～30mm，石块间不得有相互接触现象；石块间较大的空隙应先填塞砂浆后用碎石块嵌实，不得采用先摆碎石块后填塞砂浆或干填碎石块的方法。

毛石砌体宜分皮砌筑，各皮石块间应利用毛石自然形状经敲打修整使能与先砌毛石基本吻合、搭砌紧密；毛石应上下错缝、内外搭砌，不得采用外面侧立毛石中间填心的砌筑方法；中间不得有铲口石（尖石倾斜向外的石块）、斧刃石（尖石向下的石块）和过桥石（仅在两端搭砌的石块），如图9-19所示。砌筑毛石基础的第一皮石块应坐浆，并将大面向下。毛石砌体的第一皮及转角处、交接处、洞口处，应选用较大的平毛石砌筑。最上一皮（包括每个楼层及基础顶面）宜选用较大的毛石砌筑。

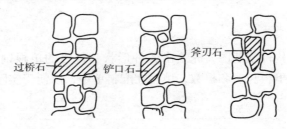

图9-19 过桥石、铲口石、斧刃石

毛石砌体的转角处和交接处应同时砌筑。当不能同时砌筑时，接槎应留设成踏步槎。由于毛石的形状不规则，留设直槎后不便接槎，会影响砌体的整体性，故毛石砌体不能留设直槎。

毛石砌体必须设置拉结石，拉结石应均匀分布，相互错开，毛石基础同皮内每隔2m左右设置一块；毛石墙每0.7m²墙面至少应设置一块，且同皮内拉结石的中距不应大于2m。如墙厚等于或小于400mm，拉结石应与墙厚相等；如墙厚大于400mm，可用两块拉结石内外搭接，搭接长度不应小于150mm，且其中一块拉结石长度不应小于墙厚的2/3。

毛石砌体每日的砌筑高度不应超过1.2m。

9.2.2.2 料石砌体施工

料石砌体应采用铺浆法砌筑，料石应放置平稳。砌体的砂浆必须饱满，水平灰缝和垂直灰缝的砂浆饱满度均应大于80%。

料石砌体的灰缝厚度应根据料石的种类确定，细料石砌体不宜大于5mm；半细料石砌体不宜大于10mm；粗料石和毛料石砌体不宜大于20mm。在砌筑施工时，砂浆的铺设厚度应略高于规定的灰缝厚度，细料石和半细料石宜高出3～5mm；粗料石和毛料石宜高出6～8mm。

料石砌体上下皮料石的竖向灰缝应相互错开，错开长度应不小于料石宽度的1/2。

料石基础的第一皮料石应坐浆丁砌，以上各层料石可按一顺一丁进行错缝搭砌。阶梯形料石基础，上级阶梯的料石至少应压砌下级阶梯料石的 1/3。

当砌体厚度等于一块料石宽度时，可采用取全顺砌筑形式。砌体厚度大于或等于两块料石宽度时，如同皮内全部采用顺砌，每砌两皮后，应砌一皮丁砌层；如同皮内采用丁顺组砌，丁砌石应交错设置，中距不应大于 2m。

料石砌体的转角处和交接处也应同时砌筑；当不能同时砌筑时，接槎也应留设成踏步槎。

9.3 钢筋工

在钢筋混凝土结构中，钢筋及其加工质量对结构质量起着决定性的作用。钢筋工程又属于隐蔽工程，在混凝土浇筑后，钢筋的质量难以检查，故对钢筋从进厂验收到最后的绑扎安装都必须进行严格的质量控制，以保证结构的质量。

9.3.1 钢筋配料

钢筋配料是根据构件配筋图，先绘出各种形状和规格的单根钢筋简图并加以编号，然后分别计算钢筋的下料长度和根数，填写在配料单中，以便于实际加工。

9.3.1.1 钢筋编号

钢筋配料时，为防止漏配和多配，钢筋编号一般按结构顺序进行，逐一对各种构件的每一根钢筋编号。

配料时，还要考虑施工需要的附加钢筋。例如，后张预应力构件预留孔道定位用的钢筋井字架；基础双层钢筋网中，保证上层钢筋网位置用的钢筋撑脚；墙体双层钢筋网中固定钢筋间距用的钢筋撑铁；柱钢筋骨架中增加的四面斜筋撑等。

9.3.1.2 钢筋下料长度计算

钢筋下料长度的计算是配料计算中的关键。由于结构受力上的要求，大多数成型钢筋需要在中间弯曲和在两端弯成弯钩，弯曲和弯钩都会改变下料长度。

(1) 影响钢筋下料长度计算的因素

①钢筋在弯曲处虽然内壁会缩短，外壁会伸长，但中心线长度不会变化，因此，钢筋弯折后的中心线尺寸与下料长度是相等的。而钢筋图纸上标注的尺寸一般是钢筋直线或折线的外包尺寸，从图 9-20 可看出，外包尺寸明显要大于钢筋中心线尺寸。如果按照外包尺寸下料、弯折，就会造成钢筋的浪费，也会导致保护层厚度不够，甚至不能放进模板。因此，在配料中不能直接根据图纸中的尺寸下料，而应按钢筋弯折后的中心线尺寸下料。钢筋弯曲处图纸上标注的外包尺寸与钢筋中心线长度之间存在一个差值，这一差值称为"弯曲调整值"。钢筋外包尺寸扣除弯曲调整值后即是钢筋中心线长度。图 9-21 所示为钢筋弯曲 90°后长度变化。

②钢筋两端的弯钩需要增加下料长度。

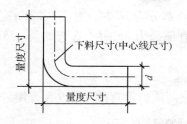 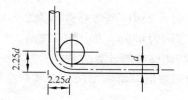

图 9-20　钢筋在弯曲处的度量方法　　图 9-21　钢筋弯曲 90°长度变化示意图

③不同部位混凝土保护层厚度有变化；图纸上不同的钢筋尺寸标注方法；钢筋的直径、级别、形状、弯心半径大小；端部弯钩的形状不同等因素都影响钢筋的下料长度。

④如钢筋需要搭接，要考虑搭接增加的长度。

（2）钢筋下料长度的计算方法

各种钢筋下料长度可按下式计算：

①直钢筋下料长度 = 构件长度 − 保护层厚度 + 弯钩增加长度

②弯起钢筋下料长度 = 直段长度 + 斜段长度 − 弯曲调整值 + 弯钩增加长度

③箍筋下料长度 = 箍筋周长 + 箍筋调整值

（3）弯曲调整值的计算方法

弯曲调整值的大小与钢筋直径、弯曲角度、弯心直径、图纸尺寸标注方法等因素有关。钢筋弯曲调整值可直接按表 9-4 取值。

表 9-4　钢筋弯曲调整值

钢筋弯曲角度/°	30	45	60	90	135
钢筋弯曲调整值	0.35d	0.5d	0.85d	2d	2.5d

注：d 为钢筋直径。

（4）弯钩增加长度的计算方法

为增强钢筋与混凝土的连接，钢筋末端一般需加工成弯钩形式。钢筋的弯钩形式有半圆弯钩、直弯钩和斜弯钩 3 种，如图 9-22 所示。Ⅰ级钢筋末端需要做半圆弯钩，其圆弧段弯曲直径 D 不应小于钢筋直径 d 的 2.5 倍，平直部分长度不宜小于钢筋直径 d 的 3 倍；当用于轻骨料混凝土结构时，其弯曲直径 D 不宜小于钢筋直径 d 的 3.5 倍，平直部分长度不宜小于钢筋直径 d 的 3 倍；Ⅱ、Ⅲ级钢筋末端需要做直弯钩或斜弯钩时，Ⅱ级钢筋的弯曲直径 D 不宜小于钢筋直径 d 的 4 倍，Ⅲ级钢筋不宜小于钢筋直径 d 的 5 倍，平直部分长度应按设计要求确定。

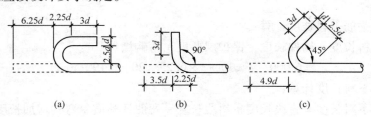

图 9-22　钢筋弯钩计算简图
(a) 半圆弯钩　(b) 直弯钩　(c) 斜弯钩

当弯心直径 D 为 $2.5d$（d 为钢筋直径），平直部分为 $3d$ 时，如图 9-22(a)，半圆弯钩增加的长度取 $6.25d$；当弯心直径为 $2.5d$，平直部分为 $3d$ 时，直弯钩为 $3.5d$，如图 9-22(b)；斜弯钩为 $4.9d$，如图 9-22(c)。

(5) 箍筋调整值的计算方法

箍筋的调整值有弯钩增加长度和弯曲调整值两项，可直接在表 9-5 查用。

表 9-5　箍筋调整值

箍筋度量方法	箍筋直径/mm			
	4~5	6	8	10~12
量外包（外口）尺寸	40	50	60	70
量内包（内口）尺寸	80	100	120	150~170

注：箍筋弯钩的大小与主筋的粗细有关，本表适用于主筋直径为 10~25mm 的钢筋。

在分别计算出各编号钢筋的下料长度后，填写如表 9-6 的钢筋配料单，以便加工。

为了加工方便，根据配料单上的钢筋编号，分别填写钢筋料牌如图 9-24，作为钢筋加工的依据。加工完成后，应将料牌捆绑在加工好的钢筋上，作为钢筋识别的标志，以便在钢筋绑扎成型和安装过程中识别。

(6) 配料计算示例

某钢筋混凝土简支梁编号为 L1，梁长 6m，断面 $b \times h = 250mm \times 550mm$，弯起钢筋弯曲角度为 45°，钢筋的混凝土保护层厚度为 30mm，钢筋配筋图如图 9-23 所示。计算 L1 梁的钢筋下料长度。

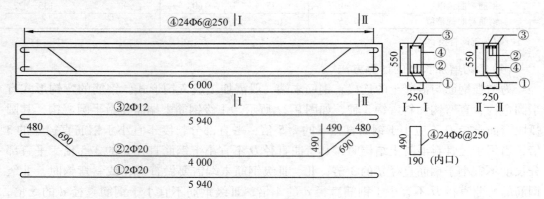

图 9-23　L1 梁钢筋配筋图（单位：mm）

解：①号钢筋下料长度计算：

直钢筋下料长度 = 构件长度 - 保护层厚度 + 弯钩增加长度

$$= 6\ 000 - 2 \times 30 + 2 \times 6.25 \times 20 = 6\ 190 (\text{mm})$$

②号钢筋下料长度计算：

弯起钢筋下料长度 = 直段长度 + 斜段长度 - 弯曲调整值 + 弯钩增加长度

$$= 4\ 000 + 2 \times 480 + 2 \times 690 - 4 \times 0.5 \times 20 + 2 \times 6.25 \times 20$$

$$= 6\ 550 (\text{mm})$$

③号钢筋下料长度计算：

直钢筋下料长度 = 构件长度 – 保护层厚度 + 弯钩增加长度
$$= 6\,000 - 2 \times 30 + 2 \times 6.25 \times 12 = 6\,090(\mathrm{mm})$$

④号钢筋下料长度计算：

箍筋下料长度 = 箍筋周长 + 箍筋调整值
$$= 2 \times 190 + 2 \times 490 + 100 = 1\,460(\mathrm{mm})$$

填写钢筋配料单如表9-6。填写钢筋料牌如图9-24。

表 9-6 钢筋配料单

构件名称	钢筋编号	钢筋简图	钢号	直径/mm	下料长度/mm	数量	质量/kg
L1 梁 （共10根）	①	5 940	Φ	20	6 190	2	
	②	480　690　690　480 4 000	Φ	20	6 550	2	
	③	5 940	Φ	12	6 090	2	
	④	190　490　内口	Φ	6	1 460	24	

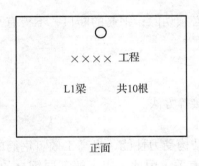

正面

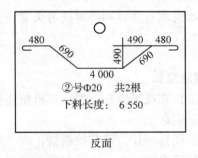

反面

图 9-24 钢筋料牌

9.3.2 钢筋加工

钢筋加工包括除锈、调直、下料剪切、接长、弯曲等工作。

9.3.2.1 钢筋除锈

钢筋的表面应洁净，铁锈、油渍、漆污和用锤敲击时能剥落的浮皮等都应在使用前清除干净。在焊接前，焊点处的水锈应清除干净。

一般可通过以下3种途径对钢筋除锈：一是在钢筋冷拉或钢丝调直过程中除锈，此法对大量钢筋的除锈较为方便。二是用机械方法除锈,如采用电动除锈机除锈,此法对钢筋的局部除锈较为方便;还可采用喷砂除锈、手工除锈(用钢丝刷、砂盘等除锈)等。三是用化学方法除锈,如用酸洗除锈。

在除锈过程中如发现钢筋表面的氧化铁皮鳞落现象严重并已损伤钢筋截面,或在除锈后钢筋表面有严重的麻坑、斑点伤蚀截面时,应降级使用或剔除不用。

9.3.2.2 钢筋调直

对于直径不大于12mm的钢筋,可采用钢筋调直机调直,也可采用卷扬机拉直设备拉直。对于直径大于12mm的钢筋,可采用手工调直。

应当注意的是,冷拔钢丝和冷扎带肋钢筋经调直机调直后,其抗拉强度一般要降低10%~15%,使用前应加强检验,按调直后的抗拉强度选用;当采用冷拉方法调直钢筋时,应控制钢筋的冷拉率在允许范围以内。

9.3.2.3 钢筋切断

钢筋切断可采用钢筋切断机,也可采用电动砂轮切断机切断。对于较细钢筋,可采用手动液压切断器或钢筋剪断钳切断。

钢筋切断时应注意以下问题:

①同规格的钢筋,应根据不同下料长度统筹排料,一般应先断长料,后断短料,减少损耗。钢筋排料的优劣,对节约钢筋非常重要。

②断料时应避免用短尺量长料,防止产生累积误差。一般宜在工作台上标出尺寸刻度线并设置控制断料尺寸用的挡板。

③钢筋如发现有劈裂和严重的弯头等,必须切除;钢筋的断口,不得有马蹄形或起弯等现象。

9.3.2.4 钢筋接长

钢筋的接长有现场绑扎、焊接、机械连接等方法。

(1)钢筋焊接

采用焊接代替绑扎,可节约钢材,改善结构受力性能,提高工效。钢筋的焊接效果一是与钢材的可焊性有关,二是与焊接工艺有关。因此,应了解不同钢材的焊接性能,采取适宜的焊接工艺,以保证焊接质量。目前,钢筋焊接常用的方法有对焊、电弧焊、点焊和电渣压力焊等。

①对焊 对焊具有成本低、质量好、功效高、对各种钢筋均能适用的特点,因而得到普遍的应用。

对焊是在对焊机上固定两根钢筋,操作对焊机使两根钢筋端头接触,钢筋的接触点通过低压强电流产生电阻热。在钢筋端头加热到一定温度后,操作对焊机施加轴向压力顶锻,使两根钢筋焊合在一起。

②电弧焊 电弧焊是利用弧焊机在焊条与焊件之间产生高温电弧(电弧是空气在高温作用下电离产生的导电现象),在电弧的高温作用下,使焊条和金属焊件很快熔化从

而形成焊接接头。

焊条是由碳钢或低合金钢制成钢丝,并在钢丝表面上包裹一层焊药制成。焊药起着隔离氧气、防止熔融金属氧化和使金属内的杂质漂浮在熔融金属表面的作用。因此,应根据所焊钢筋的品种选择适合的焊条型号,以保证焊接质量。

电弧焊使用的弧焊机有交流弧焊机和直流弧焊机2种。直流弧焊机适用于小电流焊接小件,钢筋焊接常用的为交流弧焊机。

③电渣压力焊 电渣压力焊采用交流弧焊机进行,主要用于现浇钢筋混凝土结构中竖向或斜向钢筋的现场接长,适用于直径14~40mm 的 Ⅰ、Ⅱ 级钢筋。

(2)钢筋机械连接

锥螺纹套筒连接是将两根待接钢筋端头

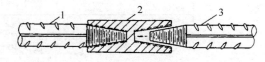

图9-25 钢筋锥螺纹套筒连接
1-已连接的钢筋 2-锥螺纹套筒 3-待连接的钢筋

用套丝机做出锥形外丝,然后用带锥形内丝的套筒将钢筋两端拧紧的钢筋连接方法,如图9-25所示。

连接套筒是工厂加工的定型产品,钢筋连接端的锥螺纹需在钢筋套丝机上加工,一般在施工现场进行。另外,套筒挤压连接、套筒灌浆连接等也是常用的方法。

钢筋机械连接具有操作简便、施工速度快、不受气候条件影响、无污染、无火灾隐患、施工安全等优点,因此,在粗钢筋连接中被广泛地采用。

9.3.2.5 钢筋弯曲成型

(1)划线

钢筋弯曲前,对形状复杂的钢筋,应根据钢筋料牌上标明的尺寸,用石笔将各弯曲点位置画出,以保证弯曲尺寸的准确。划线的方法如下:

①划线宜从钢筋中线开始向两边进行。对于两边不对称的钢筋,也可从钢筋一端开始划线;如划到另一端有出入时,应重新调整。

②根据不同的弯曲角度扣除弯曲调整值,扣除方法是从相邻两段长度中各扣一半。

③钢筋端部有半圆弯钩时,该段长度划线时增加 $0.5d$(d 为钢筋直径)。

例如,有一根直径20mm的弯起钢筋如图9-26所示,其划线方法如下:

第一步:划出钢筋中线;

第二步:取钢筋中段 $\dfrac{4\,000}{2} - \dfrac{0.5d}{2} = \dfrac{4\,000}{2} - \dfrac{0.5 \times 20}{2} = 1\,995\,\text{mm}$,划第二条线;

第三步:取斜段 $690 - 2 \times \dfrac{0.5d}{2} = 690 - 2 \times \dfrac{0.5 \times 20}{2} = 680\,\text{mm}$,划第三条线;

第四步:取直段 $480 - \dfrac{0.5d}{2} + 0.5d = 480 - \dfrac{0.5 \times 20}{2} + 0.5 \times 20 = 485\,\text{mm}$,划第四条线。

上述划线方法仅供参考。第一根钢筋成型后应与设计尺寸校对一遍,完全符合要求后再成批生产。

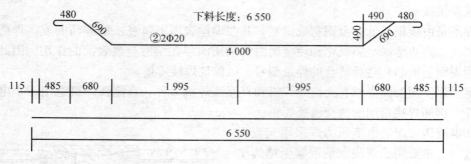

图 9-26 钢筋的划线

(2) 钢筋弯曲成型

钢筋弯曲成型的方法有 2 种：一种是采用钢筋弯曲机成型，另一种是采用手工弯曲工具成型。钢筋弯曲机可多根钢筋一次同时弯曲，提高工作效率。

钢筋加工的形状与尺寸应符合设计要求，其加工偏差应符合表 9-7 的规定。

表 9-7 钢筋加工的允许偏差

项 目	允许偏差/mm
受力钢筋顺长度方向全长的净尺寸	±10
弯起钢筋的弯折位置	±20
箍筋内的净尺寸	±5

9.3.3 钢筋现场作业

9.3.3.1 准备工作

① 核对钢筋的钢号、直径、形状、尺寸和数量等是否与料单、料牌相符。

② 准备绑扎工具和绑扎用的铁丝，钢筋绑扎一般采用 20~22 号铁丝，因铁丝是成盘供应的，习惯上是按每盘铁丝周长的几分之一来切断。如铁丝过硬，可采用退火处理。

③ 准备控制混凝土保护层厚度用的水泥砂浆垫块或塑料卡。水泥砂浆垫块的厚度应等于保护层厚度；当在垂直方向使用垫块时，可在垫块中埋入 20 号铁丝，以便固定在竖向钢筋上。

④ 划出钢筋位置线。平板或墙板的钢筋，在模板上划线；柱的箍筋，在两对角线主筋上划线；梁的箍筋，在架立筋上划线；基础的钢筋，在两向各取一根钢筋划线或在垫层上划线；钢筋接头的位置，应按照规定要求相互错开，在模板上划线。

9.3.3.2 钢筋的绑扎安装

钢筋绑扎时，其交叉点应采用铁丝扎牢；板和墙的钢筋网，除靠近外围的两排钢筋的交叉点全部扎牢外，中间部分交叉点可间隔交错扎牢，但必须保证钢筋不发生位置偏移；双向受力的钢筋，其交叉点应全部扎牢；梁柱箍筋，除设计有特殊要求外，应与受力钢筋垂直设置，箍筋的弯钩，应沿受力主筋方向错开设置；柱中竖向钢筋搭接时，角部钢筋的弯钩平面与模板的夹角，应为模板内角的平分角；中间钢筋的弯钩面应与模板垂直。

钢筋的安装绑扎应与模板安装相配合，柱钢筋的安装一般在柱模板安装前进行；梁钢筋的安装，一般是先安装好梁底模板后安装梁筋，在钢筋绑扎完毕后，再支设侧模板。

控制混凝土保护层厚度用的水泥砂浆垫块或塑料卡，一般应布置成梅花形，间距不大于1m。当构件中有双层钢筋时，上层钢一般通过绑扎短筋或设置垫块来固定。对于基础和楼板的双层筋，一般采用钢筋撑脚来保证钢筋位置。对于悬臂板，应严格控制负筋位置，防止断裂。

钢筋网与钢筋骨架安装时，为防止在运输和安装过程中发生歪斜变形，应采取临时加固措施。

9.4 模板工

模板作业是混凝土工程的重要辅助作业。由于模板作业机械化程度较低，需占用大量人工，同时在混凝土工程费用上也占有相当的比例，因此，模板选材和构造的合理性，模板制作和安装的质量，模板作业的合理组织，都直接影响混凝土结构和构件的质量、成本和进度。

模板系统包括模板和支承结构两部分。模板的主要作用是对新浇塑性混凝土起成型和支撑作用，同时还具有保护和改善混凝土表面质量的作用。

由于模板要承受混凝土结构施工过程中的水平荷载（混凝土的侧压力）和竖向荷载（模板自重、结构材料的重量和施工荷载等）。为了保证混凝土结构施工的质量，对模板及其支承结构有如下要求：

①保证工程结构和构件各部分形状、尺寸和相互位置的正确。

②具有足够的强度、刚度和稳定性，能应可靠地承受新浇混凝土的重量和侧压力以及在施工过程中所产生的荷载。

③构造简单，装拆方便，便于钢筋的绑扎，符合混凝土的浇筑及养护等工艺要求。

④模板接缝应严密，不得漏浆。

9.4.1 模板荷载及侧压力计算

模板及其支承结构应具有足够的强度、刚度和稳定性，必须能承受施工中可能出现的各种荷载，在最不利组合荷载的作用下，模板及其支承结构应不断裂、不倾覆、不滑移，其结构变形在允许范围以内。因此，应首先确定模板及其支承结构上可能出现的各种荷载，并找出最不利组合，方能进行强度、刚度和稳定性验算。

9.4.1.1 模板的设计荷载及其组合

模板及支承结构承受的荷载分基本荷载和特殊荷载2类。

基本荷载有：

①模板及其支架的自重标准值　一般应根据模板设计图确定。对一些常规结构，也

可按常规经验取值。

②新浇混凝土质量标准值　通常可按 24~25kN/m³ 计算，对其他混凝土，可根据实际的密度确定。

③钢筋质量标准值　按结构设计图纸计算确定，一般可根据结构的不同，按每立方米混凝土含量计算：框架梁 1.5kN/m³，楼板 1.1kN/m³。

④施工人员及浇筑设备、工具等荷载标准值　计算模板及直接支承模板的小楞木时，可按均布活荷载 2.5kN/m² 及集中荷载 2.5kN 分别验算，比较两者所得的弯矩值，按其中较大者采用；计算支承楞木的构件时，可按均布荷载 1.5kN/m² 验算；计算支架立柱及其他支承结构构件时，可按均布荷载 1.0kN/m² 验算。

⑤振捣混凝土产生的荷载标准值　对大体积混凝土可按 1kN/m² 计算（作用范围在新浇筑混凝土侧压力的有效压头高度以内）；对一般混凝土，水平面模板可按 2.0kN/m² 计，对垂直面模板可采用 4.0kN/m² 计（作用范围在新浇筑混凝土侧压力的有效压头高度以内）。

⑥新浇混凝土对模板侧压力标准值　影响新浇混凝土的侧压力大小的因素很多，确定较为复杂，其计算的方法在后续详述。

⑦倾倒混凝土时产生的水平荷载标准值　对垂直面模板产生的水平荷载可按表 9-8 采用。

表 9-8　倾倒混凝土时产生的水平荷载

向模板内供料方法	水平荷载/(kN/m²)
溜槽、串筒或导管	2
容积小于 0.2m³ 的运输器具	2
容积 0.2~0.8m³ 的运输器具	4
容积大于 0.8m³ 的运输器具	6

注：作用范围在有效压头高度以内。

计算模板及支架时的荷载设计值，应采用荷载标准值乘以相应的荷载分项系数求得，荷载分项系数见表 9-9。

表 9-9　模板及支架荷载分项系数

项次	荷载类别	荷载分项系数
1	模板及其支架的自重	1.2
2	新浇混凝土质量	1.2
3	钢筋质量	1.2
4	施工人员及浇筑设备、工具等荷载	1.4
5	振捣混凝土产生的荷载	1.4
6	新浇混凝土对模板侧压力	1.2
7	倾倒混凝土时产生的水平荷载	1.4

特殊荷载有：

①风荷载　根据施工地区和立模部位离地面高度，按 GB 50009—2012《建筑结构荷载规范》确定。

②上述荷载以外的其他荷载。

在计算模板及支架的强度和刚度时，应根据模板的种类，按可能出现的最不利情况进行荷载组合。一般可按表 9-10 的基本荷载组合选择荷载进行计算。特殊荷载可按实际情况计算，如非模板工程的脚手架、工作平台、混凝土浇筑过程不对称产生的水平推力及重心偏移、超过规定堆放的材料等。

表 9-10　各种模板结构的基本荷载组合

项次	项目	荷载组合	
		计算强度用	验算刚度用
1	板、薄壳的底模板及支架	1+2+3+4	1+2+3
2	梁、其他混凝土结构（厚度>400mm）的底模板及支架	1+2+3+5	1+2+3
3	梁、拱、柱（边长≤300mm）、墙（厚≤100mm）的侧面模板	5+6	6
4	大体积混凝土结构、柱（边长>300mm）、墙（厚>100mm）的侧面模板	6+7	6

当承重模板的跨度大于 4m 时，一般应起拱来减小挠度，其设计起拱值通常取跨度的 0.2%~0.3%。

9.4.1.2　模板侧压力计算

影响新浇混凝土对模板侧压力的因素很多，其中混凝土的重力密度、混凝土浇注时的温度、浇筑速度、坍落度、外加剂和振捣方法等是影响新浇混凝土对模板侧压力的主要因素，它们是计算新浇混凝土对模板侧面压力的控制因素。

对于一般混凝土，混凝土对模板的侧压力可按图 9-27 的分布图形计算。

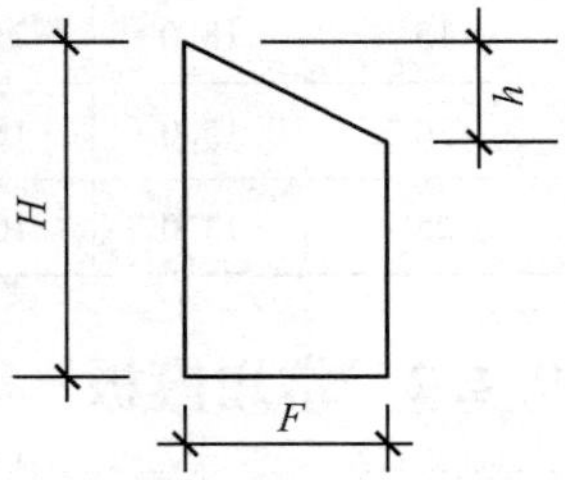

图中　h——有效压头高度 $h = \dfrac{F}{r_c}$，r_c 为混凝土的重力密度，kN/m^3；

图 9-27　混凝土侧压力的计算分布图形

H——混凝土侧压力计算位置处至新浇混凝土顶面的总高度，m；

F——新浇混凝土对模板的最大侧压力，kN/m^2。

新浇混凝土对模板的最大侧压力 F，可按下列二式计算，并取其中的较小值作为侧压力的最大值。

$$F = 0.22\, r_c\, t_0 \beta_1 \beta_2\, V^{\frac{1}{2}} \quad (9\text{-}6)$$

$$F = r_c H \quad (9\text{-}7)$$

式中 F——新浇混凝土对模板的最大侧压力，kN/m^2；

r_c——混凝土的重力密度，kN/m^3；

t_0——新浇混凝土的初凝时间，h，可按实测确定；当缺乏试验资料时，可采用 $t_0 = \dfrac{200}{T+15}$ 计算，T 为混凝土的温度，℃；

V——混凝土的浇筑速度，m/h；

H——混凝土侧压力计算位置处至新浇混凝土顶面的总高度，m；

β_1——外加剂影响修正系数，不掺外加剂时取 1.0，掺具有缓凝作用的外加剂时取 1.2；

β_2——混凝土坍落度影响修正系数，当坍落度小于 30mm 时，取 0.85；50~90mm 时，取 1.0；110~150mm 时，取 1.15。

对于大体积混凝土，在振动影响范围内，混凝土因振动而液化，可按流体压力计算其侧压力。当计入温度和浇筑速度的影响，混凝土不加缓凝剂，且坍落度在 110mm 以内时，新浇大体积混凝土的最大侧压力值及压力分布可按表 9-11 选用。

表 9-11 大体积混凝土的最大侧压力 F 值　　　　　单位：kN/m^2

温度/℃	平均浇筑速度/(m/h)						混凝土侧压力分布图
	0.1	0.2	0.3	0.4	0.5	0.6	
5	23.0	26.0	28.0	30.0	32.0	33.0	$H = \dfrac{F}{r_c}$，$3h$
10	20.0	23.0	25.0	27.0	29.0	30.0	
15	18.0	21.0	23.0	25.0	27.0	28.0	
20	15.0	18.0	20.0	22.0	24.0	25.0	
25	13.0	16.0	18.0	20.0	22.0	23.0	

9.4.2　常用模板

9.4.2.1　木模板

木模板加工容易，质量较轻，保温性好，单次使用造价低，多用于基础部位或特殊的异型结构。在大体积混凝土结构施工中，如混凝土坝的施工，也常做成定型的标准模板，重复使用。

在一般混凝土结构施工中，木模板通常由工厂加工成拼板或定型板形式的基本构件，再把它们进行拼装形成所需要的模板系统。拼板一般用宽度小于 200mm 的木板，再用 25mm×35mm 的拼条钉成。由于使用位置不同，荷载差异较大，拼板的厚度也不一致。作梁的侧模板使用时，一般采用 25mm 厚的木板制作；作承受较大荷载的梁底模使用时，拼板厚度加大到 40~50mm。拼板的尺寸应与混凝土构件的尺寸相适应，同时考虑拼接时相互搭接的情况，应对部分拼板增加长度或宽度。对于木模板，设法增加其周转次数是十分重要的。

下面介绍木模板的构造及应用。

（1）基础模板

在安装基础模板前，应将地基垫层的标高及基础中心线先行核对，弹出基础边线及中心线，确定模板安装位置；校正模板上口标高，使之符合设计要求。经检查无误后将模板钉（卡、拴）牢撑稳。在安装柱基础模板时，应与钢筋安装配合进行。模板安装应牢固可靠，保证混凝土浇筑后不变形和发生位移。如图 9-28 所示为基础模板常用形式。

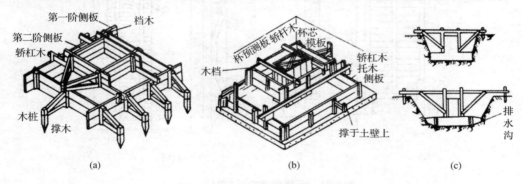

图 9-28 基础模板
(a)阶梯基础 (b)杯形基础 (c)条形基础

（2）柱模板

柱模板主要解决垂直度、施工时的侧向稳定及抵抗混凝土侧压力等问题。同时也应考虑方便浇筑混凝土，清理垃圾与钢筋绑扎等问题。柱模板底部应留清理孔，以便于清理安装时掉下的木屑垃圾，待垃圾清理干净，混凝土浇筑前再钉牢。柱身较高时，为使混凝土的浇筑振捣方便，保证振捣质量，沿柱高每 2m 左右设一个浇筑孔，待混凝土浇到浇筑孔部位时，再钉牢盖板继续浇筑。如图 9-29 所示为矩形柱模板。

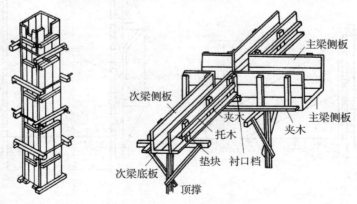

图 9-29 矩形柱模板　　图 9-30 梁模板

(3) 梁模板

混凝土对梁模板既有横向侧压力，又有垂直压力。这要求梁模板及其支承系统稳定性要好，有足够的强度和刚度，不致发生超过规范允许的变形。如图9-30所示为梁模板。

在混凝土坝的施工中，木模板常做成拆移式定型标准模板。其标准尺寸，大型的为1 000mm×(3 250~5 250)mm，小型的为(750~1 000)mm×1 500mm。前者适用于3~5m高的浇筑块，需小型机具吊装；后者用于薄层浇筑，可人力搬运，如图9-31所示。

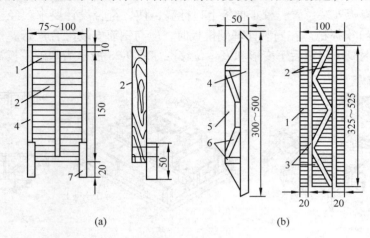

图 9-31 平面标准模板（单位：cm）
(a) 小型 (b) 大型
1—面板 2—肋木 3—加劲肋 4—方木 5—拉条 6—桁架木 7—支撑木

架立模板的支架，常用围图和横桁架梁。桁架梁多用方木和钢筋制作。立模时，将桁架梁下端插入预埋在下层混凝土块内U形埋件中。当浇筑块薄时，上端用钢拉条对拉；当浇筑块大时，则采用斜拉条固定，以防模板变形，如图9-32所示。

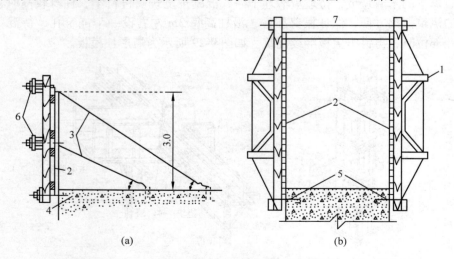

图 9-32 模板的架立图（单位：m）
(a) 围图斜拉条架立 (b) 桁架梁架立
1—钢木桁架 2—木面板 3—斜拉条 4—预埋锚筋 5—U形埋件 6—横向围图 7—对拉条

9.4.2.2 钢木模板

钢木模板是以型钢为框架，以木材为面板，组合而成的一种组合式模板。它具有自重较轻、单块模板面积大，可减少模板拼装工作量，有利于提高装拆的工作效率、维修方便、周转次数高、保温性好等优点。在混凝土坝的施工中，钢木模板一般做成大尺寸模板，安装、拆除需吊装机械配合。

9.4.2.3 土模

在小批量预制构件制作中，常采用土模或砖模，以降低模板费用。土模可分为地下式、半地下式和地上式3种。地下式土模适用于结构外形简单的预制构件，对土质有一定要求，如图9-33(a)所示。半地下式土模，适用于构件较复杂，地下开挖较困难的情况，地面以上可用木模或砖砌，如图9-33(b)所示。地上式土模的构件，全部在地坪以上，主要用于外形比较复杂的构件，如图9-33(c)所示。

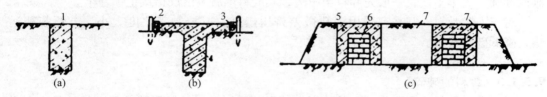

图 9-33　土模的形式
(a)地下式　(b)半地下式　(c)地上式
1—矩形梁　2—木桩　3—方木　4—T形梁　5—Π形梁　6—砖心　7—培土夯实

土模要求光滑密实，棱角分明，以保证预制构件的外形和质量。为了使构件表面光滑和易于脱模，土模侧壁应涂抹肥皂水、石灰水或抹麻刀灰等隔离剂。

9.5　混凝土工

9.5.1　骨料的制备

骨料来源有3种，即天然骨料、人工骨料和混合骨料。天然骨料是用天然砂石料经筛分加工而成，生产成本低；人工骨料是用块石经破碎、筛分加工而成，生产成本较高；混合骨料是在天然骨料的基础上，用人工骨料来补充搭配天然骨料的短缺粒径，以提高天然骨料的利用率。

选用什么骨料，应在满足质量要求的前提下，根据工地的具体条件，以成本最低原则来确定。如天然骨料质好、量大、运距短，则优先选用天然骨料；如天然骨料缺乏某些粒径，弃料太多时，则可考虑采用混合骨料；在天然骨料运距太远，成本太高时，可考虑采用人工骨料。

人工骨料通过机械加工，级配比较容易调整以满足设计要求。随着大型、高效、耐用的骨料加工机械的发展，管理水平的提高，已使人工骨料的成本接近甚至低于天然骨料。另外，人工骨料还有以下优点：级配可按需调整，质量稳定，管理相对集中，受自然因素影响小，有利于均衡生产，减少设备用量，减少堆料场地，可有效利用开挖料，减少弃料堆放。

9.5.1.1 骨料的生产过程

骨料的生产包括骨料的开采、运输、加工、成品料堆存等过程。当采用天然骨料时，骨料需要经过筛分分级加工；当采用人工骨料时，骨料需要经过破碎、筛分加工。

9.5.1.2 骨料的开采

天然骨料开采，在浅水或河漫滩多采用拉铲或液压反铲采挖。拉铲较反铲开采定位难以准确，装车不便，一般先卸料至岸边，集成料堆后再由反铲或正铲装车。

对于人工骨料，开采宜采用深孔微差挤压爆破，以控制其块度大小，方便装载运输，降低破碎费用。

9.5.1.3 骨料的破碎

对于人工骨料，需要将开采的块石先进行破碎加工，以得到满足要求的粒径，再进行筛分加工处理。对于混合骨料，一般是对超径骨料进行破碎处理，以补充搭配天然骨料的短缺粒径。骨料的破碎使用破碎机械碎石，常用的碎石机有颚板式、反击式和锥式3种。

9.5.1.4 骨料的筛分

骨料的筛分目的是对天然毛料或破碎后的石料进行粒径分级。筛分的方法有机械筛分和水力筛分2种。机械筛分是利用机械力作用，使骨料通过不同孔眼尺寸的筛网，对骨料进行分级，适用于粗骨料；水力筛分是利用骨料颗粒大小不同、水力粗度各异的特点进行分级，适用于细骨料。

大规模筛分多用机械振动筛，有偏心振动筛和惯性振动筛2种。

在筛分的同时，要对骨料进行清洗。清洗是在筛网面上方正对骨料下滑方向安装具有孔眼的管道，对骨料进行喷水冲洗。整个筛分过程也是骨料清洗去污的过程。

筛分中易产生的质量问题是超径和逊径。大一级的骨料漏入到小一级的骨料中称为超径。超径产生的原因主要是筛网孔眼变形偏大或破损。应当过筛的小一级骨料没有被筛过，而留在大一级骨料中称为逊径。逊径产生的原因主要是筛网面倾角过大而使骨料受筛时间太短，一次喂料过多，筛网网孔偏小或堵塞。规范要求超径不大于5%，逊径不大于10%。

细骨料多采用螺旋式洗砂机进行水力分级，这时分级和冲洗同时进行。

9.5.1.5 骨料的堆存

骨料储量的多少，主要取决于生产强度和管理水平。通常可按高峰时段月平均值的 50%~80% 考虑。汛期、冰冻期停采时，需按停产期骨料需用量外加 20% 裕度考虑。

骨料堆料料仓通常应用隔墙划分，隔墙高度可按土料动摩擦角 34°~37° 加超高值 0.5m 确定。

骨料堆存应注意以下几个问题：

①防止骨料的跌碎与分离，这也是骨料堆存质量控制的首要任务。为此应控制卸料的跌落高度，避免转运过多，堆料过高。

②砂料的含水量应控制在 5% 以内，但又需保持一定湿度。为此，砂料堆场的排水应良好，砂料应有 6d 以上的堆存脱水时间。一般布置 3 个料仓：一仓进料，一仓脱水，一仓出料，依次轮流进料、出料，以保证砂料的脱水时间。

③堆存中骨料的混级是引起骨料超径逊径的主要原因之一，应予以防止。

④堆场内应设置排水系统，防止骨料污染。

9.5.2 混凝土的拌制

混凝土的拌制就是水泥、水、粗细骨料、掺合料和外加剂等原材料混合在一起进行均匀拌和的过程。搅拌后混凝土要求均质，且达到设计要求的和易性和强度。混凝土拌制是保证混凝土工程质量的关键作业，而拌和设备又是保证混凝土拌制质量的主要手段。

9.5.2.1 拌和机

拌和机分自落式拌和机和强制式拌和机两大类。前者应用较为广泛，多用来拌制具有一定坍落度的混凝土；后者多用来拌制干硬性混凝土和高流动性混凝土。

(1) 自落式拌和机

自落式拌和机是利用拌和筒的旋转，将混凝土料由筒内叶片带至筒顶自由跌落进行拌制。由于混凝土材料黏着力和摩擦力的影响，自落式拌和机只适用于拌和具有一定坍落度的低流动性混凝土。

自落式拌和机有鼓筒式和双锥式 2 种。鼓筒式拌和机为圆柱形鼓筒，两端开口，一端进料，另一端出料。这种拌和机生产效率不高，容量一般为 400~800L，多用于分散、工程量不大的工程。双锥式拌和机的鼓筒为双锥形，出料方式有 2 种，小容量的采用正转拌和，反转出料的工作方式；大容量的采用由气缸活塞推动拌和筒倾斜的方式出料。双锥式拌和机铭牌容量有 400L、800L、1 000L、1 600L、3 000L 等，铭牌容量 1 000L 以上者，由气动倾斜料筒出料，进出料快，技术间歇时间短，生产效率高，常用于固定的自动化拌和系统。

(2) 强制式拌和机

强制式拌和机是利用拌和筒内运动着的叶片强迫物料朝着各个方向运动，适用于搅拌坍落度在 30mm 以下的普通混凝土和轻骨料混凝土，也可拌制流动性较大的泵送混凝土。

9.5.2.2 搅拌制度

为了获得均匀优质的混凝土拌和物，除合理选择拌和机的型号外，还必须合理确定搅拌制度。具体内容包括拌和机的装料容量、装料顺序、搅拌时间和转速等。

(1) 装料容量

装料容量是指搅拌一罐混凝土所需各种原材料松散体积之和。搅拌完毕后的混凝土体积称为出料容量。我国一般以出料容量标明拌和机的容量。一般装料容量为出料容量的 1.3~1.8 倍。

(2) 装料顺序

目前采用的装料顺序有一次投料法、二次投料法等。

① 一次投料法 一次投料法就是将各种材料依次放入料斗，进入搅拌筒后再和水一起搅拌。当采用自落式拌和机时常用的加料顺序是先倒石子，再加水泥，最后加砂。这种加料顺序的优点就是水泥位于砂石之间，进入拌筒时可减少水泥飞扬；同时，砂和水泥先进入拌筒形成砂浆可缩短包裹石子的时间，也避免了水向石子表面聚集产生的不良影响，可提高搅拌质量。

② 二次投料法 二次投料法又可分为预拌水泥砂浆法和预拌水泥净浆法。预拌水泥砂浆法是先将水泥、砂和水投入拌筒搅拌 1~1.5min 后加入石子再搅拌 1~1.5min。预拌水泥净浆法先将水和水泥投入拌筒搅拌 1/2 搅拌时间，再加入砂石搅拌到规定时间。实验表明，由于预拌水泥砂浆或水泥净浆对水泥有一种活化作用，因而搅拌质量明显高于一次加料法。若水泥用量不变，混凝土强度可提高 15% 左右，或在混凝土强度相同的情况下，可减少水泥用量 15%~20%。

③ 搅拌时间 搅拌时间是指从全部原材料装入拌筒时起，到开始卸料时为止的时间。一般来说，随着搅拌时间的延长，混凝土的均匀性有所增加，混凝土的强度也随着有所提高。但超过一定限度后，将导致混凝土出现离析现象，多耗费电能，增加机械磨损，降低生产效率。对于一般建筑用混凝土，混凝土搅拌的最短时间见表 9-12。

表 9-12 混凝土搅拌的最短时间   单位：s

混凝土坍落度 /mm	拌和机机型	拌和机出料量/L		
		<250	250~500	>500
≤30	强制式	60	90	120
	自落式	90	120	150
>30	强制式	60	60	90
	自落式	90	90	120

注：① 当掺有外加剂时，搅拌时间应适当延长；
② 全轻混凝土宜采用强制式拌和机搅拌，砂轻混凝土可采用自落式拌和机搅拌，但搅拌时间应延长 60~90s；
③ 当采用其他形式的搅拌设备时，搅拌的最短时间应按设备说明书的规定或经试验确定。

9.5.3 混凝土的运输

混凝土搅拌完毕后应及时将混凝土运输到浇筑地点，运输过程包括水平和垂直运输，其设备应配合协调；运输方案应根据施工对象的特点，混凝土的工程量，运输条件及现有设备等综合考虑。

9.5.3.1 混凝土运输的基本要求

第一，混凝土应在初凝前浇筑振捣完毕。因此，混凝土应以最少的转运次数和最短的时间，从搅拌地点运至浇筑现场，以保证有充足的时间进行浇筑和振捣。混凝土从拌和机中卸出到浇筑完毕的延续时间不宜超过表9-13的规定。另外，缩短运输时间也有利于减少混凝土在运输过程中的温度变化。

表 9-13 混凝土从拌和机中卸出到浇筑完毕的延续时 单位：min

混凝土强度等级	气温	
	不高于 25℃	高于 25℃
不高于 C30	120	90
高于 C30	90	60

注：①对掺有外加剂或采用快硬水泥拌制的混凝土，其延续时间应按试验确定；
②对轻骨料混凝土，其延续时间应适当缩短。

第二，混凝土在运输过程中应保持其均质性，不分层、不离析、无严重泌水。因此，水平运输道路要平顺，尽量减少水平运输过程中的颠簸振动。当混凝土从运输工具中自由倾倒时，由于骨料的重力克服了物料间的黏聚力，大颗粒骨料明显集中于一侧或底部四周，从而与砂浆分离，即出现离析。当自由倾落高度超过2m时，这种现象尤为明显，混凝土将严重离析。因此，混凝土自高处自由倾落的高度不应超过2m，否则应使用串筒、溜槽和震动溜管等工具协助下落，并应保证混凝土出口的下落方向垂直。串筒及溜管外形如图9-34所示。在运输过程中，应尽量减少转运次数，因为每转运一次，就增加一次分离的机会。

第三，混凝土在运输过程中应不漏浆，运到浇筑地点后仍具有规定的坍落度。在运输过程中混凝土的坍落度往往会有不同程度地减少，减少的原因主要是运输工具失水漏浆、骨料吸水、夏季高温天气等。因此，为保证混凝土运至施工现场后能顺利浇筑，应选用不漏浆、不吸水的容器运输混凝土，运输前用水湿润容器，夏季应采取措施防止水分大量蒸发，雨天则应采取防水措施。

第四，混凝土在运输过程中应无过大的温度变化。混凝土在冬季运输时，应加以保温，以保证浇筑温度满足要求；在夏季，当最高气温超过40℃时，应有隔热措施。对于一般建筑用混凝土，混凝土拌和物运至浇筑地点时的温度，最高不宜超过35℃；最低不宜低于5℃。对于筑坝用大体积混凝土，因有温控要求，夏季运输更应加强隔热措施，以控制混凝土温度回升，保证要求的入仓温度。

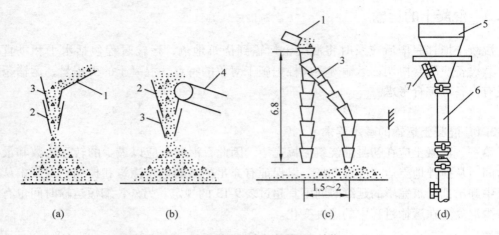

图 9-34 防止混凝土离析的措施(单位：m)
(a)溜槽运输 (b)皮带运输 (c)串筒 (d)振动串筒
1—溜槽 2—挡板 3—串筒 4—皮带运输机 5—漏斗 6—节管 7—振动器

9.5.3.2 混凝土的运输设备

运输混凝土的设备很多，应根据工程情况和现有设备配置情况选用。

(1) 手推车

手推车主要用于混凝土浇筑量不大时短距离水平运输，具有轻巧、方便的特点，其容量为 $0.07 \sim 0.1 m^3$。

(2) 机动翻斗车

机动翻斗车具有轻便灵活、速度快、效率高、能自动卸料、操作简便等特点，容量为 $0.4 m^3$，一般与出料容积为 400L 的拌和机配套使用。适用于短距离混凝土的水平运输或砂石等散装材料的倒运。

(3) 混凝土搅拌运输车

混凝土搅拌运输车是将运输混凝土的搅拌筒安装在汽车底盘上，把在混凝土搅拌站生产的混凝土成品装入搅拌筒内。在整个运输过程中，混凝土搅拌筒始终在作慢速转动，从而使混凝土在长途运输后，仍不会出现离析现象，以保证混凝土的质量。

(4) 混凝土立罐

混凝土立罐适用于筑坝等大量浇筑混凝土的场合，立罐容积有 $1 m^3$、$3 m^3$、$9 m^3$ 等几种，容量大小应与拌和机及起重机能力相匹配。立罐由上部装料口装料后，一般由轨道平台车运至浇筑仓前，再由塔式起重机或门式起重机吊运至浇筑点，开启立罐下部斗门入仓浇筑。

(5) 泵送混凝土

泵送混凝土就是利用混凝土泵将混凝土挤压进管路并输送到浇筑地点，同时完成水平和垂直运输。泵送混凝土施工速度快、劳动强度低、生产率高，得到了广泛的应用。但是泵送混凝土因流动性要求而需要较大的水泥用量，而大体积混凝土因温控的要求需要控制和减少水泥用量。因此，泵送混凝土还难以在筑坝等大体积混凝土施工中推广使用。

9.5.4 混凝土的浇筑与养护

9.5.4.1 混凝土的浇筑

混凝土的浇筑就是将混凝土拌和物浇筑在符合设计要求的模板内，并加以振捣密实，使其达到设计质量要求。

(1)浇筑前的准备工作

混凝土浇筑前应做好基础面和施工缝的处理，对于砂砾地层，应清除杂物，整平基面，再浇 100～200mm 低标号混凝土作垫层，以防漏浆；对于土基应先铺碎石，盖上湿砂，压实后，再浇混凝土垫层；对于岩基，在爆破后用人工清除表面松软岩石、棱角和反坡，并用高压水枪冲洗干净，再用压风吹至岩面无积水，经检验合格后，方能浇筑。

施工缝是新老混凝土的结合面，在新混凝土浇筑前，应对老混凝土进行凿毛处理并冲洗干净，使老混凝土表层石子外露，形成有利于层间结合的麻面。

混凝土浇筑前应检查模板的标高、尺寸、位置、强度和刚度等内容是否满足要求，模板接缝是否严密；钢筋及预埋件的数量、型号、规格、摆放位置、保护层厚度等是否满足要求，并作好隐蔽工程的检查验收；模板中的垃圾应清理干净；木模板应浇水湿润，但不允许留有积水。

(2)混凝土浇筑的一般要求

①混凝土应在初凝前浇筑完毕。如有离析现象，须重新拌和后才能浇筑。

②为防止混凝土浇筑时产生分层离析现象，混凝土自高处倾落时的自由高度一般不宜超过 2m。

③在浇筑竖向结构混凝土前，应先在底部填以 50～100cm 厚且与混凝土成分相同的水泥砂浆，以避免构件下部由于砂浆含量减少而出现蜂窝、麻面、露石等质量缺陷。

④为保证混凝土密实，混凝土施工是必须分层浇筑、分层捣实。在采用插入式振捣时，浇筑层厚度应为振捣器作用部分长度的 1.25 倍；当采用表面振动时，浇筑层厚度应为 200mm。

⑤为保证混凝土的整体性，混凝土的浇筑工作应连续进行。当由于施工技术或施工组织上的原因必须间歇时，间歇时间应尽量缩短，并应在前层混凝土初凝前完成次层混凝土的浇筑。

⑥如因技术或组织原因不能连续浇筑，且中间的停歇时间可能超过混凝土的初凝时间时，则应在混凝土浇筑前确定在适当位置留设施工缝。施工缝是先浇混凝土已凝结硬化，再继续浇筑混凝土而形成的新旧混凝土结合面，它是结构的薄弱部位，因而宜留在结构受剪力较小且便于施工的部位。对于一般结构，缝的留设位置应符合规定；对于坝、拱、薄壳、蓄水池、多层钢架等结构复杂的工程，施工缝的留设位置应按设计要求。只有在已浇筑混凝土抗压强度达到 $1.2N/mm^2$ 时，方可从施工缝处继续浇筑混凝土。在继续浇筑混凝土前，应先清除施工缝处的水泥薄膜、松动石子以及软弱混凝土层，并加以充分湿润，冲洗干净，且不得留有积水；混凝土浇筑前应先在施工缝处铺一层水泥

浆或与混凝土成分相同的水泥砂浆；浇筑混凝土时，需仔细振捣密实，使新旧混凝土结合紧密。

（3）大体积混凝土的浇筑方法

大体积混凝土是指厚度大于或等于 1.5m，且长、宽较大的混凝土。一般多为建筑物、构筑物的基础及混凝土坝等。

大体积混凝土多采用平浇法浇筑，平浇法是沿仓面（用模板围成的浇筑范围称为浇筑仓）某一边逐条逐层有序连续填筑，如图 9-35 所示。

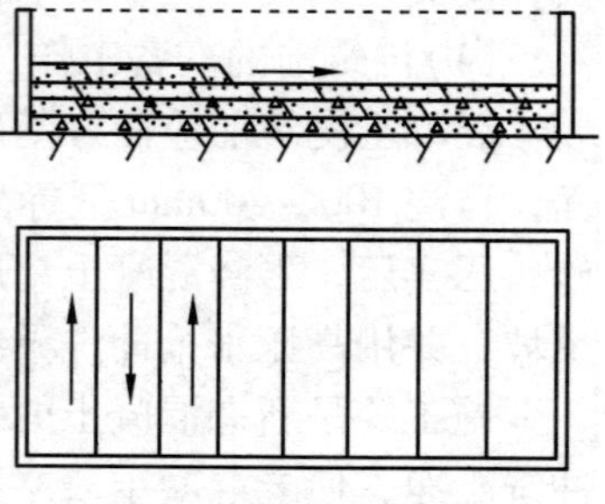

如果层间间歇超过混凝土的初凝时间，会出现冷缝，使层间的抗渗、抗剪、抗拉能力明显降低。因此，应在下一层混凝土初凝前将上一层混凝土浇筑完毕。在确定浇筑方案时，首先应计算在满足以上条件下必须的最小运浇能力，并以此确定拌和机、运输机具和振动器的数量。在不出现冷缝时，最小运浇能力 P 可按下式确定：

$$P \geqslant \frac{BLh}{K(t-t_1)} \tag{9-8}$$

图 9-35 平浇法示意图

式中　P——要求的混凝土运浇能力，m^3/h；
　　　B——浇筑块的宽度，m；
　　　L——浇筑块的长度，m；
　　　h——铺料层厚度，m；
　　　K——混凝土运输延误系数，取 0.8~0.85；
　　　t——混凝土初凝时间，h；
　　　t_1——混凝土运输时间，h。

显然，分块尺寸和铺层厚度受混凝土运浇能力的限制。若分块尺寸和铺层厚度已定，要使层间不出现冷缝，应采取措施增大运浇能力。若设备能力难以增加，则应考虑改变浇筑方法，将平浇法改变为斜层浇筑或阶梯浇筑，如图 9-36 所示，以避免出现冷缝。

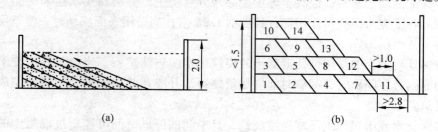

图 9-36　斜层浇筑法和阶梯浇筑法（单位：m）
(a)斜层浇筑法　(b)阶梯浇筑法
1、2、3、…–阶梯浇筑顺序

阶梯浇筑法的前提是薄层浇筑，根据吊运混凝土设备能力和散热的需要，浇筑块高宜在 1.5m 以内，阶梯宽不小于 1.0m，斜面坡度不小于 1∶2；当采用 3m³ 吊罐卸料时，在浇筑前进方向卸料宽不小于 2.8m。对斜层浇筑，层面坡度不宜大于 10°。以上 2 种浇筑方法，为避免砂浆流失，骨料分离，宜采用低坍落度混凝土。

大体积混凝土由于体积大，内部水化热不易散出，极易产生温度裂缝，对混凝土的强度和整体性造成严重危害。故应采取减少混凝土的发热量、降低混凝土的入仓温度、加速混凝土散热等温控措施，避免产生温度裂缝。

(4) 混凝土的振捣

混凝土浇筑入模后，内部还存在着很多空隙。为了使混凝土充满模板内的每一部分，而且具有足够的密实度，必须对混凝土进行捣实，使混凝土构件外形正确、表面平整、强度和其他性能符合设计及使用要求。

混凝土捣实的机械是振动器，混凝土能否被振实与振动器的振幅和频率有关，振幅过大过小都不能达到良好的振实效果，一般把振动器的振幅控制在 0.3~2.5mm 之间。当振动器频率与物料自振频率相同或接近时会出现共振现象，从而增强振动效果。一般来说，高频对较细的颗粒效果较好，而低频对较粗的颗粒较为有效，故一般根据物料颗粒大小来选择振动频率。

混凝土振动器按其工作方式不同，可分为内部振动器、表面振动器、外部振动器和振动台等。它们各有自己的工作特点和适用范围，应根据工程实际情况进行选用。在施工中最常用的是内部振动器，又称插入式振动器，它的适用范围最广泛，可用于大体积混凝土、基础、柱、梁、墙、厚度较大的板及预制构件得捣实工作。

插入式振动器的振捣方法有 2 种：一种是垂直振捣，即将振捣器垂直插入混凝土中，其特点是容易掌握插点距离、控制插入深度（不得超过振动棒长度的 1.25 倍）、不易产生漏振、不易触及钢筋和模板；另一种是斜向振捣，其特点为操作省力、效率高、出浆快、易于排除空气、不会发生严重的离析现象、振动棒拔出时不会形成孔洞。

振捣时插点排列要均匀，可采用如图 9-37 的次序移动，且 2 种次序不得混用，以免漏振。每次移动间距应不大于振动器作用半径的 1.5 倍，振动器与模板的距离不应大于振动器作用半径的 0.5 倍，并应避免碰撞模板、钢筋、预埋件等。

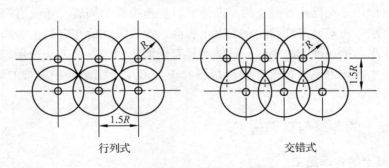

图 9-37 插入式振动器的插点排列

分层振捣混凝土时，每层厚度不应超过振动棒长的 1.25 倍；在振捣上一层时，应插入下层 50mm 左右，以消除两层间的接缝。

振动时间要掌握恰当，过短混凝土不易被捣实，过长又可能使混凝土出现离析，一般以混凝土表面呈现浮浆，不再出现气泡，表面不再沉落为准。

9.5.4.2 混凝土的养护

混凝土成型后,为保证混凝土在一定时间内达到设计要求的强度,并防止产生收缩裂缝,应及时作好混凝土的养护工作。

混凝土的养护就是为混凝土硬化提供必要的温度、湿度条件。现浇混凝土除在冬季施工时需要采用蓄热养护和加热养护外,在大多数情况下都是采用自然养护的方法。

自然养护是指在自然气温条件下(平均气温高于5℃),采取用适当的材料对混凝土表面进行覆盖、浇水、挡风、保温等养护措施,使混凝土的水泥水化作用在所需的温度和湿度条件下顺利进行。自然养护有覆盖浇水养护和塑料薄膜养护2类方法。

(1) 覆盖浇水养护

覆盖浇水养护在混凝土浇筑完毕后3~12h内,用草帘、麻袋、锯末、湿土等适当材料将混凝土表面覆盖,并经常浇水使混凝土表面处于湿润状态的养护方法。

混凝土养护时间与气温和水泥品种有关,一般不得少于7d。每日浇水的次数以能保持混凝土具有足够的湿润状态为宜。一般在气温15℃以上时,在混凝土浇筑后最初3昼夜中,白天至少每3h浇水1次,夜间也应浇水2次;在以后的养护中,每昼夜应浇水3次左右;在干燥气候条件下,浇水次数应适当增加。

对于贮水池一类工程,可在混凝土达到一定强度后注水养护。大面积结构,如地坪、楼板、屋面等,可采用蓄水养护。

(2) 塑料薄膜养护

塑料薄膜养护就是以塑料薄膜为覆盖物,使混凝土表面与空气隔绝,防止混凝土内的水分蒸发,水泥依靠混凝土中的水分完成水化作用而凝结硬化,从而达到养护的目的。

塑料薄膜养护有2种方法,一种是用塑料薄膜把混凝土表面敞露部分全部严密地覆盖起来,使混凝土在不失水的情况下得到充分养护。这种方法的优点是不必浇水,操作方便,能重复使用,能提高混凝土的早期强度,加速模板的周转,还具有一定的保温作用。另一种方法是将塑料溶液喷涂在混凝土表面,溶液挥发后在混凝土表面结成一层塑料薄膜,其作用与第一种方法相同,只是不具有保温作用。这种方法费用较低,适用于表面积大且浇水养护困难的情况。塑料薄膜养护一般用于浇水养护困难的场合,如墙、柱等的垂直表面。

9.5.5 混凝土的冬季与夏季施工

9.5.5.1 混凝土的冬季施工

混凝土在低温时,水化作用明显减缓;在0℃时,强度停止增长;在-3℃以下时,混凝土内部水分开始冻结成冰,使混凝土疏松,强度和抗渗性能降低,甚至会丧失承载能力。故规范规定:日平均气温连续5d低于5℃或最低气温稳定在-3℃以下时,即进入冬期施工阶段,应采取冬期施工措施。另外,从保证混凝土施工质量和经济效果考虑,当日平均气温低于-20℃或日最低气温低于-30℃时,一般应停止浇筑混凝土。

(1)混凝土允许受冻的标准

试验证明,混凝土遭受冻结带来的危害与受冻的时间早晚、水灰比有关。受冻时间越早,水灰比越大,则后期混凝土强度损失越多。当混凝土达到一定强度后,再遭受冻结,由于混凝土已具有的强度足以抵抗冰胀应力,其最终强度将不会受到损失。

一般建筑用混凝土,以临界强度作为判别混凝土允许受冻的标准。规定冬期施工的混凝土,受冻前须达到的临界强度值为:硅酸盐水泥或普通硅酸盐水泥配制的混凝土,为设计的混凝土强度标准值的30%;矿渣硅酸盐水泥配制混凝土,为设计的混凝土强度标准值的40%;不大于C10的混凝土,不得小于5.0N/mm^2。

水工用混凝土,以成熟度作为判别混凝土允许受冻的标准。成熟度就是混凝土养护温度与养护时间的乘积。现行规范将混凝土允许受冻的成熟度暂定为$1\,800℃·h$。

对水工用大体积混凝土,成熟度可按以下公式计算:

普通硅酸盐水泥:

$$R = \sum (T + 10)\Delta t \tag{9-9}$$

矿渣大坝水泥:

$$R = \sum (T + 5)\Delta t \tag{9-10}$$

式中 R——成熟度,℃·h;

T——混凝土在养护期内的温度,℃;

Δt——养护期的时间,h。

(2)混凝土冬季施工的措施

混凝土冬季施工通常可采取如下措施:

①在施工组织上合理安排。将混凝土浇筑安排在有利的时期进行,保证混凝土在受冻前强度达到临界强度或混凝土的成熟度达到$1\,800℃·h$。

②创造混凝土强度快速增长的条件。采用高热或快凝水泥,减小水灰比,加速凝剂和塑化剂,增加发热量,加速凝固,以提高混凝土的早期强度。

③增加混凝土的拌和时间。

④减少拌和、运输、浇筑中的热量损失。可采取如预热拌和机、缩短运输时间和转运次数、混凝土容器加盖和保温、浇筑前预热模板和浇筑面等措施。

⑤预热拌和材料。

⑥增加保温、蓄热和加热养护措施。

(3)混凝土冬季养护的方法

冬季混凝土可以采用以下几种养护方法:

①蓄热法 蓄热法通常采用锯末、稻草、芦苇或保温模板将混凝土覆盖起来,减少混凝土内部水化热的散失,利用混凝土自身水化热产生的温度进行养护,不需另外加热,是一种经济的养护方法,应优先采用。

②暖棚法 对体积不大且施工集中的部位可搭建暖棚,由于费用很高,只有当日平均气温低于$-10℃$时,才考虑使用。

③蒸气法 蒸气法的养护方法有2种,一种是将构件放入蒸气室内,在蒸气室内通

入蒸气进行养护,这种方法一般用于预制构件的生产;另一种是利用安装有蒸气管道的保温模板,在模板管道内通入蒸气进行养护,这种方法可用于现场浇筑的混凝土养护。为防止混凝土开裂,保证养护质量,养护应按规定的程序进行,并严格控制升温、降温的速度。一般最大升温速率不超过25℃/h,最大降温速率不超过35℃/h。当混凝土强度达到设计强度的70%以上后,再降温冷却至15℃~20℃方可拆模。

9.5.5.2 混凝土的夏季施工

一般建筑用混凝土,夏季浇筑时,应控制混凝土拌和物运至浇筑地点时的温度最高不超过35℃。

水工筑坝用大体积混凝土,夏季如气温超过30℃不采取冷却降温措施,会对混凝土质量产生不良影响。其不良后果主要表现为混凝土内部的水化热难以散发,当气温骤降或水分蒸发过快时,易引起表面裂缝;当浇筑块体冷却收缩时,又会因基础约束引起贯穿裂缝,破坏了混凝土的整体性和防渗性能。所以规范规定,当气温超过30℃时,混凝土生产、运输、浇筑等各个环节应按夏季作业施工。

混凝土的夏季作业施工,就是根据当时气温,实时加强混凝土的温度控制;采取一系列的预冷降温、加速散热以及充分利用早晚低温时刻浇筑等措施,防止混凝土产生温度裂缝。

本章小结

工种施工是包括水土保持工程在内的所有土木工程施工的基础。只有掌握了各种工种的施工,才能学习并从事特定水土保持工程的施工。主要的工种施工有土工施工,包括土料开挖、运输和压实,这是谷坊、淤地坝等水土保持工程施工的主要工种。水土保持工程离不开混凝土和钢筋混凝土结构,这类施工主要包括钢筋工、模板工、混凝土工等工种施工。对于钢筋工,必须掌握钢筋的下料、弯曲、连接等一系列的工加方法,重点要掌握各种构件的钢筋配料单计算。模板工施工重点要掌握模板荷载及侧压力的计算,还应了解钢筋的安装绑扎与模板安装的配合方法。混凝土施工和砌石施工也是水土保持工程施工的重要内容,要掌握骨料的制备与贮存、混凝土拌制和运输、浇筑和养护的方法,以及常用的机械特点,要掌握料石、块石砌体的砌筑方法。

对于水土保持工程施工,往往会遇到雨天、炎热天气以及寒冷天气的施工问题,因此,要了解这几类天气对各类工种施工的不利影响,掌握解决问题的途径。

思考题

1. 土的可松性系数在土方工程中有哪些具体应用?
2. 单斗式挖掘机有几种形式?分别适用开挖何种土方?
3. 影响填土压实的主要因素有哪些?

4. 压实设备有哪些？它们各适用于压实哪些土料？
5. 土方冬雨季施工应采取哪些措施？
6. 对砌筑材料有哪些要求？
7. 简述砖墙的砌筑工艺。
8. 砖砌体的砌筑质量有哪些要求？
9. 毛石砌体砌筑有哪些要求？
10. 如何计算钢筋的下料长度？
11. 钢筋下料单包括哪些内容？
12. 钢筋加工包括哪些工作？
13. 钢筋焊接有哪些方法？各适用于什么条件？
14. 如何控制混凝土保护层的厚度？
15. 对模板及其支承结构有哪些要求？
16. 模板上作用有哪些荷载？
17. 模板侧压力怎样计算？
18. 骨料的来源有哪些？
19. 简述骨料的生产过程。
20. 拌和机有哪些种类？各适用什么条件？
21. 搅拌制度包括哪些内容？
22. 混凝土运输有哪些基本要求？
23. 混凝土浇筑有哪些要求？
24. 混凝土的养护方法有几类？
25. 混凝土构件的养护时间有什么要求？
26. 大体积混凝土浇筑有哪些方法？各适用什么条件？
27. 简述混凝土冬季和夏季施工存在的问题以及解决的措施。

推荐阅读书目

1. 水土保持工程学．王礼先．中国林业出版社，2000.
2. 生产建设项目水土保持技术标准（GB 50433—2018）．中华人民共和国住房和城乡建设部．中国计划出版社，2008.
3. 水利工程施工．武汉水利电力学院，成都科学技术大学．水利电力出版社，1985.

第10章

集水保土工程施工

在气候干旱且地下水缺乏的山区丘陵区，天然降水是重要的生产生活水资源。水土保持集水保土工程是该地区充分利用天然降水资源，解决农业生产用水、人畜用水，并保护土壤免遭侵蚀的有效措施，此类集水保土工程主要包括水窖、涝池、梯田、水土保持整地工程、小型渠道等。

10.1 水窖和涝池施工

水窖和涝池是在干旱且地下水缺乏的地区，为解决人畜生活用水及农业灌溉而修筑的贮水建筑物。水窖建筑在地面之下，也称旱井。涝池修筑在地上，也称蓄水池。

我国中西部干旱山区受自然条件和经济条件的限制，很难修建大型骨干水源工程。水窖和涝池作为主要的微型蓄水设施，施工简便、造价低廉、利用方便，在雨水集蓄利用工程中得到了广泛应用。水窖和涝池的修筑，要根据当地的经济条件和建筑材料，因地制宜、就地取材。

水窖分井窖（图10-1）和窑窖（图10-2和图10-3）。根据其使用的建筑材料，又可分为黏土水窖、浆砌石水窖、混凝土水窖等。

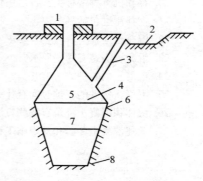

图 10-1 井窖断面示意图
1—窖口 2—沉沙池 3—进水管
4—散盘 5—旱窖 6—胶泥层
7—玛眼 8—窖底

10.1.1 黏土水窖施工

黏土水窖也称井窖，是黄土丘陵沟壑缺水地区最常用的水窖类型，由窖口、窖筒、旱窖、散盘、蓄水窖、窖底、沉砂池、进水管等不同的功能部分组成，施工顺序为：水窖窖体开挖与防渗处理，水窖附属物修筑。

10.1.1.1 窖体开挖与防渗处理

窖体是水窖贮水的部分，窖体施工必须和防渗处理结合起来，一般分以下几个步骤：井筒开挖、窖体开挖和窖体防渗处理等。

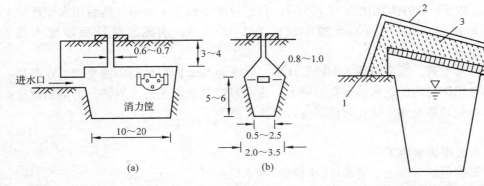

图 10-2 挖窑式窖窑断面示意图 （单位：m）
（a）纵断面 （b）横断面

图 10-3 屋顶式窖窑断面示意图
1-胶泥层 2-泥层 3-谷草 4-木椽

（1）井筒开挖

按照设计好的井筒的位置和尺寸，从地面垂直向下挖至旱窖口。一般窖口直径 0.8~1.0m，深 1~2m，要求超过冬季的冻土层，弃土堆放在窖体的下方。

（2）窖体开挖

窖体分为旱窖和水窖 2 部分，开挖时沿着井筒下端呈圆锥状向四周扩展，开挖深度为 1.5~2m，即旱窖。旱窖起到窖口与贮水窖体之间的连接作用，不贮水。旱窖的矢跨比可取 1:1.5~1:2.0，下缘处最大直径 3.5~4.5m。在旱窖的下方再垂直或内收缩向下开挖，形成圆柱型或上大下小的倒圆台型水窖，此部分用来贮水。水窖一般深为 3.5~5.0m，倒圆台水窖底部直径 2.5~3.5m。开挖时要注意保持中心线不偏离；开挖出来的井壁圆周直径要比设计尺寸大 6~8cm，再用木锤把周边的土砸实，同时对窖体尺寸进行校准。达到设计尺寸后方可进行防渗处理。

（3）窖体防渗处理

为了减少蓄水损失，需对贮水部分进行防渗处理，防渗材料应就地取材可用黏土防渗，也可用水泥砂浆抹面处理。

①黏土防渗 窖壁防渗处理：在水窖壁上垂直于窖壁用铁杵开凿均匀分布的圆柱型码眼（圆孔），码眼口稍微向上倾斜，呈 3°~5°倾斜角。码眼直径 3~5cm，深 10~12cm，间距 20~25cm，品字形分布。将砸碎过筛的黏土与麻刀灰按 10:1 比例充分拌和，用黏土胶泥做成直径比铁杵稍细、长约 30cm 的黏土棒状锭子钉入码眼，并塞实，将码眼口外的胶泥钉压平，使各码眼的胶泥相连成片，用木锤锤打，逐步压平成型，一般重复两次，两次处理时间间隔 5~10d。窖壁防渗层厚度一般要求不低于 5cm。

窖底防渗处理：按上述方法制备成的胶泥，厚 10~20cm 铺于水窖底，铺平压实，并与窖壁胶泥密实连结，5~10d 后，再铺一层并压实，在其上铺石板，防止入窖的水流对窖底的冲刷。若当地缺乏石料，可以再加一层胶泥层以增加抗冲性。

黏土防渗具有造价低、饮水口感好等特点，但黏土易干裂脱落，因此采用胶泥防渗的水窖在使用时不宜将水完全用光，应留少量水养窖。

②水泥抹面防渗　水窖壁防渗处理：首先在水窖壁上抹一层石灰砂浆"打底"，配合比为白灰：砂子：水的体积比为 1：1.5：2。打底厚度不低于 1.5cm。然后用水泥砂浆抹面，水泥砂浆中水泥：砂子：水的体积比为 1：2：2.5，水泥砂浆抹面厚度不低于 2cm。

水窖底防渗处理：窖底只用水泥砂浆抹平，厚度为 5cm 即可达到防渗要求。在条件允许时，可先用铆钉将铅丝网铆固在窖壁上，或在窖壁上均匀地打入钢钎，再用铅丝连成网，然后再做防渗处理。防止防渗层与窖壁脱离。

10.1.1.2　水窖附属物施工

水窖附属物包括沉沙池、集水坪(水源地)和水窖井栏。

(1)沉沙池修筑

在距窖口上坡段 5~8m 处挖沉沙池，沉沙池一般成方斗形，容积为 4~5m³。在靠近水窖侧的沉沙池壁上开凿进水管，管粗 15~20cm，进水管倾斜与窖体的旱窖相连，进水口要设过滤网和塞子，防止杂物进入水窖。进水管应比沉沙池底高 10cm 以上，防止泥沙进入水窖。进水管应伸入窖内，长出窖壁 30~50cm，管口出水处设铅丝蓬头，防止水流冲击窖壁。

(2)集水坪修筑

在沉沙池坡面上方修筑集水坪。首先将坡面的杂草等铲除干净，防止污染水源。然后视具体地形特点，修筑导水沟，将水导入沉沙池。导水沟轴线原则上应要求与坡面等高线垂直，利于水流迅速导入沉沙池。

(3)水窖井栏修筑

水窖窖口处要用砖或块石砌窖台，窖口应高出地面 30~50cm，并设防护盖。有条件的地区也可将水窖口用混凝土抹面，再将混凝土圆管修砌在水窖口，并可在窖口设手压式抽水泵。

10.1.1.3　水窖的利用与管理

①水窖修筑完成后应及时存入少量水，防止防渗层干裂。

②暴雨中收集地表径流时，应有专人现场看管。窖体水不能超过设计的蓄水高度，防止旱窖与窖顶部蓄水泡塌。

③窖口盖板平常应盖好，用时打开，防止杂物掉入，以保证安全和卫生。

10.1.2　浆砌石窖窖施工

窖式水窖蓄水部分为长方体形或上宽下窄的棱台体，蓄水量大，一般为 100~300m³。窖式水窖深 5m，宽 3~5m，长 8~20m，蓄水深度为 3~4m，适于发展农业节水灌溉。窖式水窖除窖体施工与井窖不同外，其他与井窖相同。

10.1.2.1 窖体修筑

窖体修筑包括窖体开挖、窖底铺石、窖壁修筑3部分。

(1) 窖体开挖

窑式水窖在窖址处先从下坡角处向下开挖出一条巷道,或利用天然陡崖进行修整,修成长方体土窑,要求长的方向与坡面等高线平行,一般深5.5m,宽(跨度)视土质而定,一般为3~5m,长8~20m。窑式水窖窖体挖好后,窖底做硬化处理,一般用夯错位夯实两次即可。

(2) 窖底铺石

窖体底部硬化后,用浆砌条石或片石护底,并用水泥砂浆勾缝以增强抗渗能力,最后用砂浆抹面。

(3) 窖壁修筑

砌筑窖壁时,要距离窖壁15~30cm,选用条石从下向上,用水泥砂浆砌筑,每砌筑一层条石(或块石)后,用含水量约30%的黏土(要求用手攥成团,但不湿手)填入砌石与窖体之间预留的空隙,并用木锤捣实,夯土时防止木锤碰松砌石。需要强调的是,应一边向上砌筑,一边向砌石和窖体壁之间填土,并夯实,不能一次性砌石,一次性填土。如果没有足够的条石时,也可选用块石砌筑。砌石高度应低于冬季冻土层。在温带地区,砌筑至距地面约1.5m处。砌筑完工后,在窖体内侧用水泥砂浆勾缝。

10.1.2.2 窖体防渗处理

浆砌石窖体砌筑完成后,要做整体的防渗处理。防渗采用细砂水泥砂浆或防水砂浆,将窖底和窖壁整体抹面,厚度不小于2cm。

防渗处理后,需要潮湿养护15~28d。一般采用向窖内灌入少量水,将窖壁盖草袋,在草袋上洒水。

10.1.2.3 窖体盖顶及井口修筑

窖体上部的盖顶,一般为拱形,窑拱高度1.5m左右,由窖体的跨度确定。盖顶可修筑在地面以下,也可部分露出地表。严寒的地区宜将盖顶修筑在地面0.5m以下;冬季冻土层厚度小于0.5m的地区,也可将盖顶部分暴露。

窖体盖顶拱分为刚性拱和土拱2种,刚性拱一般采用钢筋混凝土拱和浆砌石拱2种。

(1) 钢筋混凝土拱修筑

钢筋混凝土拱修筑分预浇筑拱和现浇筑拱,预浇筑拱一般用于成批修筑的工程,目前常用的是现浇筑拱。现浇筑钢筋混凝土拱的修筑步骤为:

① 搭建模板 在窖体内用木板或木棒支撑,沿窖壁上方按照设计高度搭建木结构三角形框架,在木架上安装拱形模板。若当地缺乏建筑板材料,可用砂土等杂物,填充窖体,堆积形成土模并踏实。

② 布筋 在模板上方按设计要求,绑扎受力筋、结构筋。在扎筋时,要预留取水口。

③浇筑混凝土　按照设计配合比进行混凝土浇筑，浇筑方法按混凝土工种施工要求进行，浇筑时在窖壁上缘做内倾式混凝土裙边。浇筑完成后，洒水养护15~28d。拆除支架和模板后，在混凝土拱内侧再进行砂浆抹面，抹面厚度2cm。

（2）浆砌石拱修筑

浆砌石拱可用于石料丰富的地方。浆砌石拱的修筑步骤为：

①搭建模板　视具体施工条件可采用木模，也可采用土模，土模的搭建方法同前述。

②浆砌石拱修筑　选用条石或块石在模板上咬合座砂浆砌筑，石拱修筑要与窖壁有机紧密连接。

③抹水泥砂浆　在拱外抹水泥砂浆，防止外侧污染水源渗入，最后拆除模板。

（3）土拱修筑

土拱适用于跨度小的浆砌石水窖盖顶。所用材料为檩（椽）、树的侧枝和农作物秸秆等。具体方法是：当窖体砌筑完成后，将小径檩材或粗椽材按一定间距（40~50cm）安放在窖体壁顶上，并用石块固定；在檩上近正交铺2~3层粗树枝，树枝最好去皮，防止腐烂，影响水质。在树枝上再铺2~3层作物秸秆，并压实。树枝与秸秆总厚度要求30cm以上，在秸秆上抹黏土泥，厚度为10~15cm即可。风干后，将修筑水窖挖出的土部分回填至与地表齐平，或高出地表50cm，防止冬季储水冰冻。

10.1.3　混凝土水窖施工

混凝土水窖一般结构为井式水窖，分为现浇修筑和预制件装配修筑2种。形状有瓶形或球形，如图10-4所示。下面仅介绍混凝土窖体施工方法，其他附属设施的施工方法与黏土水窖相似。

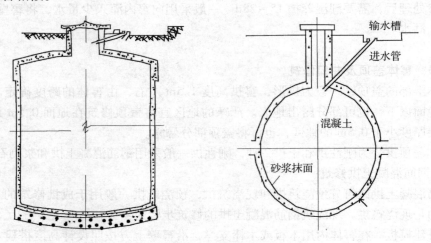

图10-4　混凝土水窖断面示意

10.1.3.1 现浇混凝土水窖施工

现浇筑混凝土水窖一般做成盖碗式,施工步骤如下:

(1)水窖盖顶土模制作与布筋

按设计要求施工放线,一般开挖直径为 3.5~4.5m,深 0.5~1.2m 后(视当地冬季冻土厚度而定,大于冻土厚度即可),修筑成盖碗形(锅盖形)近半球状的曲面,即形成土模。土模外侧再按设计要求挖浇筑圈梁的槽,土模的施工制作要求参见"模板施工的土模部分"。土模修成后,在土膜上铺覆塑料编织袋、牛皮纸或塑料布等与土体隔离,准备布筋作业。钢筋绑扎前先按设计要求将受力钢筋弯制成环状,逐个将其安置在土模上,其下按要求预留有保护层,再在圆环上以辐射状绑扎纵筋,做井筒口。

(2)浇筑水窖盖顶

布筋完成后,即可进行混凝土浇筑,一般选用 425# 普通硅酸盐水泥,粗石骨料最大粒径不得超过 2cm,粗石每方混凝土配合比为水泥:水:砂:粗骨料 = 1:(0.55~0.70):3.12:5.65。混凝土浇筑厚 20~25cm,外围圈梁可稍厚,约 30cm(视土质而定),具体浇筑方法和养护方法按"混凝土工"的施工要求进行。对于盖顶圈梁的外缘部分,为了在下一步浇筑井壁时成为整体,应在未完全硬化前进行刷毛或凿毛处理。

(3)开挖窖体

盖顶养护完成后,在盖顶中央竖立一根与孔口大小相同的砼管,为水窖井筒,从预留窖口挖取心土,就地回填于盖顶之上,将其分层掩埋并夯实。挖土直径范围小于浇筑盖顶尺寸 15~20cm,并做基本的硬化处理。当窖基土干密度低于 1 200kg/m^3 时,开挖直径应比设计尺寸小 8~10cm,然后用手锤等工具将预留的 4~5cm 壁击实砸平至设计尺寸。

(4)窖体壁浇筑

按设计在窖底和窖壁上绑扎钢筋,窖壁布筋时多数布设铅丝网,可先用铆钉将铅丝网铆固在窖壁上,或在窖壁上均匀地打入钢钎,再用铅丝沿窖壁连成网状。浇筑时首先浇筑窖底,养护 7~10d,初步具有强度后再浇筑窖壁,窖底浇筑厚度一般为 25cm,窖壁浇筑厚度一般为 6~15cm。

浇筑窖壁要以螺旋式向上现浇,每圈混凝土旋转高度视材料和能力而定,不得超过 15cm,以防止未硬化前变形坍落。盖顶和窖体接缝处用 1:3 砂浆抹面,厚 2cm,宽 4cm,避免沉陷时上下部分开裂。浇筑完成后进行潮湿养护。

(5)水窖内壁防渗处理

参见 10.1.2.2。

(6)水窖施工质量检查

水窖混凝土养护到期后,用以下两种方法进行质量检查:

①直观检查法 此法适用于干旱缺水地区。观察窖内表面是否有蜂窝、麻面、裂缝等,也可用清水将内壁慢速刷一遍,观察是否有明显的渗径。

②水试法 如附近有水源,可向窖内加水至储水线,观察 24h,当水位无明显变化时,表明该窖不漏水。如果存在渗漏,应及时找出原因进行防渗处理。经检验合格后,

安装附属设施,水窖即可投入使用。

10.1.4 涝池施工

涝池一般布置在田边农耕道路旁,单池容量为 100~500m³,大型涝池布置在村旁或小城镇附近,容量在 1 000m³ 以上。涝池的修筑一般都利用天然地形,通过修整和防渗筑成。涝池应选在低于路面、土质好(无裂缝、质地硬),暴雨中有足够地表径流水源的地段。根据修筑涝池的材料,可分为黏土涝池、三合土涝池、浆砌石涝池等。

10.1.4.1 黏土涝池施工

(1)清基并夯实

首先将池底的软土层清理,露出池底的生土层。若按设计要求增加涝池的容积,需按设计向下挖至设计深度即可。然后,夯实生土层,夯土时要纵横错位夯实两次,方可达到要求。

(2)池底防渗

若涝池底为硬黏土,夯实后即达到防渗的要求,否则须做适当的防渗处理。具体方法有以下几种:

①如果土质较好,渗水不严重,可不立即防渗。当储水几次后,用完水后,池底有一定厚度的淤泥;当淤泥有一定的硬度并且不粘手时,再用夯错位夯实,可达到防渗的目的。

②当池底土质很差时,可用三合土防渗。

(3)培岸埂

将挖出的土培在池坑外围,然后培实岸埂(要预留进水口),岸埂同样要求纵横错位夯实。若挖方太多,挖出的多余土料,应平铺于涝池的下方,以防干扰涝池蓄水。

(4)设置溢流口

为了防止池水漫溢,冲毁岸埂,在岸埂的一端或两端修溢水口,溢水口最好用浆砌石或砖砌护,储水量小的涝池,溢水口也可用草皮铺砌。

(5)修出水口

当涝池水面低于地面时,为便于安装提水设备,可在池边安设支架,若池水能够自流灌溉,可在涝池岸下埋设管道或出水槽,并配装小闸门。

10.1.4.2 三合土涝池施工

为增加储水能力和降低渗透,很多地区修筑三合土涝池,修筑三合土涝池的施工步骤与黏土涝池基本相同。

10.1.4.3 浆砌石涝池施工

浆砌石涝池一般仅砌筑池埂,池底用黏土防渗或三合土防渗。若将涝池底部挖至完全不透水的岩石层时,则不需要防渗处理。

涝池在利用过程中，每2~3年清淤1次，暴雨期需有专人巡视，防止溢池。土质底涝池在利用过程中要避免出现干池，池干后，在池底会形成裂缝，导致下次蓄水渗漏。

10.2 梯田施工

梯田是山区、丘陵区的基本农田。梯田按断面形式可分为水平梯田、坡式梯田、隔坡梯田等类型，如图10-5所示。黄土高原地区，土层深厚，年降水量少，主要修筑土坎梯田。土石山区，石多土薄，降水量多，主要修筑石坎梯田。陕北黄土丘陵地区，地面广阔平缓，人口稀少，则采用以灌木、牧草为田坎的植物坎梯田。梯田按施工方法分类，有人工梯田和机修梯田。

梯田施工包括以下几个步骤：清障、梯田定线、表土保留、田坎清基、田坎修筑、田面平整、表土回铺和利用与养护，如图10-6所示。下面就不同筑坎材料的水平梯田（土坎梯田、植物坎梯田）和机修梯田的施工方法分别进行阐述，其他类型的梯田可参照施工。

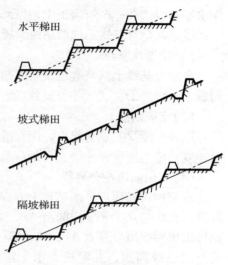

图10-5 梯田断面示意图

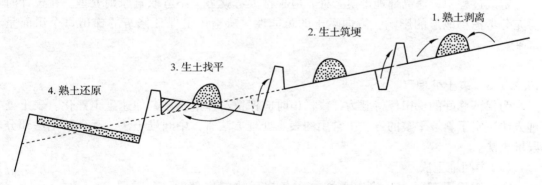

图10-6 修筑水平梯田主要工序示意图

10.2.1 土坎梯田施工

土坎梯田施工一般在秋末作物收获后土壤封冻前开始，早春土壤解冻后完成。

10.2.1.1 清障

清障是为了消除坡耕地上干扰梯田施工的拦挡物和覆盖物，对坡耕地的乱石、坟堆、孤立树进行清除，保证整个作业区通视，作业人员方便施工。

10.2.1.2 梯田定线

梯田定线主要是确定三线，即中轴线、田坎开挖线和填方挖方分界线。

(1) 定基线

在坡面的最下部，用水准仪定出一条等高线，此等高线是梯田施工的起始位置，称作水平基线。在一个坡面正中，以此水平基线作起点，从上到下顺坡与等高线正交，划一条线，叫垂直基线。这两条线为梯田施工的基准，也是检验梯田质量的基准。

(2) 定埂坎基点

在垂直基线上从坡脚水平基线向上测量，根据每台梯田断面设计的田面斜宽，逐段测量，分别得①、②、③……各点，并编号定桩，这些点为埂坎开挖基点。

(3) 定埂坎线

以各个埂坎基点为起点，用水准仪分别向基线的左右两侧测量等高点，并定桩，水平连线，即为埂坎开挖线，它是一系列的等高线。

(4) 定田面填挖分界线

按照梯田断面设计的平整土方方案，在垂直基线上，同样从坡脚向上测量，若田面规整，在坎基点①和②中间定 A1，②和③中间定 A2，③和④中间定 A3，以此类推，定出梯田田面挖填分界点 A1、A2、A3……各点，并编号定桩，用水准仪分别向基线的左右两侧测量等高点，并定桩，水平连线，即为田面填挖分界线，它同样是一系列的等高线。

定线过程中，遇局部地形复杂处，应根据大弯就势，小弯取直原则处理。在设计时要充分考虑小地形的影响，侧向运土的可能性，从整体上保证修筑的梯田每个田面呈水平。

10.2.1.3 表土处理

为保证修好的梯田保持肥力，修梯田时应保留耕作层土壤，加速生土熟化。表土处理方法决定了斜坡平整的方法。常用的表土处理方法有：中间堆土法、逐台移土法和分段堆土法。

(1) 中间堆土法

在梯田田面整平前，将表土堆放在各梯田块的中部，即堆放在田面填挖分界线周围，并预留施工通道，然后再将底土平整，如图 10-7 所示。这种方法堆表土，可以在一条田块上进行，一般可在不同条田块上同时施工。在每一田块上，将填挖方分界线上部的表土刮堆在本台田块中部，下部的在靠近开挖线处的侧向上翻，表土堆集在田块中部填挖分界线附近，成带状或堆状排列。由于由上向下运土，工效高。这种方法处理表土厚度一般是 30cm 左右；如表土不足 30cm，以清理干净为准。

图 10-7 中间堆土法施工示意图

中间堆土法的优点是：施工面积大，整个坡面可同时施工；田面平整后，梯田质量高；可使用小型运土机械，运土方便。缺点是：表土堆在田面中间，干扰施工机械作业;表土被移动了两次,土方量及运土量大。

(2)逐台移土法

逐台移土法又称蛇蜕皮法,如图10-8所示。按处理表土,可分为逐台下移法(顺坡蜕皮法)和台内平移法(横坡蜕皮)2种。前者是在坡面自下而上修筑多块梯田时采用,而后者可以是在一条田块内进行,但其基本方法是相同的。

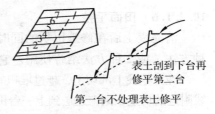

图10-8 逐台下移法示意图

①逐台下移法 是先把一面坡的最下一条梯田不处理表土,直接将坡面修筑平整,然后把上一条田块上的表土全部堆到已修成的梯田田面上均匀铺开,以此类推,到最上一条田块修平后就没有表土了,这台梯田就需增施肥料或收集客土。

②台内平移法 是在一条田块上,从田块的一头开始。按每2~4m宽度划分,先把田块一头的一段修平(不处理表土)。而后把靠近它的一段的表土推送并均匀铺撒在第一段梯田上,以此类推,直到田块另一头的最后一段修平。

逐台下移法适宜田面较窄的梯田施工,台内平移法可用于田面较宽的梯田,但横坡分段要窄,以减小表土运送距离。

逐台移土法表土处理的优点是:施工方便,可使用机械施工;逐台(条)处理表土,表土仅运移一次,土方量小和运土量小。缺点是:施工范围窄,只能逐台或逐段施工;损失一台(条)表土,需用客土补充。

(3)分段堆土法(又称带状堆土法)

在一条田块上,把田面分成若干垂直于埂线的地段,一般每段宽度是3m左右。施工时,相邻的3段为一个组,将左、右段表土堆集在中段上。在左右段采用上切下垫法平整底土,平整后再把挖土部位深翻一遍,然后把中段的表土还原至左右带,再把中段修平,还原表土。这一方法适用于缓坡地修宽田面的梯田,施工劳力较多时,分段承包。

10.2.1.4 田坎清基

以田坎分界线为中心,上下各划出50~60cm宽,作为田坎清基线,在清基线范围内清除表土及杂物,深20cm,对上侧整平夯实,作为田坎的基台。

10.2.1.5 田坎修筑

田坎必须用生土填筑,土中不能有杂物。按一定坡比 α(根据土质设计,在70°~85°之间),挖土侧外伸,填土侧逐层向内收缩,并分层夯实,每层虚土厚20cm,夯实后12~15cm,将坎面用锹拍光。

田坎修筑后,要修高出田面30cm的地埂。地埂内侧坡系数为1.3~1.4,可以种植作物,同时可以起缓洪作用。地埂外侧拍光,地埂修完后,超高的顶部要基本水平。

修筑时田坎要在同一个台内同时加高,防止出现不同段田坎分期加高,影响接茬质量。并注意生土的含水量,太干、太湿都影响田坎土体的密实度。简单判断生土含水量适合与否的方法是：用手紧握土体，可成团，不粘手，再稍用力压即松散，为最适含水量。

10.2.1.6 田面平整

清完表土后在修筑田坎的同时，平整田面底土。通常可分为上切下垫和下切上垫2种方法，或2种方法结合使用。它的基本原则是挖、填部位就近运送。

在开挖线上部切土，越过堆积的表土带，送到开挖线下部，这就是上切下垫；而将培坎线附近的切土，向上运送到上一台田块的填土部位或作为培坎用土，即为下切上垫。

10.2.1.7 表土回铺

由于表土经过强烈扰动，土体内水分损失殆尽，结构破坏，为防止风蚀、增加梯田墒情，回铺表土后要立即镇压。

10.2.1.8 利用与养护

新修梯田，第一年应选种能适应生土和干旱的抗逆性强农作物，如豆类、马铃薯、荞麦等；或种植一年绿肥作物或豆科牧草养地。在梯田补修的头几年，要多施有机肥，深耕，培肥地力。一般2～3年后梯田才能增产。

梯田利用过程中，每次暴雨后，要对梯田检查，及时修复暴雨冲毁的田坎和田埂，增加梯田的蓄洪能力。

根据田坎的高度和宽度，可在田坎上选种植经济价值高，对田面作物影响小，具有防护效益的灌木或牧草。

10.2.2 生物埂梯田修筑

在劳动力缺乏的低山丘陵区、黄土地区及土石山区，可修筑生物埂梯田。生物埂梯田的修筑一般有以下2个步骤：

(1) 密植灌木形成生物埂

在坡度12°～18°、土层厚度大于1m以上的坡耕地上，以斜坡距15～25m为间距，密植带状灌木林。一般要求：株距1m，行距为0.5～0.8m。2～3行为1带形成生物埂。可以选用柠条、沙棘、花椒等灌木或黄花、茇茇草等根蘖力较强的多年生草本。

(2) 逐年向下翻土和培埂形成水平梯田

以生物埂为隔离带，每年耕作时，在带内从上向下翻土地，尽量深耕，使坡度逐年变缓。

每隔2～3年，对生物埂进行培土，特别是将生物埂下侧的土体，向上抛入生物埂丛中。培土20～30cm，形成高于坡面的台埂，依靠灌木的根蘖力和庞大的根系，将埂处土体紧密缠绕，形成稳定的生物埂。经7～10年，生物埂高出下部坡面约1m，带间先形成坡式梯田，以后逐渐形成生物埂水平梯田。

生物埂梯田最初几年，由于逐年向下翻土的原因，每一隔离带中上部的土壤肥力较差，需增施有机肥，培肥土壤肥力。

10.2.3 机修梯田修筑

生产中最常用的为履带式推土机修梯田。

10.2.3.1 推土机修筑梯田的土方调运工作区

推土机修梯田，由于机械施工需要一定的工作面，因此，在地块的一定范围内，它的推运方向往往不能与要求出土方向相一致，使梯田的挖方部位形成3个不同土方调运情况的工作区：傍近坎区、死角区和中间区，如见图10-9所示。

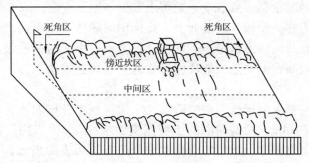

图10-9 机修梯田土方运调的3个不同工作区

(1) 傍近坎区

傍近坎区位于上一台地块的埂坎下，宽为4~4.5m的范围。对于这一区内的土方开挖。推土机起始工作位置只能与埂线平行，而后在挖土的前进过程中，逐渐沿曲线或斜线向填方区送土。如果该区的土方按横向就近调运，就要两次或多次转向倒土，需功量较大。它的有利调运方向，一般是沿取土点为起点，横向以田面宽，纵向以0.8~1.5倍田面宽的直角三角形外边方向运送。此外，如在梁弯相同的地形条件下修梯田时，可尽量利用地形特点把傍坎区的上方，按纵向直线送向相邻弯内填方区。

(2) 死角区

上台埂坎下左右存在2个机械无法开挖的死角区。此区土方最适宜的调运位置是相邻地块的外角填方区。若要求向其他填方范围调运，则需进行两次或多次转向倒土。

(3) 中间区

在紧靠开挖线上部的控方范围，称中间区。这一部分的挖方不受地形限制，推土机可以根据实际要求，就近调运，直线向填方区送土。

10.2.3.2 推土机修梯田的施工方法

(1) 表土处理

基本方法与人工修梯田表土处理相同，有蛇蜕皮法和横坡分区保留表土法。但中间推土法处理表土在推土机修梯田中不能采用。

(2) 生土开挖

生土开挖是推土机修梯田施工中的主体工作。由于山区地形、地块情况复杂，必须选择合理的出土线路、开挖方式和推土方法。出土线路分为辐射形运土、扇形运土、平行运土、交叉运土4种出土线路。开挖方式有全面逐层开挖、沟槽开挖和傍坎开挖3种方式。

①全面逐层开挖　即对挖方区的底土，进行全面分层开挖直至整个地块修平。全面逐层开挖又分水平逐层开挖和顺坡逐层开挖2种。

水平逐层开挖又称平台扩大逐层开挖。在陡坡地上修梯田，推土机必须首先开挖工作平台，才能纵向安全作业。因此，开始时，推土机由地块挖方区最高点起始，先开出机械作业小平台，再逐渐将平台扩大，分层下挖，直至全地块挖方完成。一般从地块一端至上台地埂线下方，利用平行的弧状出土线路向外送土，使作业平台逐渐扩大。此法优点是出土方向可随时根据需要改变，遗留土方少，施工安全；缺点是工效较低。

顺坡逐层开挖为在一个较长的坡面上，修梯田的顺序可由下而上逐台修筑，推土机可顺坡分层下挖，直线向填方区送土。此种开挖方式，由于机械顺坡向下推土，充分利用了机身自重，工效高；但易造成地块傍近坎区与死角区遗留土方，需与水平逐层开挖结合进行。

②沟槽开挖　按要求的运土方向，由地块一端，顺序开槽取土，直至将地块挖方全部完成。沟槽宽为3～4m。两槽间隔的土埂宽度要求在0.3m以内，沟槽深按计划深或根据间隔土坡剩余土方多少，适当加深。此种开挖方式运土距离远，工效高，适用于出土方向单一、固定，挖方较均匀而挖深不超过1.5m的情况。

③傍坎开挖（又称切割推土）　根据要求的送土方向，由地块中部的开挖线处开始，先按沟槽开挖。挖到计划深，形成作业平台后，再以侧面土坎为对象，用铲刀一端由坎下部向里取土，坎上方因重力作用自行坍落，即掏根自塌。此种开挖方式，铲刀受力不均，机车侧向力较大，适于冬季冻土施工。为保证安全施工，一般要求侧面土坎高度不超过2.5m。

(3)机械筑埂与填方区压实

①机械筑埂　机械碾压人工切削筑埂，是近年较便捷的施工方法，其具体作法是：

第一步放线。机械碾压切削筑埂是边铺土边碾压，直到完成设计埂坎高度以后，才把埂坎外部的剩余土方切削清除。由于埂坎要求的坡角和土壤自然安息角不同，所以它除了埂坎基线外，还要有施工时的铺土边界线，这条边界线称为"培埂铺土线"，如图10-10所示。

培埂铺土线是在埂坎基线下坡的一定距离上，它与埂坎基线之间的距离和培埂高度、设计埂坎侧坡及虚土自然安息角有关。

第二步清基。目的是清除隐患，使修筑的梯田埂坎与基础土壤能结合良好，避免滑塌事故的发生。因此，要在埂坎基线部位把表土连同作物根茬等一并铲除；对有鼠洞等隐患的地段要挖除和分层夯实。在坡地坡度小于15°时，清基工作可用推土机顺埂坎基线进行施工，清基宽度一般是推土机的铲刀宽，同时将埂基修成平台或倒坡形式；如果坡度大于15°，则应以人工清基，埂基宽度以1～2m为宜，清基深度一般为20cm。

第三步铺土与碾压。每层铺土厚度以40cm为最佳，碾压2遍，压实后厚度为23～26cm，埂坎的土壤干容重达到1.4t/m³以上，基本上能保证质量。碾压方法是推土机沿埂坎基线（碾压外边线位于埂坎基线外30cm处）由推土机链轨逐链由里向外碾压。碾压

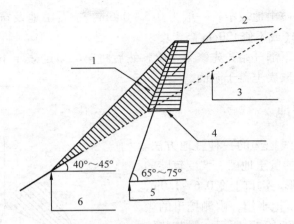

图 10-10 堆土碾压筑埂断面示意图
1-切削土方 2-碾压部分 3-原坡面线 4-清基部分 5-硬坎线 6-培埂铺土线

宽度在埂坎基部为 2.8~3.2m，随着埂坎逐步加高，宽度也可逐步减少。推土机碾压时的运行路线可以是顺埂碾压，也可以与埂线有一定的交角进行碾压。

第四步切削。埂坎外侧坡的切削，可以人工与机械相结合：人工削土，机械将切削下来的土方运走。人工切削时，要注意边切削边将埂面拍实削光，要注意按设计要求的外侧坡切削。

机械碾压筑埂的施工是在虚土陡坡上进行，因此，应重视机械和人身安全，碾压顺序应由里向外，逐渐进行。

②填方区压实 对于有水利灌溉条件的梯田，为防止填方区灌水后沉陷，在机修施工过程中，结合埂坎碾压，最好进行填方部位虚土的压实工作。有灌水条件时，也可采用土中倒水的方法，使填方区湿陷沉实。

(4) 表土回铺与田面耕翻

在地块挖运工作完成，田面达到基本水平后，即可采用平田整地推土法，进行表土回铺工作。一般结合田面细平，用推土铲推运表土，高铲低填，倒退拖刀。在完成表土回铺后，应随即进行田面耕翻和耙糖。

10.3 水土保持整地工程施工

在山区和丘陵区，一般造林地条件较差，应通过水土保持整地工程，如水平阶、水平沟、鱼鳞坑等，拦蓄坡面径流，改善造林地光照、土壤水分、土壤养分等条件，促进林木生长。

10.3.1 水平阶整地

水平阶是沿等高线将坡面修筑成狭窄的台阶状台面。适用于坡面较为完整、土层较厚的缓坡和中等坡。阶面水平或向内呈 3°~5° 的反坡，上下两阶的水平距离，以满足设计的造林行距和在暴雨中各台水平阶间斜坡径流能全部或大部容纳入渗来综合确定。阶面宽因地形而异，石质山地较窄，一般为 0.5~0.6m，土石山地及黄土地区较宽，可达 1.5m；阶外缘可培修（或不修）20cm 高土埂。

施工时，从坡面下部开始，先修第一阶，然后将第二阶的表土下填，以此类推，最后一个水平阶可就近取表土盖于阶面。

10.3.2 水平沟整地

水平沟是沿等高线挖沟的一种整地方法。适用于水土流失严重的黄土地区、坡度较陡的坡面。沟的断面呈梯形。沟口上宽 0.6~1.0m，沟深 0.4~0.6m，沟半挖半填，内侧挖出的生土用于外侧作埂，如图 10-11 所示。树苗栽植于沟埂内侧，根据设计的造林行距和坡面暴雨径流情况，确定沟间距和沟的具体尺寸。

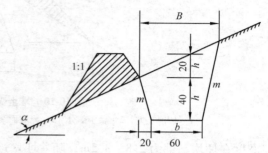

图 10-11 水平沟整地示意（单位：cm）

施工时，先将表土堆在沟的上方，用心土在沟的下方培成高位 0.3m、顶宽为 0.3m 的土埂，在将表土回填于沟内或回填于植树斜坡上。沟内每隔一定距离修一横挡，以防止沟内冲刷。

10.3.3 鱼鳞坑整地

鱼鳞坑为近似于半月形的坑穴，适于地形破碎的沟坡或者坡度较陡的坡面。一般长径 0.8~1.5m，短径 0.5~0.8m，坑深 0.3~0.5m，坑内取土在下沿作成弧状土埂（中部较高，两端较低），高 0.2~0.3m。各坑在坡面沿等高线布置，上下两行坑口呈"品"字形排列。根据造林设计的株行距，确定鱼鳞坑的行距和穴距，树苗栽植于坑内距下沿 0.2~0.3m 位置，坑的两端，开挖宽深各约 0.2~0.3m、倒"八"字形的截水沟，如图 10-12 所示。

施工时，先将表土堆于坑的上方，然后把心土堆于下方，围成弧形土埂并踏实，再将表土填入坑内。

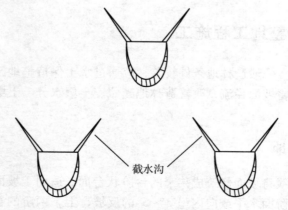

图 10-12 鱼鳞坑整地示意

10.4 小型渠道施工

渠道施工包括渠道开挖、渠堤填筑和渠道衬护。

10.4.1 渠道开挖

渠道开挖的施工方法有人工开挖、机械开挖和爆破开挖等,小型工程主要采用前2种方法。

10.4.1.1 人工开挖渠道

（1）施工排水

渠道开挖的关键是排水问题。应本着上游照顾下游,下游服从上游的原则进行排水。即向下游排水的时间和流量,应照顾下游的排水条件;同时下游应服从上游的需要。一般下游应先开工,且不得阻碍上游排水,以保证水流畅通。如需排除降水和地下水时,还需开挖排水沟。

（2）开挖方法

渠道施工中,应自中心向外,分层开挖;先深后宽,有条件时,应尽可能做到挖填平衡;必须弃土时,应先规划堆土区;横断面方向做到远挖近倒,近挖远倒,先平后高。渠道开挖时,根据土质、地下水来量和地形条件,可分别采用以下2种施工方法。

①龙沟一次到底法　适用于土质较好（如黏性土）、地下水来量较小、总挖深1~2m的渠道。一次将龙沟开挖到设计高程以下0.3~0.5m,然后由龙沟向左右扩大,如图10-13所示。

②分层开挖法　适用于土质较差,开挖深度较大的渠道。龙沟一次开挖到施工设计底部有困难时,可以根据地形和施工条件分层开挖龙沟,分层挖土,如图10-14所示。图中(a)为中心龙沟法,适用于地下水来量小、工期短和平地开挖的工地；图中(b)为侧龙沟法,适用于挖方的一侧靠近滩地或高岗,只能一边出土的场地；图中(c)为滚龙沟法,适用于地下水来量大、土质差、开挖深度大、可以双面出土的工地。采用滚龙沟分层交叉开挖,每层龙沟开挖断面小,便于争取时间。

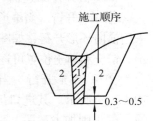

图10-13　龙沟一次到底法示意图（单位：m）

（3）开挖边坡与削坡

渠道开挖时,若一次开挖成坡,将影响开挖进度。因此,一般先按设计坡度要求挖成台阶状,其高宽比按设计坡度要求开挖,最后进行削坡。

10.4.1.2 机械开挖渠道

（1）推土机开挖渠道

采用推土机开挖渠道,其深度一般不宜超过1.5~2.0m,其边坡不宜陡于1:2,填

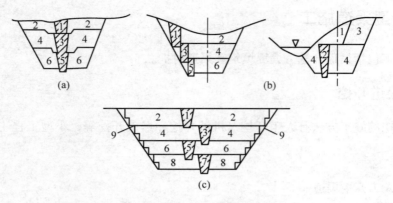

图 10-14　分层开挖龙沟示意图
(a)中心龙沟法　(b)侧龙沟法　(c)滚龙沟法
1~9—施工程序

筑渠堤高度不宜超过 2~3m。在渠道施工中，推土机还可以平整渠底，清除植土层，修整边坡，压实渠堤等。

(2) 铲运机开挖渠道

半挖半填型渠道或全挖方型渠道就近弃土时，采用铲运机开挖较为有利。需要在纵向调配土方的渠道，若运距较近，也可用铲运机开挖。

铲运机开挖渠道的开行方式一般有以下 2 种：

①环形开行　当渠道开挖宽度大于铲土长度，而填土或弃土宽度又大于卸土长度，可采用横向环形开行，如图 10-15 (a)所示；反之，则采用纵向环形开行，如图 10-15 (b)所示。铲土和填土位置可逐渐错动，以完成所需要的断面。

②"8"字形开行　当工作前线较长，填挖高差较大时，应采用"8"字形开行，如图 10-17(c)所示。其进口坡道与挖方轴线间的夹角以 40°~60° 为宜，过大则重车转弯不便，过小则加大运距。采用铲运机工作时，应本着挖近填远，挖远填近的原则施工，即铲土时先从填土区最近的一端开始，先近后远；填土则从铲土区最远的一端开始，先远后近，依次进行。这样不仅创造了下坡铲土的有利条件，还可以在填土区内保持一定长度的自然地面，以便铲运机能高速行驶。

10.4.2　渠堤填筑

筑堤用的土料，应以黏土中略含砂质土为宜。如果用几种土料混填，应将透水性较小的填筑在迎水坡，透水性较大的填筑在背水坡，其余要求参见土坝施工。

填方渠道的取土坑与堤脚应保持一定距离，挖土深度不宜超过2m，且中间应留有土埂；取土宜先远后近，并留有斜坡道以便运土；半填半挖渠道应尽量利用挖方筑堤，只有在土料不足或土质不适用时，才在取土坑取土。

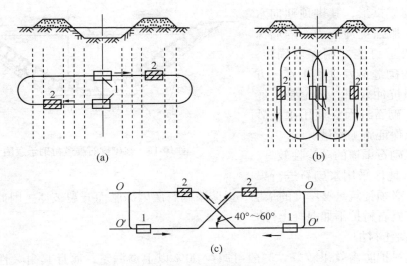

图 10-15　铲运机开行路线示意图
（a）环形横向开行　（b）环形纵向开行　（c）"8"字形开行
1—铲土　2—填土　O—O—填方轴线　O'—O'—挖方轴线

渠堤填筑方法参见土坝碾压施工。堤顶应作成坡度为2%～5%的坡面，以利排水。填筑高度应考虑沉陷，一般可预加5%的沉陷量。

10.4.3　渠道衬砌

渠道衬砌的材料有灰土、砌石、混凝土、沥青材料及塑料薄膜等。在选择衬砌材料时，应考虑以下原则：防渗效果好、就地取材、施工简易、能提高渠道输水能力和抗冲能力、减小渠道断面尺寸、造价低、耐久性强、便于管理养护和维护费用低等。

（1）灰土衬砌

灰土是由石灰和土料混合而成。灰土衬护防渗效果较好，但饱和时抗冻性差，因而在寒冷地区应另加保护层。衬护渠道用的灰土，北方地区多用1:3～1:6的灰土比（质量比），厚度一般为20～40cm，并根据冰冻情况，加设30～50cm的砌石保护层。而南方地区多用1:2～1:6的灰土比，衬砌厚度在多缝的岩石渠道上为15～20cm，在土渠上多为25～30cm。

灰土施工时，先将过筛后的细土料与生石灰搅拌均匀，再加水拌和后堆置一段时间，使石灰充分熟化，并待稍干后，即可分层夯实，并注意拍打坡面消除裂缝。灰土夯实完毕后应养护一段时间，待干后再行通水。

（2）砌石衬护

对于砂砾石地区坡度大、渗漏强的渠道，宜采用浆砌卵石衬护。这种砌护具有较高的抗磨能力和抗冻性，一般可减少渗漏量80%～90%，是一种经济的抗冲防渗措施。

施工时应先按设计要求铺设垫层，然后再砌卵石。砌石的基本要求：使卵石的长边垂直于边坡或渠底，并砌紧、砌平、错缝，座落在垫层上（图10-16）；为了防止砌面被局部冲毁而扩大，每隔10～20m用较大的卵石砌一道隔墙；渠坡隔墙可砌成平直形，渠底隔墙可砌成拱形，其拱顶迎向水流方向，以加强抗冲能力；隔墙深度可根据渠道可能冲刷深度确定；渠底卵石的砌缝最好垂直于水流方向，以增强抗冲效果。不论是渠底还是渠坡，砌石缝面必须用水泥砂浆压缝，以保证施工质量。

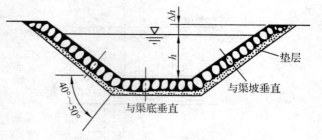

图 10-16　浆砌卵石渠道衬砌示意图

虽然浆砌石渠道的防渗性较好，但在有冻害地区采用浆砌石进行渠道衬护时，必须铺筑足够厚度的垫层，以防浆砌石层因冻胀而开裂破坏。因此，在抗冻防裂方面，砌石衬护不如混凝土衬护。

（3）混凝土衬护

混凝土衬护防渗效果较好，一般可减少 90% 以上渗漏量，而且其耐久性强、糙率小、强度高、便于管理、适应性强，已经得到广泛应用。大型渠道的混凝土衬砌多为就地浇筑，中小型渠道多采用混凝土板。此种衬砌是在预制场制作混凝土板，现场安装和灌筑填缝材料，但装配式衬砌的接缝较多，防渗、抗冻性能差，一般在中小型渠道中采用。

（4）沥青材料衬护

沥青材料具有良好的不透水性，一般可减少渗漏量的 90% 以上，还具有抗碱类物质腐蚀的能力，其抗冲能力随覆盖层材料而定。衬护渠道的沥青材料主要有沥青薄膜。沥青薄膜类防渗按施工方法主要采用现场浇筑。现场浇筑又分为喷洒沥青和沥青砂浆 2 种。

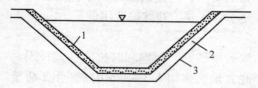

图 10-17　喷洒沥青薄膜衬护渠道示意图
1—保护层　2—沥青薄膜　3—渠床

现场喷洒沥青薄膜施工，首先要将渠床整平、压实，并洒水少许，然后将温度为 200℃ 的软化沥青用喷洒机具，在 354kPa 压力下均匀地喷洒在渠床上，形成厚 6~7mm 的防渗薄膜。一般需喷洒两层以上，各层间需结合良好。喷洒沥青薄膜后，应及时进行质量检查和修补工作。最后在薄膜表面铺设保护层，如图 10-17 所示。一般素土保护层的厚度，小型渠道多用 10~30cm，大型渠道多用 30~50cm。渠道内坡以不陡于 1∶1.75 为宜，以免保护层产生滑动。

沥青砂浆防渗多用于渠底。施工时先将沥青和砂分别加热，然后进行拌和，拌和好后保持在 160~180℃，即可进行现场摊铺，然后用大方铣反复烫压，直至出油，再做保护层。

（5）塑料薄膜衬护

塑料薄膜渠道防渗，具有效果好、适应性强、重量轻、运输方便、施工速度快和造价低等优点。塑料薄膜的铺设方式有表面式和埋藏式 2 种。表面式是将塑料薄膜铺于渠床表面，薄膜容易老化和遭受破坏；埋藏式是在铺好的塑料薄膜上铺筑土料或砌石作为保护层。由于塑料表面光滑，为保证渠道断面的稳定，避免发生渠坡保护层滑塌，渠床边坡宜采用锯齿形。保护层厚度一般不小于30cm。

塑料薄膜衬护渠道施工一般可分为渠床开挖和修整、塑料薄膜的加工和铺设、保护层的填筑等3个施工过程。薄膜铺设前，应在渠床表面加水湿润，以保证薄膜能紧密地贴在基土上。铺设时，将成卷的薄膜横放在渠床内，一端与已铺好的薄膜进行焊接或搭接，并在接缝处填土压实，此后即可将薄膜展开铺设，然后再填筑保护层。铺填保护层时，渠底部分应从一端向另一端进行，渠坡部分则应自下向上逐渐推进，以排除薄膜下的空气。保护层分段填筑完毕后，再将塑料薄膜的边缘固定在顺渠顶开挖的堑壕里，并用土回填压紧。

塑料薄膜的接缝可采用焊接或搭接。焊接有单层热合与双层热合2种，如图10-18所示。搭接时为减少接缝漏水，上游一块塑料薄膜应搭在下游一块之上，搭接长度为5cm。也可用连接槽搭接，如图10-19所示。

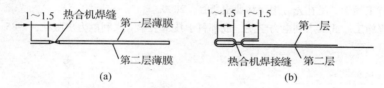

图10-18　塑料薄膜焊接接缝示意图（单位：cm）

（a）单层热合　（b）双层热合

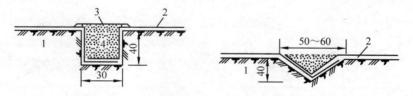

图10-19　有连接槽搭接式接缝示意图（单位：cm）

1－渠床　2－塑料衬膜　3－封顶塑料薄膜　4－回填夯实土

本章小结

本章主要阐述了水土保持集水保土工程措施的施工方法及其技术要求，这些工程措施广泛应用于干旱缺水的山区丘陵区，主要内容包括：不同建筑材料的水窖和涝池的施工方法，不同埂坎修筑材料的梯田施工方法及机修梯田的施工方法，水平阶、水平沟和鱼鳞坑等水土保持整地工程的施工方法，不同开挖方式的小型渠道的施工方法、渠堤填筑及其渠道衬砌方法等。

思考题

1. 简述黏土水窖施工时的防渗处理方法。

2. 水窖附属物有哪些？修筑过程中有何技术要点？
3. 简述浆砌石窑窖的施工程序及其修筑方法。
4. 现浇筑混凝土水窖的施工步骤有哪些？
5. 简述土坎梯田的施工工序及其表土处理方法。
6. 试述推土机修梯田的土方调运原则及施工方法。
7. 简述水土保持整地工程的类型及其施工技术要求。
8. 简述小型渠道施工中，人工与机械开挖渠道的方法。
9. 简述渠堤填筑的技术要求。
10. 试述渠道衬砌的选材标准、衬护模式及其技术要求。

推荐阅读书目

1. 水利工程施工．章仲虎．中国水利水电出版社，2001.
2. 水土保持工程学．王礼先．中国林业出版社，2000.
3. 水利工程施工．武汉水利电力学院，成都科学技术大学．水利电力出版社，1985.

第 11 章
山坡固定工程施工

山坡固定工程是重要的坡面侵蚀控制工程。山坡固定工程主要分为坡面排水工程、沟头防护工程和护坡工程。坡面排水工程用以排除雨季坡面产生的地表径流，防止顺坡冲刷，其施工主要是以截水沟、排水沟、沉沙池和蓄水池为主的地表排水工程施工。沟头防护工程分蓄水型和排水型 2 类。本章应掌握围埂式沟头防护工程、排水型沟头防护工程、悬臂式沟头防护工程的施工方法。护坡工程施工包括重力式挡土墙、水泥土墙、浆砌片护墙、锚固护坡工程施工以及采用抹（捶）面和勾、灌缝防护坡面的施工方法。土工网垫护坡、喷混植草护坡和液压喷播植草护坡是近年来出现的护坡方法，有较好的应用前景。

11.1 坡面排水工程施工

水土保持涉及的坡面排水主要是坡面地表排水。在山区、丘陵区，坡面上的地表排水工程主要有截水沟、排水沟及其配套工程沉沙池和蓄水池，用以排除雨季坡面产生的地表径流，防止顺坡冲刷。一般结合山区道路、灌渠及坡面蓄水工程布设。

排水型截水沟一般布设于梯田或林草地上方与荒坡的交界处，与等高线垂直布置，取 1%~2% 的比降，排水型截水沟的排水一端与坡面排水沟相接。

排水沟一般布设于坡面截水沟的两端或较低一端，用以排除截水沟不能容纳的地表径流，排水沟的终端与蓄水池或天然排水道相连。排水沟的比降，根据其排水去向（蓄水池或天然排水道）的位置而定，当排水出口的位置在坡脚时，排水沟大致与坡面等高线正交布设；当排水出口的位置在坡面时，排水沟可基本沿等高线或与等高线斜交布设，各种布设都需做好防冲措施（铺草皮或石方衬砌）。

梯田区两端的排水沟，一般与坡面等高线正交布设，大致与梯田两端的道路同向，土质排水沟应分段设置排水。排水沟纵断面可采取与梯田区大断面一致，以每台田面宽为一水平段，以每台田坎高为一跌水，在跌水处做好防冲措施。

蓄水池一般布设在坡脚或坡面局部低凹处，与排水沟或排水型截水沟的终端相连，以容蓄坡面排水。根据地形有利、岩性良好（无裂缝暗穴、砂砾层等）、蓄水容量大、工程量小、施工方便等条件确定。蓄水池的分布与容量，根据坡面径流总量、蓄排关系和修建省工、使用方便等原则确定。一个坡面的蓄排工程可集中布设一个蓄水池，也可分散布设若干蓄水池，单池容量数百方至数万方不等。

沉沙池一般布设于蓄水池进水口的上游附近，排水沟或排水型截水沟排除的水量，先进入沉沙池，泥沙沉淀后，清水排入池中。沉沙池的位置，根据地形和工程条件而定，可以紧靠蓄水池，也可与蓄水池保持一定距离。

11.1.1 截水沟与排水沟施工

截水沟与排水沟施工包括施工放样、沟道施工和沟道出口处理。

（1）施工放样

根据规划截水沟与排水沟的布置路线，进行施工放样，定好施工线。

（2）沟道施工

根据截水沟与排水沟的设计断面尺寸，沿施工线进行挖沟和筑埂。筑埂填方部分应将地面清理耙毛后均匀铺土，每层厚约20cm，夯实后约15cm，沟底或沟埂薄弱环节处应加固处理。

（3）沟道出口处理

在截水沟与排水沟的出口衔接处，铺草皮或做石料衬砌防冲。在每一道跌水处，应按设计要求进行专项施工。石料衬砌的跌水，其施工要求料石（或较平整块石）厚度不小于30cm，接缝宽度不大于2.5cm。同时应做到：砌石顶部要平，每层铺砌要稳，相邻石料要靠得紧，缝间砂浆要灌饱满，上层石块必须压住其下一层石块的接缝等。

11.1.2 蓄水池与沉沙池施工

蓄水池与沉沙池的施工要点有：

①根据规划的位置和设计的尺寸进行开挖。对于需做石料衬砌的部位，开挖尺寸应预留石方衬砌位置。

②若池底有裂缝或其他漏水隐患等问题，应及时处理，并做好清基夯实，然后进行石方衬砌。石方衬砌要求同砌石施工。

11.2 沟头防护工程施工

沟头防护工程是为保护沟头，制止沟头溯源侵蚀、下切侵蚀和横向侵蚀而修建的工程措施。其主要作用是制止坡面暴雨径流由沟头进入沟道或使之有控制地进入沟道，从而制止沟头前进，保护地面不被沟壑切割破坏。

修建沟头防护工程的重点位置是：沟头以上有坡面集流槽，暴雨中坡面径流由此集中泄入沟头，引起沟头剧烈前进的地方。

沟头防护工程分为蓄水型和排水型2类。

11.2.1 蓄水型沟头防护工程施工

当沟头以上坡面来水量较小，沟头防护工程可以全部拦蓄的，采用蓄水型沟头防护工程。蓄水型又分为2种：一种为围埂式沟头防护工程，即在沟头以上3~5m处，围绕沟头修筑土埂，拦蓄上方来水，制止径流进入沟道；另一种为围埂蓄水池式沟头防护工程,即当沟头以上来水量仅靠围埂不能全部拦蓄时,在围埂以上的邻近低洼处,修建蓄水池,拦蓄部分坡面来水,配合围埂,共同防止径流进入沟道。

(1)围埂式沟头防护工程施工

①根据设计要求,确定围埂(一道或几道)位置、走向,做好定线。

②清基。沿埂线上下两侧各宽0.8m左右,清除地面杂草、树根、石砾等杂物。

③开沟取土筑埂,分层夯实,埂体干容重达$1.4 \sim 1.5 t/m^3$。沟中每5～10m修一小土挡,防止水流集中。

(2)围埂蓄水池式沟头防护工程施工

①根据设计要求,确定蓄水池的位置、形式和尺寸,然后进行开挖。

②围埂的施工技术按前述11.2.1.1中的要求进行;蓄水池的施工技术按前述11.1.1.2中的要求进行。

11.2.2 排水型沟头防护工程施工

当沟头以上坡面来水量较大,蓄水型防护工程不能全部拦蓄,或由于地形、土质限制,不能采用蓄水型时,应采用排水型沟头防护。排水型也分为2种:一种为跌水式沟头防护工程,即当沟头陡崖(或陡坡)高差较小时,用浆砌块石修成跌水,下设消能设备,水流通过跌水安全进入沟道;另一种为悬臂式沟头防护工程,即当沟头陡崖较大时,用木制水槽(或陶瓷管、混凝土管)悬臂置于土质沟头陡坎之上,把来水挑泄下沟,沟底设消能设施。

(1)跌水式沟头防护工程施工

可参照12.2.2"溢洪道施工方法"。

(2)悬臂式沟头防护工程施工

悬臂式沟头防护工程施工包括挑流槽施工和支架施工。施工要点有:

①用木料做挑流槽和支架时,木料应作防腐处理。

②挑流槽置于沟头上地面处,应先挖开地面,深0.3~0.4m,长宽各约1.0m,埋一木板或水泥板,将挑流槽固定在板上,再用土压实,并用树根木桩铆固在土中,保证其牢固。

③木料支架下部扎根处,应浆砌石料,石上开孔,将木料下部插于孔中,固定。扎根处必须保证不因雨水冲蚀而动摇。

④浆砌块石支架,应作好清基。座底0.8m×0.8m至1.0m×1.0m,逐层向上缩小。

⑤消能设备(筐内装石)应先向下挖深0.8~1.0m,然后放进筐石。

11.3 护坡工程施工

对于暴露于大气中受到雨水、温度、风等自然因素反复作用的石质或土质边坡坡面、天然沟壑、土(石)壁等,为了避免出现剥落、碎落、冲刷或表层土溜坍等破坏,必须采取一定措施对坡面加以防护。对于坡度陡峭、有滑坡危险的土质、岩石坡面,可修建挡土墙、坡面护墙进行防护;对于岩石风化、裂隙发育的坡面,可采用抹面、捶面、锚固喷浆、勾(灌)缝等形式的工程防护措施。此外，近年来开始应用工程和植物相结合的喷混植草护坡和液压喷播植草护坡技术。

11.3.1 挡土墙施工

常用的挡土墙结构形式有重力式、悬臂式、扶臂式、锚杆及加筋挡土墙等。应根据工程需要、土质情况、材料供应、施工技术以及造价等因素进行合理选择。

(1) 重力式挡土墙

重力式挡土墙一般由块石或混凝土材料砌筑而成，墙身截面较大。根据墙背倾斜程度可分为倾斜、直立和俯斜3种，如图11-1(a)、(b)、(c)所示。墙高一般小于8m；当墙高$h=8\sim12m$时，宜用衡重式，如图11-1(d)所示。重力式挡土墙依靠自重抵抗土体压力引起的倾覆弯矩，结构简单、施工方便，可就地取材，在水土保持坡面防护工程中最常用。

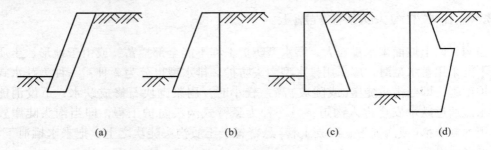

图11-1 重力式挡土墙壁类型
(a)倾斜式 (b)直立式 (c)俯斜式 (d)衡重式

(2) 悬臂式挡土墙

一般由钢筋混凝土建造，墙的稳定主要依靠墙踵悬臂以上的土重维持。墙体内设置钢筋承受拉应力，故墙身截面较小，如图11-2所示。其适用于墙壁高于5m，地基土质差，当地缺乏石料等情况。

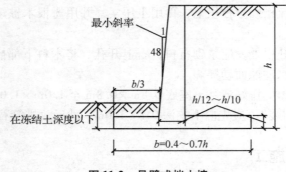

图11-2 悬臂式挡土墙

11.3.1.1 重力式挡土墙的施工要点

墙型的合理选择对挡土墙的安全和经济性有着重大的影响。应根据使用要求、地形和施工等条件综合考虑确定。一般挖坡建墙宜用倾斜式,其土压力小,且墙背可与边坡紧密贴合;填方地区则可用直立或俯斜式,便于施工时使填土夯实;而在山坡上建墙,则宜用直立。墙背仰斜时其坡度不宜缓于1∶0.25(高宽比),且墙面应尽量与墙背平行。

挡土墙墙顶宽度,对于一般石挡土墙不应小于0.5m,对于混凝土挡土墙最小可为0.2~0.4m。当挡土墙抗滑稳定难以满足时,可将基底做成逆坡,一般坡度为(0.1~0.2)∶1.0,如图11-3(a)所示;当地基承载力难以满足时,墙趾宜设台阶,如图11-3(b)所示。挡墙基底埋深一般不应小于1.0m(如基底倾斜,基础埋深从最浅处计算);冻胀类土不小于冻结深度以下0.25m,当冻结深度超过1.0m时,基础深不少于1.25m,但基底必须填筑一定厚度的砂石垫层;岩石地基应将基底埋入未风化的岩层内,嵌入深度随基岩石质的硬度增加而降低。重力式挡墙基底宽与墙高之比为1∶(2~3)。

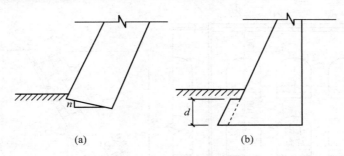

图 11-3 基底逆坡及墙趾台阶
(a)基底逆坡 (b)墙趾台阶

挡土墙应设置泄水孔,其间距宜取2.0~3.0m,上下、左右交错成梅花状布置;外斜坡度为5%,孔眼直径尺寸不宜小于100mm的圆孔或边长100~200mm的方孔。墙后要做好反滤层和必要的排水暗沟,在墙顶地面宜铺设防水层。当墙后有山坡时,还应在坡脚下设置截水沟,将可能的地表水引离。

墙后填土宜选择透水性较强的填料。当采用黏性土作填料时,宜掺入适量的碎石。在季节性冻土地区,墙后填土应选用非冻胀性填料(如炉渣、碎石、粗砂等)。挡墙每隔10~20m设置一道伸缩缝。当地基有变化时宜加设沉降缝。在拐角处应适当采取加强的构造措施。

对于重要的且高度较大的挡土墙,不宜采用黏性填土。墙后填土应分层夯实,注意填土质量。

11.3.1.2 浆砌片石护墙施工

浆砌片石护墙是天然坡面、边坡(特别是路基边坡)防护中采用最多的一种防护措施,它能防止比较严重的坡面变形,适用各种土质边坡及易风化剥落(或较破碎)的岩石边坡。坡面护墙形式有实体式、窗孔式和拱式3种。实体护墙多用墙厚为0.5m等截面形式,墙高较大时可采用底厚顶薄的变截面,顶宽0.4~0.6m,底宽为顶宽加$H/20$~$H/10$(H为墙高)。窗孔式护墙常采用半圆拱形,高2.5~3.5m,宽2~3m,圆拱半径1~1.5m。窗孔内可采取干砌片石、植草或捶面防护,如图11-4(a)所示。拱式护墙适用于边坡下部岩层较完整而上部需防护的情况，拱跨采用5m左右，如图11-4(b)所示。护墙的施工要点为：

①坡面平整、密实，线形顺适。局部有凹陷处，应挖成台阶并用与墙身相同的圬工找平。

②墙基坚实可靠，并埋至冰冻线以下0.25m。当地基软弱时，应采用加深或加强措施。

③墙面及两端面砌筑平顺。墙背与坡面密贴结合，墙顶与边坡间隙应封严。局部墙面镶砌时，应切入坡面，表面与周边平顺衔接。

④砌体石质坚硬。浆砌砌体砂浆和干砌咬扣都必须紧密、错缝，严禁近缝、叠砌、贴砌和浮塞，砌体勾缝牢固美观。

⑤每隔10～15m宜设一道伸缩缝，伸缩缝用沥青麻丝填缝。泄水孔后需设反滤层。

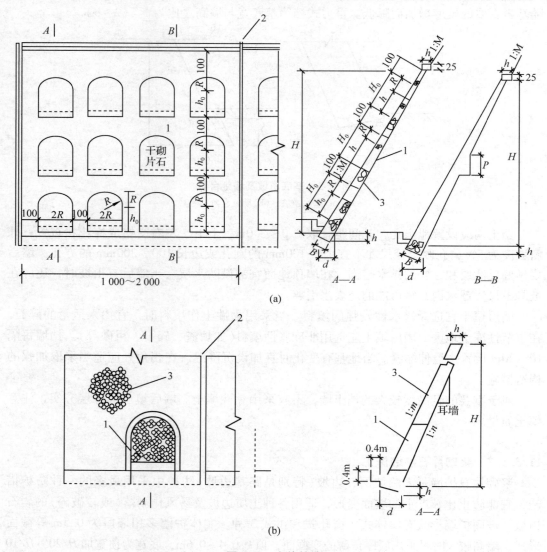

图11-4 砌片护墙
(a)窗孔式墙　(b)拱式护墙
1—干砌片石　2—伸缩缝　3—浆砌片石

11.3.2 锚固护坡工程施工

水土保持工程使用的锚固护坡方法也称为土钉支护，是以土钉（加固或同时锚固原位土体的细长杆件）作为主要受力构件的边坡支护技术。它由密集的土钉群、被加固的原位土体、喷射的混凝土面层和必要的防水系统组成，又称土钉墙。通常采取土层中钻孔，置入钢筋并沿孔全长注浆的方法，土钉依靠与土体之间界面粘结力或摩擦力，在土体发生变形的条件下被动受力，主要是受拉力作用。

土钉支护具有以下特点：材料用量和工程量少，施工速度快；施工设备和操作方法简单；施工操作场地较小，对环境特别是对景观干扰小，适合在城市地区施工；土钉与土体形成复合主体，提高了边坡整体稳定性和承受坡顶荷载能力，增强了土体破坏的延性；土钉支护适用于地下水位以上的砂土、粉土、黏土等土体中。

土钉支护作用机理：土钉墙是由土钉锚体与坡面或边坡侧壁土体形成的复合体，土钉锚体由于本身具有较大的刚度和强度，并在其分布的空间内与土体组成了复合体的骨架，起到约束土体变形的作用，弥补了土体抗拉强度低的缺点，与土体共同作用，可显著提高坡面侧壁的承载能力和稳定性。土钉与坡面或边坡侧壁土体共同承受外荷载和自重应力，土钉起着分担作用。土钉具有较高的抗拉、抗剪强度和抗弯刚度。当土体进入塑性状态后，应力逐渐向土钉转移；当土体开裂时，土钉内出现弯剪、拉剪等复合应力，最后导致土钉锚体碎裂，钢筋屈服。由于土钉的应力分担，应力传递与扩散作用，增强了土体变形的延性，降低了应力集中程度，从而改善了土钉墙复合体塑性变形和破坏状态。喷射混凝土面层对坡面变形起约束作用，约束力取决于土钉表面与土的摩擦阻力，摩擦阻力主要来自复合土体开裂区后面的稳定复合土体。土钉墙体是通过土钉与土体的相互作用实现其对基坑侧墙的支护作用的。

土钉支护的施工工艺：定位→钻机就位→成孔→插钢筋→注浆→喷射混凝土。

土钉采用直径 16～32mm 的螺纹钢筋，与水平面夹角一般为 5°～20°；长度在非饱和土中宜为坡面深度的 0.6～1.2 倍，软塑黏性土中宜为坡面深度的 1.0 倍；水平间距和垂直间距相等且乘积应不大于 6m^2，非饱和土中为 1.2～1.5m，坚硬黏土或风化岩中可为 2m，软土中为 1m；土钉孔径为 70～120mm；注浆强度不低于 10MPa。

成孔钻机可采用螺旋钻机、冲击钻机、地质钻机，按规定进行钻孔施工。螺纹钢筋应除锈，保持平直。注浆可采用重力、低压（0.4～0.6MPa）或高压（1～2MPa）方法，水平孔应采用低压或高压注浆方法。注浆用水泥砂浆，其配合比为 1:3 或 1:2，用水泥浆则水灰比为 0.45～0.5。

面层采用喷射混凝土，强度等级不低于 C20，水灰比为 0.4～0.45，砂率为 45%～55%，水泥与砂石质量比为 1:(4～4.5)，粗骨料最大粒径不得大于 12mm，配置的钢筋网采用直径 6～10mm 钢筋，间距 150～300mm，厚度 80～200mm。喷射混凝土顺序应自下而上，喷射分两次进行。第一次喷射后铺设钢筋网，并使钢筋网与土钉牢固连接；喷射第二层混凝土要求表面湿润、平整，无干斑或滑移流淌现象，待混凝土终凝后 2h，浇水养护 7d。土钉与混凝土面层必须有效地连接成整体，混凝土面层应深入基坑底部不少于 0.2m。

11.3.3 抹(捶)面护坡

抹面和捶面适用于易风化但表面比较完整、尚未剥落的岩石边坡，如页岩、泥岩、泥灰岩、千枚岩等软质岩层。抹(捶)面材料常用石灰炉渣混合灰浆、石灰炉渣三合或四合土及水泥石灰砂浆。其中三合和四合土需用人工捶夯，故称为捶面。抹(捶)面材料的配合比应经试抹、试捶确定，以保证能稳定地密贴于坡面。抹(捶)之前，坡面上的杂质、浮土、松动的石块及表面风化破碎岩体应清除干净，当有潜水露出时，应作引水或截流处理，岩体表面要冲洗干净，表面要平整、密实、湿润。抹面宜分两次进行，底层抹全厚的2/3，面层1/3。捶面应经拍(捶)打使其与坡面紧贴，并做到厚度均匀、表面光滑。在较大面积抹(捶)面时，应设置伸缩缝，其间距不宜超过10m，缝宽1~2cm，缝内用沥青麻筋或油毛毡填塞紧密。抹面表面可涂沥青保护层，以防止抹面开裂和提高抗冲蚀能力。抹(捶)面的周边，必须严格封闭；如在其边坡顶部作截水沟，沟底及沟边也应进行抹(捶)面的防护。

11.3.4 勾、灌缝护坡

勾缝、灌缝防护措施适用于岩体节理虽较为发育，但岩体本身较坚硬且不易风化的路堑边坡。节理多而细者，可用勾缝；缝宽较大者宜用混凝土灌缝。在勾、灌缝前，岩体表面要冲洗干净，勾缝的水泥砂浆应嵌入缝中，较宽的缝可用体积比为1:3:6或1:4:6的小石子砂浆振捣密实，灌满至缝口抹平。缝较深时，用压浆机灌注。

11.3.5 土工合成材料护坡

11.3.5.1 土工网垫护坡

土工网垫又称三维植被网，是用聚乙烯、尼龙或聚丙烯线以一定的方式绕成的柔性垫，具有敞式结构，孔隙率大于90%，厚度为10~30mm。施工时将土工网垫铺于需保护的土坡上，一般沿最大坡度线铺放，在坡顶距坡肩300mm处设锚沟，埋深300mm，并沿坡面用竹钉或木钉固定。在铺好的垫上撒播耕植土、草籽和肥料，以填充垫的空隙。这样的保护可以降低雨滴能量，防止降雨引起的冲沟，并有利于植物的生长，如图11-5所示。由于土工网垫对植物根系的加筋作用，其允许径流流速是普通草皮护坡的2倍，对暴雨的顺坡冲刷起到有效的防冲抗蚀作用。

高强塑料点接土木格栅

单向塑料土工格栅

塑料(PP)双向拉伸格栅

经编复合格栅

图11-5 不同类型的土工护坡材料

11.3.5.2 土工绳网护坡

土工绳网由聚丙烯绳（也可用黄麻绳）制成，典型的产品绳径为5mm，开口为15mm×15mm，其开口面积比约为60%，即有40%的坡面被网直接保护。施工时将土工绳网铺在坡面上，因地制宜地进行适当的固定。土工绳网对土坡有加筋固定作用，同时对坡面径流产生较大的阻力，减缓流速，增加土壤入渗，控制坡面侵蚀。可在绳网的空隙，即网格内栽种植被，网格下土壤水分条件的改善还可促进植被生长，如图11-6所示。

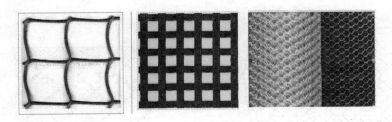

图11-6 不同类型的土工网绳

11.3.6 植被防护工程施工

植物防护就是在边坡上种植草丛或树木，或者两者兼有，以减缓边坡上的水流速度，利用植物根系固结边坡表层土壤以减轻冲刷，从而达到保护边坡的目的。植被防护在强度上要比前述工程防护弱，但它的主要优点是对于浅层土壤流失或轻度侵蚀之地，采用生物工程措施整治，不但可以解决斜坡的稳定问题，而且投资较前者要省。边坡植物防护技术分为植草、植草皮、植树，喷播生态混凝土，栽藤和在框架内植草护坡等几类。在此介绍几种植物与工程相结合的施工方法，其他的植物栽植方法在相关课程中介绍。

11.3.6.1 铺草皮

铺草皮的作用与种草防护相同，但它收效快，可适用于边坡较陡和冲刷较重（容许流水速度<1.8m/s）的坡面。草皮应挖成块状或带状，块状草坡尺寸为20cm×25cm、25cm×40cm、30cm×50cm 3种；带状草皮宽为25cm，长2~3m；草皮厚度一般为6~10cm，干旱和炎热地区可增加到15cm。铺草方式有如图11-7所示的平铺、平铺叠置、方格式和卵（片）石方格式4种。

若在边坡度大于1:1.5的坡面上铺草皮时，每块草皮钉2~4根竹尖或木尖桩，以防下滑。卵石方格草皮中作为骨架的卵（片）石应竖栽，埋深15~20cm，外露5~10cm，条带宽20cm左右。在铺草皮之前，将坡面挖松整平，如有地下水露头，应作好排水设施。

11.3.6.2 喷混植草护坡

喷混植草是一种将含草种有机质混凝土喷在岩石坡面上来达到既防护边坡又恢复植被的边坡处理方法。该方法首先在岩石坡面上打锚杆并挂上镀锌机编网以防护边坡，然后在网上先后喷上总厚度为6~10cm的两层有机植生土（第一层的作用侧重防护，第二

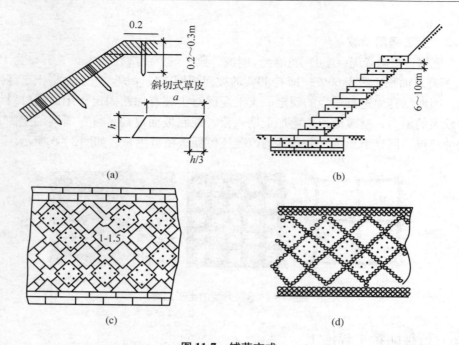

图 11-7 铺草方式
(a)平铺草皮 (b)平铺叠置草皮 (c)方格式草皮 (d)卵石方格草皮

层的作用侧重植生),使坡面形成一个有机的整体。经过一定时间的养护后,从有机质混凝土中长出的草就将覆盖整个坡面,很快达到植物护坡的目的。

喷混植草护坡施工要点为:

(1)清理整平坡面

按设计的坡度、坡高、平整度修整坡面,人工清理坡面浮石、浮土等,并且做到处理后的坡面斜率一致、平整,无大的突出石块与其他杂物存在。

(2)安装锚杆

先放样,长短锚杆交错排列,横向间距 1m,纵向间距 2m。然后,用风钻或电钻钻孔,钻孔深度与锚杆长度相同。将锚杆插入孔内,杆头伸出坡面 6~8cm,以方便挂网,然后用水泥砂浆将锚杆孔内灌满填实。

(3)安装植生带

植生带是用 PE 网包裹植物纤维和固态长效性肥料的长条袋子。将已灌制好的植生带固定在岩石上,然后将镀锌机编网披覆在植生带及基岩上,利用主锚钉钉固使网伏贴在岩石坡面上。

(4)喷射有机基材及草籽

第一层喷混:以抗冲击强度 C2.5~C5 为控制指标。将植生混合料拌匀后,用喷浆机将植生混合料喷布在敷设有镀锌机编网植生带的岩石坡面上,使植生混合料全面包覆整个岩石坡面和植生带外表面。

第二层喷混:以强制植生绿化为目标。将拌匀后的植生混合料输入喷浆机,通过喷浆机将植生混合料喷布在第一层喷混上,并形成无数个小平台,使其有利于植物的快速生长。

（5）覆盖无纺布

以稻草席或单层无纺布覆盖在喷播完成的坡面上，以保护不受强风暴雨的冲刷而破坏，同时也减少边坡表面水分的蒸发，从而进一步改善种子的发芽、生长环境。

（6）养护

应随时注意植物生长及天气情况，洒水湿润和追加养分。

11.3.6.3 液压喷播植草护坡

液压喷播植草护坡是国外近十多年新开发的一项边坡植物防护措施，是将草籽、肥料、黏着剂、纸浆、土壤改良剂等按一定比例在混合箱内配水搅匀，通过机械加压喷射到边坡坡面而形成植被护坡。其施工简单、速度快，工程造价低，适用性广。

本章小结

本章介绍了山坡固定工程施工，主要分为坡面排水工程、沟头防护工程和护坡工程。排水工程的施工有截水沟施工、排水沟施工、沉沙池施工和蓄水池施工等。沟头防护工程的施工有蓄水型沟头防护和排水型沟头防护两类。蓄水式沟头防护工程施工应掌握围埂式沟头防护工程施工，排水型沟头防护工程施工应掌握悬臂式沟头防护工程的施工方法。护坡工程施工主要掌握重力式挡土墙、浆砌片护墙、土工网垫护坡等施工。近些年出现的土工网护坡是较新的护坡方法，有较好的应用前景。

思考题

1. 简述截水沟和排水沟施工的技术要点。
2. 简述蓄水池与沉沙池施工时注意的问题。
3. 简述蓄水型沟头防护工程的类型及其施工技术。
4. 简述排水型沟头防护工程的类型及其施工技术。
5. 简述护坡工程的主要类型和适用条件。
6. 简述挡土墙的施工要点。
7. 简述浆砌片护墙施工的施工要点。
8. 简述抹（捶）面护坡适用的坡面类型和施工要点。
9. 常用的土工合成材料护坡的施工要点是什么？

推荐阅读书目

1. 水利工程施工．章仲虎．中国水利水电出版社，2001
2. 水土保持工程．王玉德．水利电力出版社，1992．
3. 水土保持综合治理 技术规范（GB/T 16453.1～16453.6—2008）．国家质量监督检验检疫总局．中国标准出版社，1997．

第 12 章
治沟工程和淤地坝施工

在山区和丘陵区,沟道治理的骨干水土保持工程措施主要有谷坊、淤地坝、拦沙坝等。它们的主要作用是抬高侵蚀基准,控制沟床下切、沟岸扩张和沟头前进,调节洪峰流量,蓄水拦沙,减轻洪灾,为沟道利用奠定基础。本章主要介绍土谷坊、碾压式土坝、砌石坝等治沟工程的施工方法。

12.1 土谷坊施工

12.1.1 谷坊的类型

谷坊主要修建在沟底比降较大(>5%)、沟底下切剧烈发展的沟段,是固定沟床的坝体建筑物。它具有抬高侵蚀基准、防止沟底下切、抬高沟床、稳定坡脚、防止沟岸扩张、减缓沟道纵坡、降低山洪流速、减轻山洪或泥石流危害、拦蓄泥沙、使沟底逐渐台阶化等诸多作用。

谷坊有多种类型,按建筑材料的不同,一般分为土谷坊、石谷坊、植物谷坊、混凝土谷坊等。谷坊类型的选择取决于地形、地质、建料、劳力、经济、防护目标和对沟道利用的远景规划等因素。在黄土区一般修筑土谷坊或植物谷坊;若当地有充足的石料,可修筑石谷坊;对于为保护铁路、居民点等有特殊防护要求的山洪、泥石流沟道,则需选用坚固的永久性谷坊,如混凝土谷坊等。

谷坊工程谷坊高一般为 2~5m,根据"顶底相照"的原则在沟道布设谷坊群。谷坊施工的季节常选在枯水季末和早春的农闲时节。

12.1.2 土谷坊的施工

土谷坊的施工程序为:定线、清基、开挖结合槽、填土夯实、开挖溢洪口。

①定线 根据规划测定的谷坊位置(坝轴线),按设计的谷坊尺寸,在地面确定坝基轮廓线。

②清基 将轮廓线以内的浮土、草皮、树根、乱石等全部清除,一般应清除至 10~15cm 深的生土层,如基岩出露,可不进行清基。

③开挖结合槽 清基后,沿坝轴线中心,从沟底至两岸沟坡开挖结合槽,宽深各 0.5~1.0m。要求槽底要平,谷坊两端各嵌入沟岸 0.5m,若沟岸为光岩石,应将岩石凿毛使谷坊与沟岸紧密结合。

④填土夯实　挖好结合槽以后，按谷坊设计规格填土，但填土前先将坚实土层挖松3~5cm，以利结合；再将土分层填入结合槽并分层夯实，每层填土厚0.25~0.30m，夯实至0.20~0.25cm，使土谷坊稳固地坐落在结合槽内；每层填筑时，将夯实土表面刨松3~5cm，再填新土夯实，要求干容重1.4~1.5t/m³；边填筑，边收坡，内、外侧坡要随时拍实。用于修筑谷坊的土料，干湿度要适合，其要求是：抓一把土用手可捏成团，轻轻从手心里掉到地上又能撒开。

⑤开挖溢水口　在谷坊的一端，选择土质坚硬或有岩石的地方开挖出水口与谷坊坝脚的距离，以洪水不冲淘谷坊坝脚为原则。若地基为土质，应用砖、石或草皮砌护，防治洪水冲刷。

为了保护土谷坊安全，延长其使用年限，应与植物措施结合，在土谷坊外侧植树种草。土谷坊要经常检查，淤满后要加高谷坊。

12.2　碾压式土坝施工

碾压式土坝坝体的施工程序为：施工导流、坝基开挖与处理、土料开采与运输、坝面土料铺填与压实、坝体排水棱体修筑、护坡及坝顶工程等。施工导流方法见第13章。坝基开挖从广义而言也是坝基处理的一部分，但需要注意坝体与基础，坝体与两岸的接合；土坝基础的防渗处理，主要采用混凝土防渗墙。土料开采与运输的组织直接影响坝体的上坝土方量，与坝体能否按期填筑到设计高程关系密切，因此，选择合适的挖运机械，并进行科学的配套组合，对坝体施工意义重大。坝面土料铺填与压实关系到坝体的施工质量，在土料填筑的同时，还应注意接坡、接缝等问题，以保证土坝填筑的整体质量。

12.2.1　土坝坝体施工

碾压式土坝坝体的施工作业包括准备作业、基本作业、辅助作业和附加作业。其内容如下：

①准备作业　平整场地，修筑道路，架设电力、通信线路，敷设用水管路，修建临时用房及基坑排水、清基等工作。

②基本作业　料场的土料开采、挖、装、上坝过程的运输，坝面的土料卸铺，平土及逐层压实等。

③辅助作业　清除料场的覆盖层、杂物，降低地下水、控制土料含水量的加水及翻晒，坝面刨毛及松土等，为基本作业创造良好的施工条件。

④附加作业　修整坝坡、铺石护面及铺植草皮等，以保证坝体长期安全运行。

12.2.1.1　料场规划及料场作业

(1)料场规划

料场规划是在对料场进行全面调查的基础上，从空间、时间、质与量等方面合理安排，保证施工进度和施工质量。

①空间规划　就是对料场的位置、高程合理布置，高料高用，低料低用，使土料的上坝运距尽可能短，尽量重车下坡，以减少垂直运输。但料场若布置在坝体轮廓线300m以内，则会影响主体工程的防渗和安全，且与上坝运输相干扰，故应避免。坝的上下游、左右岸最好都选有料场，以便在高峰作业时，扩大上料工作面，减少施工干扰。料场的位置还应利于排除地表水和地下水。

②时间规划　是安排土料使用的时间顺序，宜本着就近料场和上游易淹的料场先用，远处料场和下游不易淹的料场后用；含水量高的料场旱季用，含水量低的料场雨季用的原则。

③料场质与量的规划　是料场规划最基本的内容，也是决定料场取舍的重要前提。在选择和规划使用料场时，应对料场的地质成因、产状、埋深、储量及各种物理力学指标(如容重、含水量、料的成分、颗粒级配、凝聚力及内摩擦角等)进行全面勘探和实验，以便安排施工过程中各个阶段不同部位所需的适宜料场。因此，除料场的总储量应满足完成坝体的要求外，而且应满足各施工阶段最大上坝强度的需要。一般应设有主要料场和备用料场。主要料场要质量好、储量大，开采集中，距坝址较近，同时有利于常年开采。备用料场一般设在淹没区范围以外，以便当主要料场被淹、土料过湿或因其他原因造成主要料场不能使用时而使用备用料场，保证开采、填筑工作正常进行。主要料场总储量应比设计总方量多50%～100%，备用料场的储量应为主要料场总储量的20%～30%。

根据以上原则可制定工程料场规划，见表12-1。表12-1可与坝体不同填筑部位所用料场示意图(图12-1)结合使用。

此外，为了降低工程成本，提高经济效益，应尽量利用挖方作为填筑材料，如开挖

表12-1　×××工程料场规划表

料场编号	料场名称	地点	距坝距离/km	埋深/m	面积/m²	储量/m³	使用时间
①							
②							
③							
④							
⑤							
⋮							

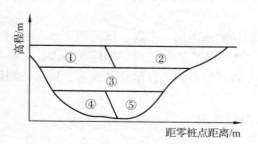

图12-1　坝体不同填筑部位所用料场示意图

时间与上坝时间不相吻合时，可安排堆料场加以储备。

（2）料场作业

料场作业主要包括料场的清理、排水、开挖方法及土料含水量的控制等。

料场清理包括伐木、除草、剥弃表层腐殖土等。料场排水的原则是"截水与排水相结合，以截水为主"。对于地表水，应在采料高程以上修筑截水沟加以拦截，并采用明式排水迅速排除。这些排水沟应随开挖高程的降低而降低，保持开挖期间排水不中断。当地下水位较高时，需设井点进行人工降低地下水。

土料场的开采分立面开挖和平面开挖2种方法。立面开挖是在很厚的土层上分几个比较高的台阶进行开挖，此方法可使土料的含水量蒸发损失小。平面开挖是在大面积上进行薄层开挖，这种方法有利于土中水分的蒸发，适用于平坦开阔的料场。

土料含水量应与坝体压实要求的施工最优含水量相一致，以保证压实质量。低含水量土料需要加水处理。土料加水要符合2个要求：一是使土料含水量达到施工含水量控制范围；二是使加水后的土料含水量保持均匀。常用的加水方法有分块筑畦埂灌水法、喷灌机灌水法及表面喷水法。

①分块筑畦埂灌水法　是将待加水的土料场分块筑畦埂，再向畦块内注水，停置1周后进行使用。该法适于加水量较多、料场较为平坦的情况。加水量可根据需要加水的土层厚度而定，一般1cm水深可湿润6cm土层。水在土中入渗速度随土质不同而异，一般约1m/d。

②喷灌机灌水法　是采用农田灌溉的喷灌机进行喷灌灌水，适宜地形高差大的料场。为了保证喷灌效果，要保持天然地面不受扰动，以免破坏其渗透性。草皮等清理可以待加水完毕后进行。但灌水、养护需较长时间，才能保证加水均匀。

③表面喷水法　是用水管在土场表面喷水，轮流对已加水的土场进行开采。适于土料稍干且面积较大的土场，以便一个或几个土场大量喷水，并有足够的停置时间。施工时可随喷水辅以齿耙耕耘，使其混合均匀。

当土料含水量超过施工控制含水量范围，需采取降低含水量的措施。若土料稍湿，可采用分层开采、逐层晾晒、轮流开挖的办法；但若土料过湿，则采用翻晒方法，即利用气候条件，翻晒土料以降低含水量。进行土料翻晒施工时，应选择合适的场地，以满足翻晒、就地堆存、装运等要求。具体施工分为挖碎、翻晒、运堆等3个工序。翻晒法又分为人工翻晒法和机械翻晒法。

①人工翻晒法　是用齿耙将土耙碎，坚硬黏土用铁铣切成厚1~2cm薄片，每层深度10~20cm，挖后使其相互架空晾晒；待表层稍干即打碎成小于2~3cm的土块，继续翻晒，表层稍干用铁铣翻动一次；如此反复，直至含水量降低到施工控制含水量范围为止。

②机械翻晒法　可用农用耕作机械，拖拉机牵引多铧犁，每层犁入深度3~7cm，然后用圆盘耙或钉齿耙将土块适当耙碎，并按时翻动，其台班产量可达600m³。采用就地翻晒时，须分层取土，分层晾晒。

在翻晒时，宜当天翻晒当天收土，以免夜间吸水回潮。当土料含水量已降低到施工控制含水量范围后，除一部分运到坝上填筑外，对暂时不用的土料，应在料区堆成土牛,并加以防护。土牛堆置方法为:土牛应堆置在易于排水的场地,周围开挖排水沟并便于堆土取土。其堆置形式及大小一般以高 3~5m,宽约 30m,长 60m,顶部排水坡度 5%,下部边坡 1∶1 为宜。在堆土牛前,其底层应铺垫厚约 30cm 废料土块,以减少或防止毛细管上升的作用。土牛两侧边坡应及时平整,外铺含水量较高的天然土料,厚约 30cm,拍打密实。若拟作较长时间储备,可在其表面涂抹 3~6cm 厚的草筋泥浆,并以麦草或稻草覆盖,进行防护。

12.2.1.2 坝基清理

坝基清理包括筑坝范围内的基础清理、土坝防渗部分的坝体与基础结合面的清理,前者关系土坝的稳定安全,后者关系土坝的防渗效果。清基要有以下几点:

①表层较浅范围内自然容重小于 1.48kg/cm³ 的细砂和极细砂应予清除;对于某些特殊基础、岸坡,如湿陷性黄土地基、细砂层地基、岸坡冲沟等,应按专门的设计要求清理。

②表层所有草皮、树木、坟墓、乱石、地道、水井、淤泥及其他杂物等,均应彻底清除和填塞。

③坝基与岸坡开挖用于勘探的试坑,应把坑内积水与杂物全部清除,并用筑坝土料分层回填夯实。

④岸坡与塑性心墙、斜墙或均质坝体连接部位,均应清至不透水层。对于岩石岸坡,其清理坡度不应陡于 1∶0.75;并挖成坡面,不得削成台阶形或反坡,也不可有突出的变坡点;在回填前应涂 3~5mm 厚的黏土浆[土水质量比为 1∶(2.5~3)]以利结合。如有局部反坡而削坡方量又较大时,可采用混凝土补坡处理。对于黏土或非湿陷性黄土岸坡,要求挖成不陡于 1∶1.5 的坡度。山坡与非黏性土连接部分,其清理坡度不得陡于岸坡土在饱和状态下的稳定坡度,并不得有反坡。

⑤坝壳范围内的岩石岸坡风化清理深度,应根据其抗剪强度来决定,以保证坝体的稳定。对于岩石坝基,只要其抗剪强度不低于坝壳区的抗剪强度或不会产生较大的压缩变形,地形上无特殊缺陷(如对不均匀变形不利),都可作为坝壳的基础,不必开挖。对于心墙、斜墙与岩石基础、岸坡相连接处,必须清除强风化层。

⑥对于易风化的敏感性土类,当清理后不能及时回填时,应根据土类的性质预留保护层。

12.2.1.3 土坝填筑与碾压

土坝坝体的填筑通过土料的开采、运输、上坝压实等工序完成。坝面的修整由卸料铺土、平土、洒水、压实、质检等工序完成。碾压是坝体修筑的关键工序。只有通过压实,才能使松散的上坝土料达到设计干容重的要求,成为密实的坝体,使土料的力学和渗透性指标等达到设计要求,保证坝体修筑质量。

影响土料压实的因素、压实机具的选择及压实参数的试验确定见 9.1.2"土方压实"。坝体填筑应在清基后从最低洼处开始,尽快填出一个平整的坝面,再将坝面划分成几个区段进行流水作业施工。坝体是分层填筑的,土料运到坝面以后,经过铺土、平土、压实等工序,完成一个填筑层施工。所以坝面上各施工段可按工序组织流水作业。

(1)坝面流水作业组织

坝面作业包括铺土、平土、洒水或晾晒、土料压实、刨毛、边坡修整、反滤层修筑、排水体及护坡修筑、质量检查等工序。由于坝面作业工作面狭窄、工种多、工序多、机具多,如果施工组织不当,工序间易产生相互干扰,影响施工质量,造成窝工以及人力的浪费,所以一般多采用平行流水作业法组织坝面施工。平行是指同一时间内每一工作区段均有专业施工队在施工,流水是指每一工作区段按施工工序依次进行施工。其结果是各专业队工作专业化,避免了施工中的相互干扰,保证了人、地及机具合理配置,提高了坝面作业效率。平行流水作业的基本做法是:根据某一时段的坝面面积及坝体填筑强度,将坝面划分成若干工程量大致相等的工作区段(或称流水段);按流水段将整个施工分解为若干个施工工序,每一工序由相应的专业队负责;各专业队按施工工序,依先后次序进入同一工作区段,分别完成各自的施工任务;每一专业队连续地从前一个工作区段转移到后一个工作区段,重复进行同样的施工内容。

对某控制高程的坝面,其流水工作段数 m 可按下式计算:

$$m = \frac{F_{hi}}{F_B} \tag{12-1}$$

式中 F_{hi}——某施工时段的坝面工作面积,m²,可按设计图由施工高程确定;

F_B——每班(或半班)的铺土面积,m²,等于每班(或半班)的上坝填筑强度(运输土方量)与铺土厚度的比值。

当流水工序数为等于划分的工作区段数时,表明流水作业是在人、机、地均不闲的情况下正常施工;流水工序数大于工作区段数,表明流水作业是在地闲,机、人不闲的情况下进行施工。反之,表明流水作业不能正常进行,这时可通过缩短流水作业单位时间或合并某些工序来解决。

(2)坝面填筑基本要求

坝面填筑作业依次为铺土、压实等工序。

铺土应沿坝轴线向上、下游方向一致延伸,自卸汽车进入防渗体填筑区铺土,宜用进占法倒退铺土,如图12-2所示,防止土料超过压实功而发生剪切破坏。在坝面上每隔40~60m设专用道口,避免汽车因穿越反滤层将反滤料带入防渗体内,造成反滤料边线混淆而影响坝体质量。

土料压实时,碾压机具的开行方向必须平行坝轴线,碾压方法多采用进退错距法。由于碾压时上下游边坡处于无侧限状况,难以将边坡附近坝体压实。为保证设计断面,

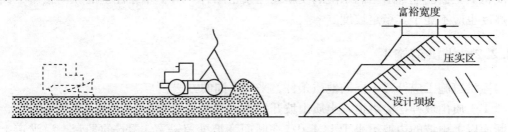

图12-2 汽车进占法卸料示意图　　　图12-3 边坡预留富裕宽度示意图

在上下游边坡铺土时,应预留一定的富裕宽度,如图12-3所示;富裕宽度与碾压机具有关,一般为0.5~1.2m。分段碾压时,顺碾压方向的搭接长度应不小于0.3~0.5m。对于坝面的边缘地带、与岸坡接合的部位、与混凝土结合的区域,应采用夯实机具仔细夯实。

碾压机具选择压实参数确定见本教材9.1.2"土方压实"。

(3) 心墙、斜墙反滤料施工

在塑性心墙坝或斜墙坝的施工中,如何保证土料与反滤料平起,是十分重要的问题。小型工程常采用最简单的反滤料与心墙完全平起施工,反滤料允许少量伸入心墙或斜墙内,如图12-4所示。

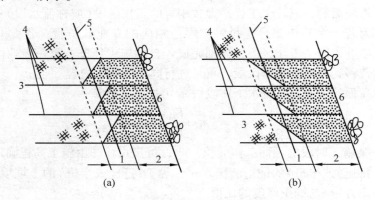

图12-4 反滤料与心墙完全平起施工法示意图
(a)先铺反滤后铺土 (b)先铺土后铺反滤
1—交错带 2—反滤料设计厚度 3—心墙 4—心墙填筑分层 5—心墙设计边坡 6—坝壳

(4) 接缝处理

当坝体分段分期施工时,坝体内将出现横向和纵向施工接缝。接缝面必须认真处理,保证结合良好,防止形成渗水通道和因坝体不均匀沉降导致开裂。对于心墙或斜墙,为了保证防渗要求的整体性,一般不设纵向接缝(即平行于坝轴线的接缝)。对于横向接缝,当两边坝面高差在1m以上时,其结合坡度不应陡于1:3,并在坝面上加设结合槽,以增加防渗效果。结合槽一般深0.25m,底宽0.5m,两侧边坡1:1,间距约5m。对于均质坝体,可允许有纵向接缝。当接缝两边坝面高差较小时,要求其结合坡度不陡于1:2,坡面可采用斜坡与平台相间的形式,不论何种黏性土料的接缝,在填筑新土时,均应将老土面刨毛,适当洒水湿润使新老土紧密结合。对于非黏性土的纵向接缝,其结合坡度也应不陡于其稳定坡度。

12.2.2 溢洪道施工

溢洪道施工应针对不同的地质条件,采用不同的方法。

① 土质山坡开挖溢洪道 土质山坡开挖溢洪道时,过水断面边坡不小于1:1.5,过水断面以上山坡的边坡不小于1:1.0;在断面变坡处留一宽1.0m的平台;溢洪道上部的山坡应开挖排水沟,以保证安全。溢洪道开挖的土方可作为土料用于坝体填筑。

②石质山坡开挖溢洪道 石质山坡开挖溢洪道,应沿溢洪道轴线开槽,再逐步扩大至设计断面,不同风化程度岩石的稳定边坡不同,一般弱风化岩石为1:(0.5~0.8),微风化岩石为1:(0.2~0.5)。

③浆砌石衬砌溢洪道 浆砌石衬砌溢洪道施工的主要工序有溢洪道开挖、基础处理、浆砌石砌筑等,请参考第9章"工种施工"的部分。

12.2.3 泄水洞施工

泄水洞包括卧管、消力池、涵洞等,卧管与消力池的施工参照溢洪道施工进行;涵洞工程应按涵洞、涵管等不同类型及在坝体内外不同位置,采用不同方法施工。

12.3 其他治沟工程施工

12.3.1 格栅坝施工

12.3.1.1 格栅坝的特点

格栅坝是具有横向或纵向格栏网格和整体格架结构的拦挡泥石流的新型坝,适于拦蓄含巨石、大漂砾的水石流,也可布置于黏性泥石流与洪水相间出现的沟道。

格栅坝具有良好的透水性,可有选择性地拦截泥沙,同时还具有坝下冲刷小、坝后易于清淤等优点。格栅坝主体可以在现场拼装,施工速度快。其缺点是坝体的强度和刚度较重力坝小,格栅易被高速流动的泥石流龙头和大砾石击坏,需要的钢材较多;要求有较好的施工条件和熟练的技工。

12.3.1.2 格栅坝的类型及施工特点

按照结构受力形式的不同,格栅坝分为平面型格栅坝和立体型格栅坝2类。

①平面型格栅坝 结构简单,整体抗弯能力较差,抗泥石流冲击力较低,拦蓄量有限,坝高多在8m以下,有时有中支墩,有时无中支墩,一般适用于泥石流规模较小的沟道。

②立体型格栅坝 采用立体框架,受力整体性强,承载力较大,且框架内可拦截大量石块,现场自然坝体,稳定性较好,该类坝型对于大小泥石流沟道均适用,坝高与净跨较平面型大。国内设计净跨可达20m,坝高达22m。

按照建筑材料的不同,格栅坝分为钢筋混凝土格栅坝、金属格栅坝和混合型格栅坝3类。

①钢筋混凝土格栅坝 当沟道中泥石流挟带的大石块较多时,常采用钢筋混凝土格栅坝,它具有坚固稳定的特点。

②金属格栅坝 在基岩峡谷段,可修金属格栅坝,如图12-5所示,它具有结构简单、经济和施工快速的特点。该类坝体的构造及格栅孔径的确定与钢筋混凝土格

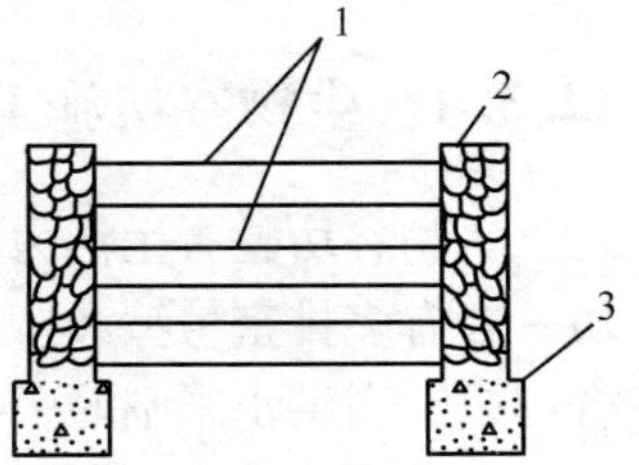

图12-5 金属格栅坝示意图
1-钢轨或钢丝轨 2-块石混凝土支墩
3-混凝土

栅坝相同，格栅的材料可利用废旧的钢轨或钢管。在沟谷较宽(如大于8m)的地方，应在沟中增设混凝土或钢筋混凝土支墩。

③混合型格栅坝　是钢筋混凝土格栅坝和金属格栅坝2种坝型的混合，其坝肩和支墩为砌石或混凝土实体，格栅由金属或钢筋混凝土制作，支墩上连接着两侧的坝肩。该类格栅坝具有更好的透水性和对拦截泥沙的选择性，有的坝体还具有一定的柔性，可适应坝肩和地基的变形。

格栅坝的主体由杆件组合而成，这些杆件为钢构件或钢筋混凝土构件，一般为工厂化生产而成，在筑坝现场仅进行拼装即可，因此，格栅坝施工较为简单，施工速度较快，坝体造价也较低。

12.3.2　木料谷坊施工

在盛产木材的地区，可采用木料谷坊。木料谷坊的坝身由木框架填石构成。为了防止上游坝面及坝顶被冲坏，常加砌石防护。木框架一般用圆木组成，其直径大于10cm，横木的两侧嵌固在砌石体之中，横木与纵木的连接采用扒钉或螺钉紧固。

12.3.3　铁丝笼谷坊施工

铁丝笼谷坊多用于石质山区流速大于5m/s、沟坡较陡的沟段。铁丝笼由铁丝、钢筋等钢料做成网格笼状物，内装块石、砾石或卵石构成。石料的大小以能经受水流冲击，不被冲走为原则。

这种坝型适用于小型荒溪，在我国西南山区较为多见。它的优点是修建简易，施工迅速，造价低，不足之处是使用期短，坝的整体性也较差。

铁丝石笼坝的坝身由铁丝石笼堆砌而成。铁丝石笼为箱形，尺寸一般为0.5m×1.0m×3.0m，棱角边采用直径12~14mm的钢筋焊制而成。编制网孔的铁丝常用10号铁丝。

施工时，先用铁丝编制石笼，石笼网眼的大小根据填入石料的大小而定，应比石料规格稍小，以所填石料不被水流冲走为原则；然后填入石料并运至筑坝地点；再按照谷坊设计尺寸，将铁丝石笼堆砌筑坝；为了增强石笼的整体性，应在石笼之间再用铁丝紧固。

12.3.4　生物谷坊施工

生物谷坊是有生活力的杨柳枝条或杨柳杆与土石料结合而修筑的坝体工程。生物谷坊一般有多排密植型和柳桩编篱型。这种谷坊的特点在于使工程措施与生物措施紧密结合起来，当洪水来临时，谷坊与沟头间形成的空间发挥着消力池的作用，水流以较小的速度回旋漫流而过，尤其在柳枝发芽成活茂密生长以后，将发挥稳定长期的缓流挂淤作用。沟头基部冲淘逐渐减少，沟头的溯源侵蚀将迅速停止。

多排密植型谷坊是在沟中已定修建谷坊的位置，垂直于水流方向，挖沟密植柳杆(或杨杆)，沟深0.5~1.0m，杆长1.5~2.0m，埋深0.5~1.0m，路出地面1.0~1.5m；

每处谷坊栽植柳杆(或杨杆)5排以上,行距1.0m,株距0.3~0.5m,埋杆直径5~7cm。

柳桩编篱型谷坊是在沟中已定修建谷坊的位置,打2~3排柳桩,桩长1.5~2.0m,打入地中0.5~1.0m,排距1.0m,桩距0.3m;用柳梢将柳桩编织成篱,在每两排篱中填入卵石(或块石),再用捆扎柳梢盖顶;用铅丝将前后2~3排柳桩联系绑牢,使之成为整体,加强抗冲能力。

生物谷坊的施工步骤及方法如下:

①桩料选择　按设计要求的桩料长度和桩径,在上涨能力强的活立木上截取。

②埋桩　按设计深度将柳桩打入土内,注意桩身与地面垂直。打桩时勿伤柳桩外皮,芽眼向上,各排桩位呈"品"字形错开。

③编篱与填石　以柳桩为经,从地表以下0.2m开始,安排横向编篱;当柳篱编至与地面齐平时,在背水面最后一排桩间铺柳枝厚0.1~0.2m,桩外露枝梢约1.5m,作为海漫;然后,在各排编篱中填入卵石(或块石),靠近柳篱处填大块,中间填小块,编篱(及其中填石)顶部做成下凹弧形溢水口;编篱与填石完成后,在迎水面填土,高与厚各约0.5m。

12.3.5　沙棘植物"柔性坝"施工

1995年,毕慈芬等人提出用沙棘建设植物"柔性坝"治理砒砂岩地区的水土流失,取得了较好的研究试验效果。研究证明,沙棘植物"柔性坝"能够将70%~80%粒径大于0.05mm的泥沙有效拦截,改变沟道的输水输沙特性,结合坝下谷坊的拦蓄作用,可以基本上把泥沙拦截在支毛沟内,对于减轻粗沙对黄河中下游河道及干支流水库的危害有重要作用。

沙棘植物"柔性坝"的施工技术是:在流域支毛沟道内,选用2~3年生的沙棘健壮苗木,按株距0.3~0.5m、行距1.0~1.5m栽植,种植点呈"品"字形排列,更好地阻流拦沙;植株根系埋深不少于0.3m,防治洪水冲刷;植株出露地面不低于沟道平均洪水位,支毛沟约为0.5m;根据沟道地形地质情况,可种植5~8排苗木增强缓洪拦淤效果,形成沙棘"柔性坝"。注意同一沟道内多个坝段形成的坝系,应自上而下施工种植,且一次同时布设施工。

在沙棘"柔性坝"建设过程中,若沟道内规划有谷坊工程,应尽可能使谷坊与"柔性坝"同时施工,以增强沟道拦泥效果。

为了使沙棘"柔性坝"有效拦沙,需要时常加固和维修。一般在汇流面积较大的坝段,增设加固措施,需要加固的坝段往往是有支流汇入,流量增大的沟段。

本章小结

本章讲述了水土保持治沟工程措施的施工方法及其技术要求,内容包括:小型治沟工程土谷坊的施工技术,针对不同建筑材料和施工方法的治沟骨干工程淤地坝(如碾压式土坝、砌石坝)的施工方法、施工流程、施工技术及其质量要求等,格栅坝、木料谷坊、铁丝笼谷坊、生物谷坊、沙棘植物"柔性坝"等小型治沟工程的施工技术。

思考题

1. 简述土谷坊的施工程序与技术。
2. 简述碾压式土坝坝体施工的主要内容。
3. 如何规划土坝料场？并说明料场作业内容及其要求。
4. 论述土坝填筑、碾压和防渗的施工技术要点。
5. 简述不同类型溢洪道的施工方法。
6. 简述格栅坝的类型及其施工特点。
7. 简述铁丝笼谷坊的施工方法。
8. 简述生物谷坊的施工步骤及方法。
9. 简述沙棘"柔性坝"的施工方法。

推荐阅读书目

1. 水利工程施工. 章仲虎. 中国水利水电出版社, 2001.
2. 水利工程施工. 武汉水利电力学院, 成都科学技术大学. 水利电力出版社, 1985.
3. 水土保持综合治理 技术规范（GB/T 16453.1～16453.6—2008）. 国家质量监督检验检疫总局. 中国标准出版社, 1997.

第13章 河道治理工程施工

河道治理工程主要有丁坝和顺坝：丁坝修建在靠近河岸的河道中，其主要作用是调整流向，将主流挑向河流中心，以减轻水流对河岸的冲刷；顺坝沿河岸修建，主要作用是保持河岸的稳定。河道治理工程一般都位于河床上或河滩上，在施工过程中需要对水流进行控制，以便于干地施工。在河道中修建水利工程，如拦河坝等，也需要控制水流实现干地施工。本章介绍河道上施工控制河水的方法以及河道治理工程的施工方法。

13.1 施工导流和截流

13.1.1 施工导流的基本方法

在河床上进行工程施工时，为了创造干地施工条件，需要在施工场地周围修建临时性的挡水坝，即围堰，并将河水引向预先修建的泄水建筑物泄向下游，这就是施工导流。施工导流的方法分全段围堰法导流和分段围堰法导流2种。

13.1.1.1 全段围堰法导流

全段围堰法导流也称为河床外导流，就是在河床中拟建主体工程的上下游各修建一道拦河围堰，以保证主体工程在围堰的保护下进行干地施工，并使河水经河床以外的临时或永久泄水建筑物泄向下游。当施工河段位于山区河流上，坡降很大，如果泄水道出口的水位低于基坑所在河床的高程时，不必修建下游围堰。

当主体工程建成或接近完成时，再将临时泄水建筑物封堵，使河水按设计方案通过枢纽工程的泄水建筑物下泄。全段围堰法导流按泄水建筑物类型分为隧洞导流、明渠导流、涵管导流和渡槽导流等。

(1) 隧洞导流

隧洞导流一般适用于河谷狭窄、两岸地形陡峻、山岩坚实的山区河流。导流隧洞的布置取决于地形、地质、枢纽布置及水流条件等因素，具体要求和永久隧洞相似。为了提高隧洞单位面积的泄流能力，减小洞径，应注意改善隧洞的过流条件。隧洞最好布置成直线，若有弯道，其半径应大于5倍洞径，避免由水流离心力产生的横向比降或因水流流线的分离而产生局部真空影响隧洞的泄流能力。隧洞进、出口要与上、下游水流衔接，与河道主流的交角以30°左右为宜，并且距上、下游围堰的距离应大于50m，以防止进、出口水流冲刷围堰的迎水面。一般临时性导流隧洞，若地质条件良好，不必进行表面衬砌。可采用光滑爆破的方法降低洞内糙率，以提高泄水能力，减小洞径，从而降低工程造价。一般情况下，洞内糙率降低7%~15%，可使隧洞造价降低2%~6%。隧道施工复杂，造价高、工期长，应尽可能将导流隧洞与枢纽工程的永久隧洞相结合，否则在导流完毕后，还要将其堵塞。相对于明渠而言，隧洞泄水能力有限，为了节省隧洞造价，可仅仅用隧洞导泄非汛期的河水；汛期结合其他方式泄洪，例如，部分洪水从原河道下泄，暂时淹没基坑，洪水过后进行基坑排水，继续施工。

(2) 明渠导流

明渠导流适用于岸坡平缓或有宽广滩地的平原河道，在基坑上、下游修筑拦河围堰，利用河岸或河滩开挖渠道，引导河水通过渠道下泄。布置导流明渠，要做到保障水流顺畅，泄水安全和施工方便，应尽可能缩短渠线，减少工程量。为了防止明渠进、出口水流对围堰迎水面的冲刷，明渠进、出口距围堰的距离也应大于50m。为了减少渠水向基坑入渗，明渠水面到基坑坑底的距离应大于二者水面高差的2.5~3.0倍。为了保证水流顺畅，明渠转弯直径应大于5倍的渠底宽度。

(3) 涵管导流

涵管导流一般用于修建隧洞有困难、且河中流量较小的地段上，或只担负枯水期导流任务的地段。涵管常常用混凝土预制件组装构成，在拼装时要注意各构件间的防渗。为了防止涵管外壁与坝身防渗体之间的渗流，通常在涵管外壁每隔一定距离设置截留环，以延长渗径，降低渗透坡降，减少渗流的破坏作用。此外，必须严格控制涵管外壁防渗体填料的压实质量。涵管管身的温度缝或沉陷缝中的止水也需认真修筑。涵管通常布置在河岸岩滩上，其位置常在枯水位以上，这样可在枯水期不修围堰或只修一小围堰而先将涵管筑好，然后再修上、下游全段围堰，将河水引经涵管下泄。在某些情况下，可在建筑物岩基中开挖沟槽，必要时予以衬砌，然后封上混凝土或钢筋混凝土顶盖，形成涵洞。利用这种涵管导流，往往可以获得经济可靠的效果。

(4) 渡槽导流

渡槽导流多用于河道流量小、河床窄、导流期短的中小型工程。渡槽一般为木制或装配式钢筋混凝土矩形槽。渡槽进出口略低于上下游围堰的顶高，跨越基坑的槽身用支架架立。这种导流方式结构简单，建造迅速，但布置在基坑中的支架对基坑施工有一定的干扰，渡槽的进出口和槽身容易漏水，因此，应注意渡槽进出口与围堰的连接，防止不均匀沉降。此外，渡槽出口处的防冲消能工程必须慎重处理。

以上是施工导流的几种基本方法，在实际施工中，应结合枢纽布置、建筑物形式、施工条件、河流特点等统筹安排，进行恰当的组合才能合理地解决整个施工期间的导流问题。

13.1.1.2 分段围堰法导流

分段围堰法导流也称河内导流，就是用围堰将水工建筑物分段分期围护起来进行施工，如图13-1所示，河水由束窄的河床下泄。所谓分段，即从空间上用围堰将建筑物分成若干个施工段进行施工；所谓分期，就是从时间上将导流过程分为若干个时期。

中小型工程一般采用两段两期进行施工。第一期工程是在建筑物的上游，从河床的一侧或两侧的部分河段上修筑垂直于水流流向的横向围堰，挡住上游的水流，并沿水流方向修筑纵向围堰，纵横围堰相连将部分河段围护起来，使水流通过被束窄了的河段泄向下游，如图13-1所示。当建筑物所在河段中的坡度较陡、水面比降较大时，可以不修建下游围堰，否则在下游也应修筑围堰，以保证下游水流不致回淹建筑物的基坑，在围堰所保护的区域内进行施工。当一期工程砌筑到预定的高程后，特别是泄水建筑物，例如底孔、隧洞或涵管建成后，再在上游和下游修建截断河床剩余部分的二期围堰，同时将水流导向预先修建好的泄水建筑物导流。分段围堰法导流的二期工程也可采用混凝土坝或砌石坝的坝体缺口导流。分段围堰法导流一般适用于河床宽、流量大、施工期较长的工程。

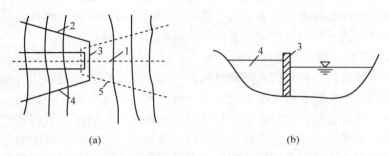

图 13-1 分段围堰法导流示意图
(a)平面图 (b)剖面图
1-坝轴线 2-上横围堰 3-纵向围堰 4-下横围堰 5-第二期围堰轴线

13.1.1.3 导流设计流量和导流时段

导流设计流量是导流建筑物设计的依据之一，取决于导流标准和导流时段。导流标准指导流建筑物所输送洪水的计算标准，导流标准按照永久性建筑物的级别和建筑物类型，选定洪水重现期来推求导流设计流量。导流建筑物的洪水标准见表13-1。

表 13-1 导流建筑物的洪水标准

导流建筑物 类 型	导流建筑物级别		
	Ⅲ	Ⅳ	Ⅴ
	洪水重现期/年		
土石结构	50～20	20～10	10～5
混凝土、浆砌石结构	20～10	10～5	5～3

导流时段指导流设计流量的计算时段，导流时段的划分实质上就是解决主体建筑物在整个施工过程中各个时段的水流控制问题，也就是确定工程施工顺序、施工期间不同时段宣泄不同导流流量的方式，以及与之相适应的各类建筑物的高程和尺寸。由于导流建筑物是为整体工程服务的，服务时间越短，标准越低，越经济。因此，导流时段的确定不仅与河流水文特征有关，还必须考虑水工建筑物的形式、导流方式、施工进度和期限，提出的施工方案在技术上科学合理，同时又便于施工，并能够缩短施工时间，减少工程量。

按照不同的施工对象,导流时段和导流标准主要有以下几种类型:

(1)主体工程是土坝或堆石坝

土坝、堆石坝一般不允许坝体过水,因此当施工期限较长需要经历洪水期时,导流时段就要以全年为标准,其导流设计流量应采用导流标准要求的设计频率所对应的全年最大洪水流量。例如,某枢纽工程为Ⅲ级,导流建筑物为Ⅴ级。如果导流时段是全年导流,导流建筑物的设计标准为 $p=5\%\sim10\%$ 的洪峰流量。

如果能争取让土坝在汛前修成临时拦洪断面,就以减少围堰的使用期限,降低围堰高程,缩小围堰工程量;这样导流时段可以将不包括汛期的施工时段作为标准,导流设计流量即为该时段内按导流标准要求的设计频率所对应的该时段的最大流量。这样,可以达到既安全度汛,又可以达到经济合理与快速施工的目的。

(2)主体工程是混凝土坝或砌石坝

由于混凝土坝或砌石坝可以从坝顶过水,可以考虑洪峰来临时,允许基坑淹没,或完建的主体工程过水,部分或全部工程停工,待洪水过后继续施工。对山区河流,汛期洪水流量很大,历时很短,而枯水期流量又很小;加之山区河流一般河道较窄,水位的变化幅度很大,采用基坑淹没的导流方案可能是合理的。这样,一年中的主体工程施工时间虽然减少,但由于可以采用较小的导流设计流量,因而节约了导流建筑的建设时间和投资,往往还是经济合理的。但是,允许基坑淹没时,导流设计流量的确定,是一个需要认真论证的问题。不同的导流设计流量,有不同的年淹没次数和年有效施工天数。每淹没一次,一般都要进行基坑排水和清淤,修建围堰和其他建筑物,施工机械的撤退及返回以及道路和线路的修理等,必须经过技术经济比较,选择较为可行的方案。

13.1.2 围堰工程

围堰是导流工程中的临时性挡水建筑物,用以围护施工中的基坑,在干地上施工。水保工程和小型水利工程施工时常采用的围堰有土围堰、堆石围堰、草土围堰等形式。按围堰与水流方向的相对位置,可以将围堰分为横向围堰和纵向围堰。横向围堰是垂直于水流方向的围堰,一般分别设于基流的上游和下游;纵向围堰是与水流方向平行的围堰,通过纵向围堰将上、下游的两个横向围堰连成整体,以围护基坑。按导流期间基坑淹没条件,可以将围堰分为过水围堰和不过水围堰。过水围堰除需要满足一般围堰的基本要求外,还要满足堰顶过水的专门要求。选择围堰形式时,必须根据具体条件,在满足下述原则下,通过技术经济比较加以选定:

①围堰具有足够的稳定性、防渗性、抗冲性和一定的强度。

②造价便宜,构造简单,修建、拆除和维护方便。

③围堰布置应力求使水流平顺,不发生严重的局部冲刷。

④围堰的接头和岸边连接要安全可靠,不致因集中渗流等破坏作用而引起围堰失事。

⑤在必要时,需要设置抗冰凌、船阀冲击和破坏的设施。

13.1.2.1 围堰的基本形式

水土保持工程和小型水利工程常用的围堰形式主要有以下几种:

(1) 土围堰

土围堰是一种常用的不过水围堰,多用作上、下游的横向围堰,它既可以在土基上修建,也可以在岩基上修建。土围堰构造简单,施工方便,凡是没有大量有机物或可溶性盐类的土料,都可以作为修筑土围堰的材料。施工中应尽量利用开挖废弃的土料,以降低工程成本。土围堰通常用砂壤土或黏土修筑,当缺乏上述材料时,也可用砂砾土填筑,但为了减少土围堰渗漏,应在其上游面修筑黏土斜墙,或在堰身打筑板桩,延长渗径。土围堰设计成梯形断面,如图 13-2 所示,顶宽根据构造和施工的要求来决定,但不得小于 2m。边坡大小取决于所用的土料和施工方法。干填时,上游边坡宜采用 1:(2~4),下游边坡采用 1:(1.5~2.5);水中抛填时,坡度随水深的加大应变缓。当水流流速超过 0.7m/s 时,应先修筑堆石排水棱体,或放柴排形成静水后再进行填筑。

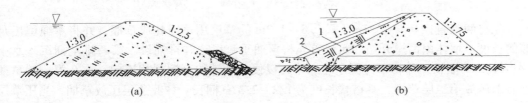

图 13-2 土围堰
(a) 均质土围堰 (b) 黏土斜墙围堰
1 — 黏土斜墙 2 — 护面 3 — 反滤层

(2) 草袋围堰

草袋围堰适用于施工工期较短的小型水利、水保工程,其断面形式如图 13-3 所示,围堰的双面或单面叠放盛装土料的草袋或编织袋,中间夹填黏性土;或迎水面叠放草袋,背水面回填土料以及石料。

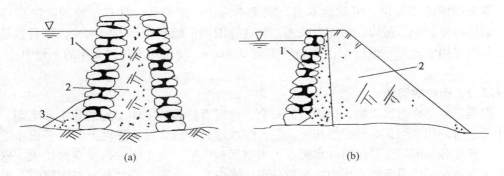

图 13-3 草袋围堰
(a) 双面草袋围堰 (b) 单面草袋土石混合围堰
1 — 盛土的草袋 2 — 回填黏性土 3 — 抛填土方压脚

(3) 草土围堰

草土围堰是一种就地取材，施工方便、造价低的围堰，它不能作为过水围堰，也不能作为纵向围堰。某草土围堰施工方法如图13-4所示。

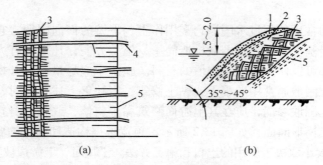

图 13-4　草土围堰施工示意图（单位：m）
(a) 围堰进占平面图　(b) 围堰进占纵断面图
1—黏土　2—散草　3—草捆　4—草绳　5—河岸线或堰体

先将两束直径 0.5～0.7m、长 0.8～1.2m 的草束用草绳扎成草捆，并将草绳留出足够的长度。堰体由河岸开始修筑。首先将草捆垂直岸边并排铺设。第一排草捆沉入水中 1/3～1/2 草捆长，并将草绳固定在岸边，以便与后铺的草捆互相连接。再在第一层草捆上后退压放第二层草捆，其搭接长度为 1/2～2/3 草捆长。如此逐层压放草捆，当压草层数较多时，搭接长度可适当减为 1/3～1/2 草捆长，随草捆逐层压放，形成一个 30°～45° 的斜坡，直到高出水面 1.0m 为止。随后在草捆层的斜坡上铺一层 25～30cm 厚的土料，并用人工踏实。这样就完成了堰体的压草、铺散草和铺土工作的一个工作循环。接着在铺土面上进行第二个工作循环。如此继续进行，堰体即逐渐向前推进，后部的堰体也逐渐沉入河底。

当围堰高出水面后，就应在不影响施工进度的条件下，争取铺土夯实，把围堰逐渐加高到设计高程。围堰的宽度一般采用 2.5～5.0 倍（岩石河床取 2.5，砂砾石河床取 5.0）的围堰高度，堰顶超高采用 1.5～2.0m。

草土围堰施工简单，可就地取材，施工进度快，造价低，具有一定的防冲防渗能力，堰体容重较小，适应变形能力较强。但这种围堰不能承受较大的水头，草料容易腐烂，所以多用于水深不超过 6m，流速不超过 3.5m/s，使用期不超过 2 年的工程中。

13.1.2.2　围堰的防冲

围堰虽然是临时建筑物，但围堰的安全、稳定直接影响主体工程的施工和工期。围堰作为临时的挡水坝，必然面临防冲问题。围堰遭到冲刷在很大程度上与其平面布置有关，尤其在分段围堰法导流时，水流进入围堰区被束窄，流出围堰区又突然扩大，这样就不可避免在河中引起动水压力的重新分布，流态发生急剧改变。此时在围堰的上游转角处产生很大的局部压力差，局部流速显著提高，形成螺旋状的底层涡流，流速方向自上而下，从而淘刷堰脚及基础。为了避免由于局部冲刷而导致溃堰的严重后果必须采取保护措施。一般多采用简易的抛石护底措施来保护堰角及其基础的局部冲刷。

解决围堰及其基础的防冲问题,除了抛石护底或其他措施(如柴排)外,应在围堰的平面布置上力求使水流平顺地通过束窄河段。通常在围堰的上、下游转角处设置导流墙,以改善束窄河段进、出口的水流条件。

13.1.2.3 围堰堰顶高程

(1)下游围堰的堰顶高程

下游围堰的堰顶高程为:

$$H_d = h_d + \delta \tag{13-1}$$

式中 H_d——下游围堰的堰顶高程,m;
　　h_d——下游水位高程,m,可以直接由原河流水位流量关系曲线中找出;
　　δ——围堰的安全超高,m,一般对于不过水围堰可按表13-2采用,对于过水围堰采用0.2~0.5m。

表13-2 不过水围堰坝顶安全超高下限　　　　　　　　　　单位:m

围堰形式	围堰级别	
	Ⅲ	Ⅳ、Ⅴ
土石围堰	0.7	0.5
混凝土围堰	0.4	0.3

(2)上游围堰的堰顶高程

上游围堰堰顶高程为:

$$H_u = h_d + z + h_a + \delta \tag{13-2}$$

式中 H_u——上游围堰堰顶高程,m;
　　z——上下游水位雍高,m;
　　h_a——波浪爬高,m。

其余符号同上式。

上下游水位雍高 z 应通过推求水面曲线来确定,也可采用近似式(13-3)试算。即先加上上游水位 H_0 算出 z 值,以 $z + t_{cp}$ 与所设 H_0 比较,逐步修改 H_0 值,直至接近 $z + t_{cp}$ 值,一般2~3次即可,计算简图如图13-5所示。

$$z = \frac{1}{\phi^2} \cdot \frac{v_c^2}{2g} - \frac{v_0^2}{2g} \tag{13-3}$$

$$v_c = \frac{Q}{W_c}$$

$$W_c = \varepsilon b_c t_{cp}$$

式中 Z——水位雍高,m;
　　v_0——行近流速,m/s;
　　g——重力加速度,取 9.80m/s²;

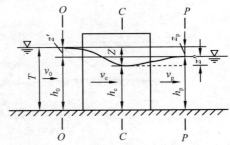

图13-5 束窄河床水力计算简图

ϕ——流速系数,与围堰布置形式有关,见表13-3;
v_c——束窄河床平均流速,m/s;
Q——计算流量,m³/s;
W_c——收缩断面有效过水断面面积,m²;
b_c——束窄河段过水宽度,m;
t_{cp}——河道下游平均水深,m;
ε——过水断面侧收缩系数,单侧收缩时采用0.95,两侧收缩时采用0.90。

表13-3 不同围堰布置的 ϕ 值

布置形式	矩形	梯形	梯形且有导水墙	梯形且有上导水坝	梯形且有顺流丁坝
布置简图					
ϕ	0.70~0.80	0.80~0.85	0.85~0.90	0.70~0.80	0.80~0.85

(3)纵向围堰的堰顶高程

纵向围堰的堰顶高程要与束窄河段宣泄导流设计流量时的水面曲线相适应。因此,纵向围堰的顶面往往做成阶梯形或倾斜状,其上游部分与上游围堰同高,下游部分与下游围堰同高。

13.1.2.4 围堰的拆除

当导流任务完成后,如果围堰不作为永久建筑物的一部分,应予以拆除。土石围堰在最后一次汛期过后,上游水位下降时,即可从围堰背水坡开始分层进行拆除,如图13-6所示。但是,拆除时必须保证残留断面能继续挡水和维持稳定,以免发生安全事故,或使基坑过早淹没,影响施工。一般土石围堰的拆除可用挖掘机、爆破法或人工拆除。草土围堰的水上部分可用人工拆除,水下部分可在堰体开挖缺口或爆破法拆除。当用爆破法拆除围堰时,应注意避免主体建筑物或其他设施受到爆破的危害。

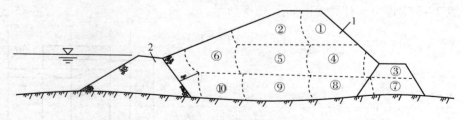

图13-6 土石围堰的拆除
1—正向铲挖除 2—索式挖掘机挖除 ①~⑩—拆除顺序

13.1.3 截流

13.1.3.1 截流过程及合拢方法

在临时导流泄水建筑物完工以后,截断原河床,迫使河水通过临时泄水道下泄的过程称为截流。一般的截流过程为:先在河床的一侧或两侧向河床中填筑截流戗堤,这种向水中筑堤的工作称为进占。戗堤进占到一定程度,使河床束窄形成较大流速的泄水缺口即形成龙口。封堵龙口的工作称为合拢。在合拢开始前,为防止龙口河床或戗堤端部和底部被冲毁,在其迎水面和底部分别设置防冲设施予以加固,分别叫裹头和护底。合拢以后,戗堤本身仍然漏水,因此,必须在戗堤迎水面设置防渗措施,这一工作称为闭气。所以整个截流过程包括戗堤进占、龙口裹头及护底、合拢、闭气等四项工作。截流后,对戗堤进行加高培厚,修成围堰。

合拢的方式可分为平堵和立堵2种方法。平堵法就是用堵口材料沿龙口断面全线均匀抛投,如图13-7所示,使抛投体水平逐层上升,直至断流。平堵法截流时,水流分布在整个断面上,流速相对较小,适用于河床易被冲刷的河流。但是,需要先建栈桥或浮桥。

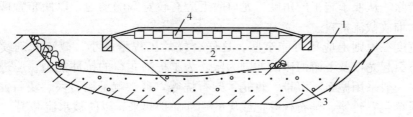

图 13-7 平堵法截留断面图
1—截留戗堤 2—龙口 3—覆盖层 4—浮桥

立堵法截流是将截流材料从龙口一端向另一端,或从两端向中间抛投进占,如图13-8所示,逐渐束窄龙口,直至全部拦断。立堵法不需要在龙口架设栈桥或浮桥,准备工作比较简单,造价比平堵法低。但截流时,龙口的单宽流量较大,流速大且分布不均,需要用单个重量较大的截流材料。立堵法一般适用于岩基或覆盖层较薄的岩基河床。

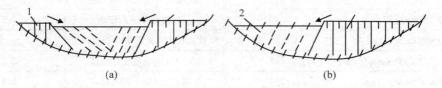

图 13-8 立堵法截流图
(a)双向进占 (b)单向进占
1—截留戗堤 2—龙口

13.1.3.2 截流日期和截流设计流量

从便于截流的角度考虑，截留日期应该选择最枯流量时截流。一般选枯水期的初期，以争取时间，为后续的基坑内施工留有余地。此外，在截流开始前，应修好导流泄水建筑物，并做好过水准备，如清除影响泄水建筑物运用的围堰或其他设施，开挖引水渠；完成截流所需的一切材料、设备、交通道路的准备等。

截流设计流量可按工程的重要程度选用截流时期 $p=5\%$ 或 $p=10\%$ 频率的旬或月平均流量确定。

13.1.3.3 龙口位置和宽度

龙口的位置一般设在河床主流部位，方向力求与主流顺直，以使截流前河水能较顺畅地经由龙口下泄。但有时也可以将龙口设置在河滩上。此时，为了使截流时的水流平顺，应在龙口上、下游顺河流流势按流量大小开挖引河。龙口设在河滩上时，一些准备工作就不必在深水中进行，这对确保施工进度和施工质量均较有利。此外，龙口应选在耐冲河床上，以免截流时因流速增大，引起过分冲刷。如果龙口段河床覆盖层较薄时，则应清除。从便于施工的角度，龙口附近应有较宽阔的场地，以便布置截流运输路线和制作、堆放截流材料。

龙口宽度在原则上应尽可能窄些，这样合拢的工程量就小，截流的延续时间也短些，但以不引起龙口及下游河床的冲刷为限。为了提高龙口的抗冲能力，应进行护底和裹头。护底一般采用抛石、沉排、竹笼、柴石枕等。裹头就是用石块、块石铁丝笼、黏土麻袋包或草包、竹笼、柴石枕等把戗堤的端部保护起来，以防被水流冲坍。

13.1.3.4 截流材料

在截流中，合理地选择截流材料的类型和重量，对于截流的成败和节省截流费用，具有很大意义。截流材料的形式和重量取决于龙口的流速。各种不同材料的适用流速（即抵抗水流冲动的流速）的经验数据见表13-4。

表13-4 截流材料的适用流速

截流材料	适用流速/(m/s)	截流材料	适用流速/(m/s)
土料	0.5~0.7	3t 重大石块或钢筋石笼	3.5
20~30kg 重石块	0.8~1.0	4.5t 重混凝土六面体	4.5
50~70kg 重石块	1.2~1.3	5t 重大石块、大石串或钢筋石笼	4.5~5.5
麻袋装土(0.7m×0.4m×0.2m)	1.5	12~15t 重混凝土四面体	7.2
φ0.5m×2m 装石竹笼	2.0	20t 重混凝土四面体	7.5
φ0.6m×4m 装石竹笼	2.5~3.0	φ1.0m，长15m的柴石枕	7~8

立堵截流时截流材料抵抗水流冲动的流速，可按下式估算：

$$v = K\sqrt{2g\frac{\gamma_1-\gamma}{\gamma}} \cdot \sqrt{D} \tag{13-4}$$

式中　　v——水流流速，m/s；
　　　　K——稳定系数；
　　　　g——重力加速度；
　　　　γ_1——石块密度，t/m³；
　　　　γ——水密度，t/m³；
　　　　D——石块折算成球体的直径，m。

截流材料除了取决于截流流速外，还应考虑起重、运输能力和造价，一般尽可能就地取材。在北方河流上，长期以来用梢料、麻袋、草包、石料、土料等作为堤防溃口的截流堵口材料。在南方，如都江堰，则常用卵石竹笼、砾石和杩槎等作为截流堵河分流的主要材料。国内外大河截流的实践证明，块石是截流的最基本材料。此外，当截流水利条件较差时，还须使用混凝土六面体、四面体、四脚体及钢筋混凝土构架等。

13.2　基坑施工

基坑施工一般包括基坑排水、基坑开挖和地基处理。

13.2.1　基坑排水

围堰的修建解决了河流及地面水对基坑开挖的影响，但由于围堰渗水，地下水以及天然降水而产生的基坑积水仍然影响坑内的施工作业。另外，有些埋置较深的基础工程，如倒虹吸、涵闸、消力池等基础，往往位于地下水位以下，挖基时由于地下的含水层被切断，地下水就会涌入坑内。所以基坑排水是开挖工作中关键的一环。

基坑排水工作按排水时间和性质，一般可分为初期排水和经常性排水。初期排水是排除在围堰闭气后基坑的积水和渗水。经常性排水是指基坑开挖和建筑物施工过程中，排除基坑内的渗水、降水以及冲洗基岩和养护混凝土的废水等。按排水的方法可分为明式排水和人工降低地下水位2种。

13.2.1.1　初期排水

当围堰合拢闭气后，基坑内的积水应立即排除，排除这部分积水必须采用明式排水。在排除积水过程中，基坑内外产生水位差，会造成基坑外的河水通过围堰向基坑渗入。

（1）初期排水流量

初期排水流量一般根据地质情况、工程等级、工期长短及施工条件等因素，参考实际工程的经验，可按以下公式来确定：

$$Q = K \frac{V}{T} \tag{13-5}$$

式中　　Q——初期排水流量，m³/s；
　　　　V——基坑的积水体积，m³；
　　　　T——初期排水时间，s；

K——经验系数,与围堰种类、防渗措施、地基条件等有关,一般取 $4 \sim 10$。

(2)初期排水时间

排水时间 T 主要受基坑水位下降速度的限制。基坑水位的允许下降速度视围堰形式、地基特性及基坑内水深而定。水位下降太快,则围堰或基坑边坡中动水压力变化过大,容易引起坍坡;下降太慢,则影响基坑开挖时间。因此,一般下降速度限制在 $0.5 \sim 1.0 \text{m/d}$ 以内,对土围堰应小于 0.5m/d。

根据初期排水流量即可确定所需的排水设备容量,一般采用离心式水泵排水。

13.2.1.2 经常性排水

经常性排水可采用明式排水,也可采用人工降低地下水位的方法。

(1)明渠排水经常性排水流量

经常性排水主要是排除施工中的废水和渗水。其渗透流量的计算,与基坑面积、土壤性质、基坑深度及坑外作用水头等因素有关。由于地基情况复杂,计算结果可能不完全符合实际情况,在实际施工中常用试抽法予以确定。这里仅将估算渗透流量常用的公式列出,以做参考。

①围堰的渗透流量计算 对于透水地基上的均质土围堰,通过围堰渗入基坑的单宽渗透流量 q 可近似的按下式计算:

$$q = K \frac{(H+T)^2 - (T-y)^2}{2L} \tag{13-6}$$

式中 q——渗入基坑的围堰单宽渗透流量,$\text{m}^3/(\text{d}\cdot\text{m})$;

K——渗透系数,m/d;

$L = L_1 + L_2 - 0.5H$,m,L_2 视施工场地条件而定,一般取 $1 \sim 2\text{m}$。

其他符号的意义见图 13-9。

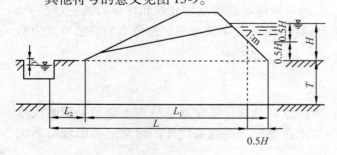

图 13-9 透水地基上的渗透计算草图

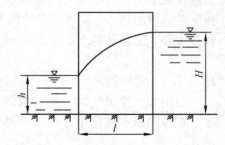

图 13-10 不透水地基上的渗透计算草图

当地基不透水时(图 13-10)可按下式计算:

$$q = K \frac{H^2 - h^2}{2l} \tag{13-7}$$

式中 H——基坑外水深,m;

h——基坑内水深,m;

l——围堰宽度,m。

②基坑渗透流量计算 对于基坑在透水层上时,其渗透流量可按单位面积的渗透流

量估算。每 $1m^2$ 的基坑面积在 1 m 水头作用下的渗透流量 q，可采用表 13-5 所列数值。由表 13-5 估算的结果是不包括围堰渗透流量的，如考虑围堰渗透流量在内，则应乘以修正系数 $1.1\sim1.3$，或另加围堰的渗透流量，此时应按围堰位于不透水层情况来计算围堰渗透流量。

表 13-5　每 $1m^2$ 基坑面积在每 1m 水头下的渗透流量 q 值　　　　　单位：m^3/h

土类	细砂	中砂	粗砂	有裂缝的岩石	含淤泥的黏土
q	0.16	0.24	2.0~0.3	0.15~0.25	0.1

③降水　一般情况下降水强度可按一般暴雨考虑，但不宜超过200mm。

④冲洗基岩及养护混凝土的废水　一般冲洗基岩用水不多时，可略而不计；混凝土养护用的废水，可近似的按每 $1\ m^3$ 混凝土每次养护用水 5L，每日按养护 8 次计算。

(2) 明式排水经常性排水系统布置

经常性排水系统布置通常有 2 种情况：一种是基坑开挖过程中的排水系统布置；另一种是修建建筑物时的排水系统布置。在进行布置时，最好能用一种布置形式来完成这双重任务，并使排水系统不影响施工。

基坑开挖过程中布置排水系统，应以不妨碍开挖和运输工作为原则。一般常将排水干沟布置在基坑中部，以利出土。其布置如图 13-11 所示。随着基坑开挖工作的进展，逐渐加深排水沟，通常保持干沟深度为 $1.0\sim1.5\ m$，支沟深度为 $0.3\sim0.5\ m$。集水井布置在建筑物轮廓线外，其底部应低于干沟沟底。

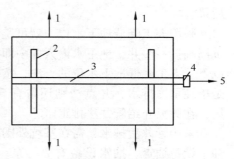

图 13-11　基坑开挖过程的排水系统布置
1—运土方向　2—支沟　3—干沟
4—集水井　5—抽水

当基坑开挖深度不一，坑底不在同一高程时，则应根据具体情况布置排水系统。如采用层层截留、分级抽水，即在不同高程分别布置截水沟、集水井和水泵站进行分级排水。

修建建筑物时的排水系统，通常都布置在基坑四周，如图 13-12 所示。排水沟应布置在建筑物轮廓线外，且距离基坑边坡坡脚不小于 $0.3\sim0.5m$，排水沟的断面尺寸和底坡大小，取决于排水量。一般排水沟底宽不小于0.3m，沟深不大于1.0m，底坡不小于2%。水经排水沟流入集水井，井边设水泵站，将水从井中抽出。集水井宜布置在建筑物轮廓线外较低的地方，它与建筑物的外缘距离应大于井深。井的容积须保证当水泵停止运转 $10\sim15min$，由排水沟流入井内的水量不致漫

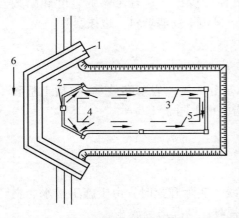

图 13-12　修建建筑物时基坑排水系统布置
1—围堰　2—集水井　3—排水沟
4—建筑物轮廓线　5—排水方向　6—水流方向

溢。集水井不仅用于聚集排水，也有澄清积水的作用。因水泵的使用时间和磨损程度与水中含砂多少有关，因此，集水井以采用稍微偏大偏深为宜。

为了防止降水时地面径流进入基坑，增加排水量，一般在基坑外缘挖排水沟或截水沟，以拦截地面水。沟的断面和底坡应根据流量和土质决定。一般沟宽和沟深不小于0.5m，底坡不小于2%。基坑外地面排水系统最好和道路排水系统相结合，以便自流排水，降低费用。

13.2.1.3 人工降低地下水位

在经常性排水过程中，为了保持基坑开挖工作能始终在干地进行，需要多次降低排水沟和集水井的高程，变换水泵站的位置，不致影响开挖工作的进行。此外，在开挖细砂土、砂壤土等一类地基时，随着基坑底面的下降，坑底与地下水位的高差越来越大，在地下水的动水压力作用下，容易产生滑坡、坑底隆起等事故，为开挖工作带来不良后果。

采用人工降低地下水位，就可避免上述缺点。人工降低地下水位的基本做法：在基坑周围设一些井，地下水渗入井中即被抽走，使基坑范围内的地下水位线降到基坑底面以下。人工降低地下水位的方法，按排水工作原理可分为管井法和井点法2种。管井法是单纯重力排水，井点法则还附有真空排水作用。管井法布设简便，便于小型工程使用，在此只介绍管井法排水。

采用管井法排水，需在基坑外围布置若干井筒，地下水在重力作用下流入井中，用抽水设备抽走。抽水设备有离心泵、潜水泵和深井泵等。当要求大幅度降低地下水位时，最好采用立轴多级离心泵。深井泵一般适用于深度大于20m，渗透系数K为10~80m/昼夜的情况。深井泵排水效果较好，需要管井较少。

管井系统由滤水管、沉淀管和不透水管3部分组成。管井外部有时还需要设反滤层。地下水从滤水管进入管内，水中泥沙则沉淀在沉淀管中。滤水管的构造对井的出水量及可靠性影响很大，要求它的过水能力大，进入泥沙少，并具有足够的轻度和耐久性。管井埋设时要先下套管后下井管，井管下妥后，再边下反滤填料，边拔套管。

13.2.2 基坑开挖

水土保持工程修建必然位于一定的地基上，地基分2类：岩基和软基（包括土基和砂砾石基）。地质性质不同，开挖和处理的方案和措施也不同。

13.2.2.1 岩基开挖

（1）开挖范围

建筑物的平面轮廓是岩基底部开挖的最小轮廓线。实际开挖时，由于施工排水、立模支撑、施工机械运行和道路的布置等因素，需要视具体情况适当放宽。

（2）开挖顺序

开挖顺序的基本原则是：自上而下，先岸坡后河槽。当岸坡部分为较松散的覆盖层或滑坡体时，为了保证开挖边坡的稳定，防止滑坡或落石伤人，必须遵循自上而下的原则。当坝基范围较宽阔,且无上下干扰时,也可先挖河槽部分,以利于能早日进行灌浆等地基处理及回填。

河槽部位的开挖,也要分层开挖,逐步下降。为了增加开挖工作面,扩大钻眼爆破的效果,解决开挖施工时的基坑排水问题,通常要选择合适的部位,抽槽先进,即开挖"先锋槽"。先锋槽形成后,再逐层扩挖下降。先锋槽的位置,一般选在地形较低,排水方便,容易安排出渣运输道路的部位。

(3)开挖方法

岩基开挖的主要方法是钻孔爆破。岩基爆破开挖应分层进行,每层允许开挖的高度不得超过该开挖面至设计基坑底面间高度差的2/3,并且不大于6~8m。限制开挖高度实质上是限制爆破装药量,从而限制了爆破的震动影响。分层爆破开挖到最后应留下1.5~3.0m的保护层。对保护层的开挖则要求采用浅孔小炮爆破,最后0.2~0.3m时,应采用人工橇挖或风镐开采。要避免在已浇或新浇的混凝土附近进行爆破。如必须进行,对邻近新浇筑混凝土段,可在30m以外进行风钻钻孔火雷管爆破;15~30m范围可进行0.5m孔深的单孔小炮爆破;15m以内则禁止爆破。在邻近老混凝土段20m外,可进行一般浅孔爆破;10~20m范围,可进行0.5m孔深的单孔小炮爆破;10m以内爆破要慎重研究。至于爆破区与灌浆孔段的净距,一般不应小于20m;而灌浆刚结束的地段邻近,则禁止爆破,否则事后应打检查孔进行检查,必要时要进行重灌。

(4)规划弃渣场和运输线路

开挖的废渣应尽可能地加以利用,一般可用来修筑土石副坝或围堰,填塘补坑开辟施工场地,利用合格的砂石料加工成混凝土骨料或修筑砌石工程等。因此,必须对整个工程进行土石方平衡,以做到开挖和利用相结合。通过平衡分析,可以合理地确定废渣数量,规划废渣堆放场地。规划废渣堆场时,要避免对施工总体布置的干扰,防止阻滞水流,影响泄水建筑物的正常运行,影响安全度汛及造成废渣迁移等情况。

运输路线的布置要和开挖分层相协调。因此运输道路也应分层布置,并与通向堆渣场地的运输干线连接起来。基坑的废渣应尽可能加以利用,并直接运到使用地点或堆渣场地。

13.2.2.2 软基开挖

软基开挖方法与一般土方开挖相同,但在基坑开挖中,有可能遇到下述问题,应根据具体情况采取相应措施:

(1)淤泥

淤泥的特点是颗粒细,水分多,上面无法行人。应按照下述情况分别采取措施:

①稀淤 稀淤的特点是含水量很大,流动性也大,挖不成锹,此挖彼来,装筐易漏。当淤泥不深时,可将干砂倒入稀泥中,逐渐进占挤淤筑成土埝,填好后即可在埝上进行装桶运走。如稀淤面积大,可同时填筑土埝多条以便控制稀泥乱流。当稀淤深广时,可将稀淤用土埝围起不使外流,并在附近无淤地点开挖深塘,在与稀淤交界处留埝拦淤。

②烂淤　烂淤的特点是淤层较厚，含水量较小，黏性大，锹插入后，不易拔起，拔起后烂淤又粘锹不易脱离。为避免粘锹，每锹必须蘸水，或用三股叉或五股叉代替铁锹。

烂淤开挖时要解决立足地问题，施工中可采用以下2种方法：一是一点突破法，即挖淤时自坑边挖起，集中力量突破一点挖到淤下硬土，再向四周扩展；二是苇排铺路法，即用芦苇扎成枕，每三枕用桩连成苇排，铺在烂淤上，抬土人在排上行走，盛土筐也放在排上，挖土人用破筐垫脚以防下陷。

③夹砂淤　夹砂淤的特点是层砂层淤，如每层厚度较大可采用前述方法开挖；如厚不盈尺，挖前必须先将砂面晒干，至能站人时，方可开挖，挖时应连同下层夹淤一起挖净，勿使上下层砂淤混淆，造成施工困难。

(2) 流砂

当采用明式排水法开挖基坑时，由于原地下水位与基坑内水位相差悬殊，因此，形成的动水压力也大，可能使渗流挟带泥砂从基坑底部向上喷冒，在边坡上形成管涌、流土现象，即流砂现象。流砂现象一般发生在非黏性土中，不仅细砂、中砂可能发生，有时粗砂也可能发生。这主要取决于砂土的含水量、孔隙率、黏粒含量和动水压力的水力坡度。开挖时可在流砂中先行沉入周围有孔隙的竹筐、条筐等，使水与砂分开流入筐内，然后集中力量排出筐内的水，使筐外积砂易于挖除。

对于上述情况要想采用正常开挖方法施工，必须降低地下水位。如限于施工条件，又要使基坑开挖工作能够顺利进行，则必须采取一些稳定边坡的措施。

当基坑坡面较长，基坑需要开挖较深时，可采用柴枕拦砂法，如图13-13所示。这种方法，一方面可截住因降水而造成的坡面流砂；另一方面可防止因坡内动水压力造成的坡脚坍陷。堆填柴枕时要紧密，以免泥砂从柴枕间流出。

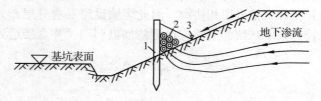

图13-13　柴枕拦砂法
1-木桩　2-柴枕　3-小木桩

对于不大和不深的基坑，可采用砂石护面法。这种方法可保护坡面不受地面径流冲刷并能起到反滤作用，防止坡内渗流携带泥砂。常用的护面作法有：① 在坡面上先铺一层粗砂，再铺一层小石子，每层厚5~8cm，在坡脚处设排水沟。沟底及两侧铺设同样的反滤层，如图13-14所示。② 在坡面上铺设爬坡式柴枕，如图13-15所示，为了防止柴枕下坍，可沿坡脚向上，每隔适当距离打入钎枕桩。在坡脚处同样设排水沟，沟底及两侧设柴枕，以保证拦滤泥砂。

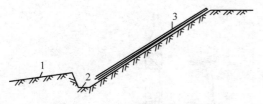
图 13-14 砂石护面层
1—闸塘基坑 2—排水沟 3—砂石护面

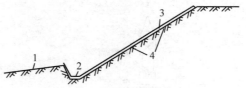
图 13-15 柴枕护面层
1—闸塘基坑 2—排水沟 3—柴枕 4—钎枕桩

13.2.3 地基处理

任何建筑物的基础，都应满足以下要求：

①有足够的强度，能够承受上部结构传递的应力；

②有足够的整体性和均一性，能够防止基础的滑动和不均匀沉陷；

③有足够的耐久性，以防止地下水长期作用下发生侵蚀破坏；

④有足够的抗渗性，以免发生严重的渗漏和渗透破坏。

但是，天然的地基，由于地质和水文地质条件的影响，往往存在着不同程度的缺陷。根据以往水利建设的经验，由于地基基础原因引起水工建筑物失事的，占相当大的比例；因地基原因而影响到工程发挥正常效益的，为数更多。所以在工程施工中，必须十分重视地基处理，以确保建筑物的安全运行。

地基处理的方法很多，各种方法都有它的适用范围和局限性。对具体工程来说，究竟选用什么方法比较适合，要考虑地质条件、施工机具设备、材料来源、施工期限、施工费用等因素，应做技术经济比较，以求得到经济、合理、可靠的方案。

13.2.3.1 土壤地基主要加固方法

（1）换土夯实法

当地基软弱层厚度不大时，可采用全部挖除，并换以砂土、黏土、壤土或砂壤土等回填夯实。开挖时应根据基坑的开挖深度、土壤自然倾斜角确定开挖轮廓线。回填时应分层夯实，严格控制压实质量。

（2）振冲加固

振冲加固软弱地基的基本过程是利用一种能同时进行振动和冲水的机具，称为振冲器，一边振动一边射水，振冲待加固的地层。振冲器沿着振冲而成的孔，逐渐沉入到地层中，直达设计深度，然后，一边继续振冲一边提升，同时将置换料回填到振冲器中。靠着振冲的作用，使置换料挤密孔周的地层，形成一个由置换料所构成的桩体，使地层得到加固，如图 13-16 所示。

振冲加固的基本原理如下：

①振动密实 依靠振冲器的振动作用，使邻近的地层振动密实，这对砂、细砾等散粒结构地层特别有效。

②振冲紧密 对淤泥、黏土等软弱地层尤为明显。

③振冲置换 由碎石、砾石等形成的置换桩与原来的地层构成强度更高、排水固结性能更好的复合地基。

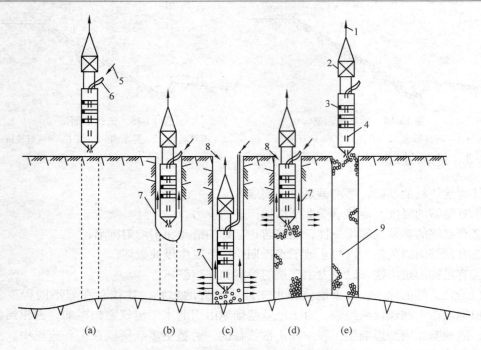

图 13-16　振冲加固地层施工过程

(a) 开始振冲　(b) 振冲成孔过程　(c) 开始回填　(d) 边振冲边回填　(e) 振冲回填结果

1—起吊索　2—潜水电机　3—偏心振动器　4—振冲器　5—高压水($5\times10^5\sim6\times10^5$ Pa)
6—水管　7—水渣排出　8—回填　9—置换桩

振冲加固的地层深度，可达 30m 左右，适用于淤泥、黏土、砂、细砾等松软地层。密实度较高的地层，振冲效果较差。置换料可采用粗砂、碎石、砾石、经破碎的废混凝土或废渣等。振冲孔的间距视地层加固要求而定，可通过现场振冲试验来选择，一般为 1.5~2.5m。

(3) 打设板桩法

为延长渗径或挡土，可采用打设板桩法。由于板桩在吊打时受力大，而使用时受力小，且多不必拔出，故宜采用钢筋混凝土板桩。

打桩前需将板桩拖至打桩机前，并将板桩安设在预先设置的导架中，以便使板桩能够准确的打设在设计位置上。导架如图 13-17 所示，导桩一般 3~5m 打设一根。打板桩时应使板桩凸缘居于前方，以免土壤进入凹槽中，影响板桩间的密接程度。

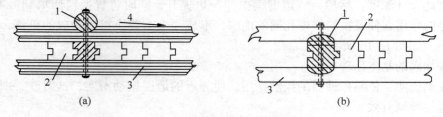

图 13-17　打板桩用导架

(a) 板制板桩　(b) 方木制板桩

1—导桩　2—板桩　3—导木　4—打桩前进方向

13.2.3.2 岩基处理

一般不合格的基岩表层采用开挖处理是比较彻底可靠和经济合理的。处理时将一定范围内的断层及两侧的破碎风化岩石挖除干净,直到新鲜岩石,然后回填混凝土。在采用爆破法开挖时,要防止因震动崩塌和爆破裂缝向开挖范围处延伸;回填混凝土时,要注意边角部位的捣实,并防止漏振和架空。

13.3 丁坝和顺坝施工

13.3.1 丁坝施工

丁坝是由坝头、坝身和坝根3部分组成的一种河道整治建筑物。其坝根与河岸相连,坝头伸向河槽,不与对岸连接,坝头与坝根之间的主体部分为坝身,在平面上与河岸连接起来呈丁字形,故称丁坝,如图13-18所示。

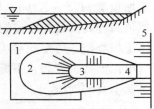

图13-18 丁坝的组成
1—沉排 2—坝头 3—坝身
4—坝根 5—河岸

丁坝的主要作用是:改变洪水流向,防止河道横向侵蚀;缓和洪水流势,使泥沙沉积,并能将水流挑向对岸,保护丁坝下游的护岸工程和堤岸不受水流冲击;还能够调整沟道宽,迎托水流,规整山洪流路,束窄河床。

13.3.1.1 丁坝的种类

按建筑材料的不同,丁坝可分为砌石丁坝、石笼丁坝、混凝土丁坝、梢捆丁坝、木框丁坝、石柳坝及柳盘头等。

按透水性能不同,可分为不透水丁坝和透水丁坝。不透水丁坝一般用浆砌石、混凝土等材料修筑;透水丁坝多采用柳桩编篱材料筑坝,用于水流流速较小、河床演变较缓的河段。

按高度不同,丁坝可分为淹没丁坝和非淹没丁坝。淹没丁坝高程一般在常水位以下,又称潜丁坝;而非淹没丁坝在洪水时,也能露出水面。

按丁坝与水流所成角度不同,可分为正交丁坝、下挑丁坝和上挑丁坝。

按长度不同,丁坝分为短丁坝和长丁坝。

13.3.1.2 丁坝的布置

丁坝多设置于河(沟)道下游的乱流区,有时也在上游段设置。一般按河流治导线(也称为整治线,即设计流量下新河槽的平面轮廓)在凹岸成组布置,丁坝间距一般为坝长的1~3倍,丁坝坝头位置在规划的治导线上。由于丁坝对河势影响较大,其布设必须符合河道整治规划的要求。

在河流弯道的外侧,为了防止横向侵蚀并改变河道中的水流路线,促使泥沙在丁坝区淤积,上挑丁坝应用较多。在河岸有崩塌危险,而对岸比较坚固时,可在崩塌地段的起点,修筑非淹没式下挑丁坝,将洪水中泓引向坚固的对岸,以保护崩塌段河岸。对于崩塌延续范围较长的地段，多做成上挑丁坝组，以加速泥沙淤积，保护崩塌段的坡脚；并在崩塌段下游的末端加设一道护底工程，防止沟底侵蚀而致丁坝基础破坏。

13.3.1.3 丁坝的结构与施工

丁坝的坝型与结构，应根据水流条件、河岸地质、丁坝的工作条件及当地的筑坝材料，因地制宜地确定。

（1）石丁坝

石丁坝的坝心用乱石抛堆或用块石砌筑，表面用干砌石或浆砌石修平，也可用较大的块石抛护；其范围是上游伸出坝脚4m，下游伸出8m，坝头伸出12m；断面较小，一般坝顶宽b1.5～2.0m，坝身边坡系数1.5～2.0，坝头的边坡系数可加大至3.0～5.0，坝顶高程高出设计水位约1m，如图13-19所示。石丁坝的修筑施工方法与谷坊等小型坝体工程类似，可参照第11章，这里不再赘述。此种丁坝为刚性结构，较为坚固，维护简单；但造价较高，不能较好地适应河床变形，易断裂甚至倒覆。适于水深流急、石料来源丰富的河段。

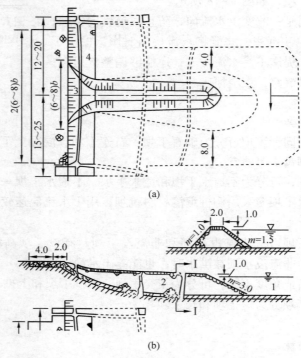

图13-19　抛石丁坝结构示意图（单位：m）
（a）平面图　（b）断面图
1-护底沉排　2-抛石　3-根部　4-根部衔接处护岸

（2）土心丁坝

土心丁坝采用壤土或黏性土料作坝身，用块石作护脚护坡，坝身与护坡之间设置由砂石、土工织物做成的垫层，用沉排（即将树木稍料制成大面积的排状物）作护底而筑成的坝体。施工修筑时，沉排采用直径13~15cm的稍龙，扎成1m见方、上下对称的十字格，作为排体骨架，十字格交点用铅丝扎牢。沉排护底伸出基础部分的宽度，视水流及地质条件而定，以不因底部冲刷而破坏丁坝的稳定性为原则，一般在坝身迎向水流面采用3m以上，背向水流面采用5m以上。若为淹没式丁坝，需要护顶，坝顶面护砌厚度一般0.5~1.0m，顶宽3~5m；若为险工段的非淹没丁坝，顶宽应加大至8~10m。坝身边坡系数一般为2.0~3.0，坝头的边坡系数应大于3.0。丁坝根部与河岸衔接的长度为顶宽的6~8倍。丁坝上下游均需护岸。此种丁坝坝身较长，坝体又为土质，因此适于宽浅的河道。

(3) 石柳坝

石柳坝的结构如图13-20所示，施工修筑方法是：在迎水面的结构和施工与石丁坝相同；在坝身和背水坡打柳桩，填筑淤土或石料，外形呈雁翅形。其特点是节省石料，维护费用小，但坚固耐用性差，适于石料缺乏地区采用。

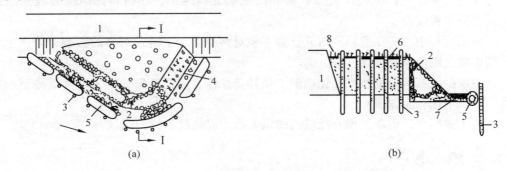

图13-20 石柳坝结构图

(a)平面图 (b)断面图

1-顺河堤 2-砌石 3-柳桩 4-柳橛 5-沉捆 6-芭茅草 7-稍料 8-卵石

(4) 柳盘头

柳盘头呈雁翅斗圆形，其结构以柳枝为主，中间填筑黏土或淤泥而成，如图13-21所示。施工方法是：首先挖基坑，然后在准备修建柳盘头的范围以外，紧靠外沿插入2排长2.5~5.0m、粗10~20cm的柳桩，柳桩埋土深1.5~2.0m，桩距约60cm；在柳桩之间插入柳枝，再放入铅丝笼或沉捆；柳盘头边沿横向铺一层长2~3m、粗2~5cm的

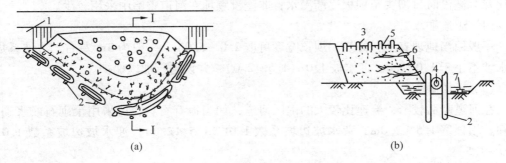

图13-21 柳盘头结构图

(a)平面图 (b)断面图

1-顺河堤 2-柳桩 3-柳橛 4-沉捆 5-卵石 6-柳枝 7-底稍

柳枝，在柳枝上铺覆一层 30~40cm 的黏土或淤泥，如此分层铺放，直至坝体设计高度；最后，在坝顶打柳橛，并在坝面铺约 10cm 厚的卵石层，以保护坝面。柳盘头抵御水流冲刷的能力较石柳坝稍差，造价也更低，适于水流冲刷力较小的小河道。

13.3.1.4 丁坝施工中需要注意的问题

由于山区河道纵坡陡、山洪流速大、挟带泥沙多，丁坝的作用比较复杂，建筑不当不仅不能发挥作用，有时还会引起一些危害，如在窄小的新河槽，有时会因丁坝修筑而减小造地面积，或因水流紊乱而使对岸遭受冲刷，在这类情况不宜建筑丁坝。因此，在丁坝设计与施工之前，应对山区河道的特点、水深、流速等情况进行细致的调查研究，使设计与施工留有余地。在丁坝设计与施工中，应注意以下问题：

① 在施工顺序上，应选择流势较缓和的地点先行施工，然后再推向流势较急的地点，以保证工程安全。

② 施工过程中，应注意观测研究已修丁坝对河道上、下游及对岸的影响，若产生新的不利影响，则应修改设计。

③ 应根据现有沟道的冲淤变化确定丁坝基础挖深，不能简单地将丁坝基础按照现有沟底一律向下挖一定深度。

④ 施工过程中，应在丁坝开挖坑内回填大石，以抵抗水流冲刷。

13.3.2 顺坝施工

13.3.2.1 顺坝的结构

顺坝是一种纵向整治建筑物，由坝头、坝身和坝根 3 部分组成。坝身一般较长，与水流方向接近平行或略有微小交角，直接布置在治导线上，具有导引水流、调整河岸等作用。

按建筑材料不同，顺坝可分为土质顺坝、石质顺坝与土石顺坝 3 类。

按高度不同，顺坝可分为淹没顺坝与非淹没顺坝 2 种类型。淹没顺坝用于整治枯水河槽，顺坝高程由整治水位而定，自坝根到坝头，沿水流方向略有倾斜，其坡度大于水面比降，淹没时自坝头至坝根逐渐漫水；非淹没顺坝在河道整治中采用较少。

（1）土质顺坝

一般用当地现有土料修筑。坝顶宽度可取 2.0~5.0m，一般为 3m 左右，边坡系数，背水坡不小于 1.0:2.0，迎水坡 1.0:(1.5~2.0)，并设抛石加以保护。

（2）石质顺坝

在河道断面较窄，流速比较大的山区河道，如当地有石料，可采用干砌石或浆砌石顺坝。坝顶宽 1.5~3.0m，背水坡边坡系数 1.0:(1.5~2.0)，迎水坡边坡系数 1.0:(1.0~1.5)。

（3）土石顺坝

坝基为细砂河床的，应设沉排，沉排伸出坝基的宽度，背水坡不小于 6m，迎水坡不小于 3m。

13.3.2.2 顺坝的施工

参照第 12 章治沟工程的施工方法，此处不再重述。

本章小结

本章重点讲解河道上施工控制河水的方法以及丁坝的施工。为了创造干地施工条件，需要施工导流。施工导流的方法分全段围堰法导流和分段围堰法导流，水土保持工程属于小型工程，主要采用全段围堰法导流。全段围堰法导流需要修建导流建筑物，视具体情况可采用隧洞导流、明渠导流、渡槽导流和涵管导流等。导流时段和导流标准很大程度上取决于施工对象，按照永久性建筑物的级别和建筑物类型，选定洪水重现期来推求导流设计流量。导流建筑物完工以后，要通过截流来修围堰，小型工程施工时，常采用的围堰有土围堰、堆石围堰、草土围堰等形式，上下游围堰的高程要通过水力学计算来确定。围堰修建后，要进行基坑排水，基坑初期排水完成后，可以进行基坑开挖，并进行经常性排水，基坑开挖后，视具体的地基特点采用相应的方法进行处理，然后进行主体工程施工。主体工程施工达到设计要求，要进行围堰的拆除。水土保持工程常用的丁坝有砌石丁坝、土心丁坝、石柳坝及柳盘头等，施工方法各异。

思考题

1. 在河道中修建各类工程建筑物时，怎样创造干地施工条件？
2. 施工导流围堰修筑、截流及基流施工 3 部分应遵循的施工顺序是什么，为什么？
3. 什么是全段围堰法导流和分段围堰法导流？
4. 水土保持工程施工常用的围堰形式有哪几种？各有什么特点？
5. 围堰的高程如何确定？
6. 怎样确定导流时段和导流流量？
7. 怎样确定截流日期和截流设计流量？
8. 试述截流过程？
9. 怎样选择截流材料？
10. 基坑排水的目的是什么？
11. 基坑排水流量怎样估算？
12. 在基坑开挖过程中，怎样布置排水系统？
13. 在修建建筑物过程中，怎样布置排水系统？
14. 试述岩基开挖的顺序和方法。
15. 基坑施工中运输线路和弃渣场的布置原则是什么？
16. 水土保持工程的地基应满足什么要求？
17. 挖土夯实法适用于什么类型的基础，施工时应注意什么问题？
18. 处理不合格的岩基最简便的方法是什么？
19. 试述振冲加固法的适用范围和加固机理。

20. 由于建筑材料的差别，丁坝有哪些不同的种类？
21. 简述石丁坝、土心丁坝、石柳坝和柳盘头的结构特点。
22. 简述丁坝施工中需要注意的问题。
23. 简述顺坝的基本类型及其结构特点。

推荐阅读书目

1. 水土保持工程学．王礼先．中国林业出版社，2000.
2. 生产建设项目水土保持技术规范(GB 50433—2018)．中华人民共和国住房和城乡建设部．中国计划出版社，2008.
3. 水利工程施工．武汉水利电力学院．成都科学技术大学．水利电力出版社，1985.

第 14 章
施工组织与施工管理

施工组织与管理主要研究建设项目或单位工程等施工过程中生产诸要素（劳动力、材料、机具、资金、施工方法等）的合理组织和系统管理。科学的施工组织与管理可为企业带来直接、巨大的经济效益，并保证优良的工程质量。因此，工程中的施工组织与管理关系着工程的成功与否。通过本章的学习，可以掌握工程施工组织设计的基本原理、基本内容和基本步骤，掌握在工程施工管理中的主要内容与方法。

14.1 施工组织设计

14.1.1 施工组织设计的作用和内容

14.1.1.1 施工组织设计的作用及任务

施工组织设计是规划和指导拟建工程从施工准备到竣工验收全过程的综合性技术经济文件。每个工程项目开工前必须根据工程特点与施工条件，编制施工组织设计。施工组织设计是对施工过程实行科学管理的重要手段，是检查工程施工进度、质量、成本等大目标的依据。通过编制施工组织设计，明确工程的施工方案、施工顺序、劳动组织措施、施工进度计划及资源需要量计划，明确临时设施、材料、机具的具体位置，有效地使用施工现场，提高经济效益。

14.1.1.2 施工组织设计的分类及内容

施工组织设计按编制阶段和对象的不同分为施工组织总设计、单位工程施工组织设计和分部（分项）工程施工组织设计 3 类。各类的设计内容、编制和审批的部门等见表 14-1。

表 14-1 施工组织设计的分类及其内容

分类说明	施工组织总设计	单位工程施工组织设计		分部分项工程施工组织设计（工程作业设计）
		单位工程施工组织设计	简明单位工程施工组织设计	
适用范围	大型建设项目或建筑群，有 2 个以上单位工程同时施工	单个建设项目，或技术较复杂、采用新结构、新技术、新工艺的单位工程	结构较简单的单个建设项目或经常施工的标准设计工程	规模较大，技术较复杂或有特殊要求的分部分项工程

（续）

分类说明	施工组织总设计	单位工程施工组织设计		分部分项工程施工组织设计（工程作业设计）
		单位工程施工组织设计	简明单位工程施工组织设计	
主要内容	1. 工程概况、施工部署及主要工种施工方案 2. 施工总进度计划及施工区段的划分 3. 施工准备工作计划：征地、拆迁、大型临时设施工程计划；施工用水、用电、用气等安排；新结构、新工艺、新技术的试制和试验计划；劳力、物资、机具设备需求量计划等 4. 施工总平面图 5. 主要技术、安全措施及冬、雨季施工措施 6. 技术、经济指标分析	1. 工程概况及特点 2. 施工程序、施工方案和施工方法 3. 施工进度计划 4. 施工资源需用量计划 5. 施工平面布置图 6. 施工准备工作 7. 主要技术、组织措施和冬、雨季施工措施	1. 工程特点 2. 施工进度计划 3. 主要施工方法和技术措施 4. 施工平面布置图 5. 施工资源需用量计划	1. 分部分项工程特点 2. 施工方法、技术措施及操作要求 3. 工序搭接顺序及协作配合要求 4. 工期要求 5. 特殊材料及机具需要量计划
编制与审批	以总承包单位为主，会同建设、设计监理和分包单位共同编制，报上级领导单位审批	由承包施工单位（建筑公司）或工程处组织编制，报上级主管领导审批	由承包施工单位工程处或施工队组织编制，报单位主管领导或技术部门审批、备案	以单位工程施工负责人为主编制，报工程处或施工队审批，报单位技术部门备案

14.1.2 施工组织设计的编制

14.1.2.1 编制施工组织设计的基础资料

编制施工组织设计，必须对施工对象、现场条件以及施工力量等各种主客观条件作认真、充分的调查了解和分析，一般需掌握以下一些情况和资料。

（1）工程情况

①熟悉各单位工程设计图纸及总平面规划布置图。了解设计意图、工程结构情况及对施工的要求。了解工程设计中采用的新材料、新工艺、新技术的情况。

②了解建设单位的建设意图、使用要求和工期情况。

③了解上级领导机关对该建设项目的有关指示、要求等。

（2）施工现场情况及有关资料

①了解现场和拟建工程周围环境情况、原有建筑物情况；了解现场征地、拆迁以及施工现场可能利用的场地、可作为施工临时设施的房屋（指可作为施工现场办公用房、工人宿舍、食堂、料具堆放仓库等）情况；了解现场地下管线、供水、供电、供气等条件，道路交通运输情况等。

②收集地质勘察资料，了解地层结构、土的物理力学性能及地下水等工程地质情况。

(3)施工力量和机具设备情况

①了解参加工程施工的各工种的劳动力数量、进场时间;主要建筑机械设备的规格、型号、数量及进场时间等。

②了解附近兄弟单位或部门可借用的劳动力情况和机械设备情况(如构配件加工、商品混凝土供应能力及机械设备租赁情况等)。

14.1.2.2 编制施工组织设计的原则

(1)严格贯彻国家政策,认真执行基本建设程序

严格控制固定资产投资规模,严格按基本建设程序办事,严格执行建筑施工程序。做到"五定",即定建设规模、定投资总额、定建设工期、定投资效果、定外部协作条件。

(2)坚持施工程序,合理安排施工顺序

施工顺序随工程性质、施工条件和使用要求会有所不同,但一般遵循如下规律:先做准备工作,后正式施工;先进行全场性工作,后进行各个工程项目施工;平整场地、管网铺设、道路修筑等全场性工作,应在正式施工前完成。对于单位工程,既要考虑空间顺序,也要考虑各工种之间的顺序,基本要求是保证质量,充分利用工作面,争取时间。

(3)采用流水施工方法和网络计划技术组织施工

采用流水施工方法组织施工,不仅能使拟建工程的施工有节奏、均衡、连续地进行,而且还会带来显著的技术、经济效益。网络计划技术是应用网络图的形式表示计划中各项工作的相互关系,具有逻辑严密、层次清晰的特点,可进行计划方案的优化、控制和调整,有利于计算机在计划管理中的应用。管理中采用网络计划技术,可有效地缩短工期和节约成本。

(4)合理布置施工平面图,尽量减少施工用地

尽量利用正式工程、原有或就近已有设施,以减少各种临时设施;尽量利用当地资源,合理安排运输、装卸与存储作业,减少物资运输量,避免二次搬运;精心进行现场布置,节约现场用地,不占或少占农田。

(5)保证施工质量和施工安全

严格执行施工操作规程、施工验收规范和质量检验评定标准,落实安全措施,确保施工安全。

(6)降低工程成本,提高工程经济效益

施工项目要建立、健全经济核算制度,制定各种人工、材料、机械的消耗和费用定额,编制施工成本计划和各种降低成本的技术组织措施,以便于成本的测算和控制。

14.1.2.3 施工组织设计的编制过程

在拟建工程项目的施工任务下达后,负责编制施工组织设计的单位,要确定主持人和编制人员,并召开由建设单位、设计单位、施工单位及有关协作单位参加的设计要求和施工条件交底会,根据建设单位的要求、资源供应状况及现场条件,拟定大的施工部

署，形成初步方案，落实施工组织设计的编制计划。对结构复杂、施工难度大或采用新工艺、新技术的工程项目，要进行专业性研究，确定解决问题的方案。在编制过程中，要充分发挥各职能部门的作用，发挥施工企业的优势，合理进行工序设计和配合的程序设计。

当比较完整的施工组织设计方案提出后，要组织参编人员及有关单位进行讨论，逐项逐条地研究和修改，最终形成正式文件，送主管部门审批。当建设工程实行总包和分包时，应由总包单位负责编制施工组织设计或分阶段施工组织设计。分包单位在总包单位的总体部署下，负责编制分包工程的施工组织设计。

14.2 施工进度计划

14.2.1 施工进度计划的类型

施工进度计划主要包括施工总进度计划和单位工程施工进度计划。

14.2.1.1 施工总进度计划

施工总进度计划是根据施工部署和施工方案，对全工地的所有工程项目做出时间上的安排。即确定各个建筑物及其主要工种、工程、准备工作和全工地性工程的施工期限及其开工和竣工的日期，从而确定施工现场的劳动力、材料、施工机械的需要量和调配情况，以及现场临时设施的数量、水电供应数量和能源、交通工具的需要数量等。

施工总进度计划的编制原则是：合理安排施工顺序，保证在劳动力、物资以及资金消耗量最少的情况下，按规定工期完成拟建工程施工任务；采用合理的施工方法，使建设项目的施工连续、均衡地进行；节约施工费用。

施工总进度计划一般包括：估算主要项目的工程量，确定各单位工程的施工期限，确定各单位工程开、竣工时间和相互搭接关系以及施工总进度计划表的编制。

14.2.1.2 单位工程施工进度计划

单位工程施工进度计划是在确定了施工方案的基础上，根据规定工期和各种资源供应条件，按照施工过程的合理施工顺序及组织施工的原则，用图表的形式（横道图或网络图），对一个工程从开始施工到工程全部竣工的各个项目，确定其在时间上的安排和相互间的关系。在此基础上方可编制月度、季度计划及各项资源需要量计划。单位工程施工进度计划根据施工项目划分的粗细程度，可分为控制性与指导性施工进度计划2类。

控制性施工进度计划按分部工程来划分施工项目，控制各分部工程的施工时间及其相互搭接配合关系。它主要适用于工程结构较复杂、规模较大、工期较长而需跨年度施工的工程，还适用于工程规模不大或结构不复杂但各种资源（劳动力、机械、材料等）不落实的情况，以及建筑结构、建筑规模等可能变化的情况。

编制控制性施工进度计划的单位工程，当各分部工程的施工条件基本落实之后，在施工之前还应编制各分部工程的指导性施工进度计划。指导性施工进度计划按分项工程或施工过程来划分施工项目,具体确定各分项工程或施工过程的施工时间及其相互配合的关系。它适用于施工任务具体而明确、施工条件基本落实、各种资源供应正常、施工工期不太长的工程。

14.2.2 施工进度计划的编制

14.2.2.1 施工总进度计划的编制步骤和方法

(1)列出工程项目一览表并计算工程量

施工总进度计划主要起控制性作用,可按主要工程项目(项目划分不宜过细)的开展顺序排列,一些附属项目、辅助工程和临时设施可以合并列出。在工程项目一览表的基础上,按初步设计(或扩大初步设计)图纸,并根据各种定额手册,估算各主要项目的实物工程量,并填入"工程项目工程量汇总表"中,见表14-2。

表14-2 工程项目工程量汇总表

工程项目分类	工程项目名称	结构类型	建筑面积/100m²	幢(跨)数	概算投资	主要实物工程量							
						场地平整/1000m²	土方工程/1000m³	桩基工程/100m³	...	砖石工程/100m³	钢筋混凝土工程/100m³	...	装饰工程/1000m³	...
全场性工程														
主体项目														
辅助项目														
永久住宅														
临时建筑														
合计														

(2)确定各个单位工程的施工期限

单位工程的施工期限应根据施工单位的具体条件(如技术力量、管理水平、机械化施工程度等)、施工项目的建筑结构类型、工程规模、施工条件及施工现场环境等因素确定。此外,还应参考有关的工期定额来确定各单位工程的施工期限,但总工期应控制在合同工期以内。

(3)确定各个单位工程的开、竣工时间和相互搭接关系

各个单位工程的开、竣工时间和相互搭接关系的安排,通常应考虑下列因素:

①保证重点,兼顾一般,对于工程中规模较大、施工难度较大、施工工期较长以及需先配套使用的单位工程应尽量安排先施工,但同一时期施工的项目不宜过多;

②尽量使劳动力和材料、机械设备消耗在全工地内均衡;

③合理安排各期建筑物施工顺序,缩短建设周期;

④考虑季节影响;

⑤合理布置施工场地。

(4)施工总进度计划的编制

施工总进度计划可列表。施工总进度计划只是起控制性作用,由于施工情况多变,施工总进度计划以宏观控制为主,一般列表表示,项目的顺序可按施工总体方案所确定的工程开展程序排列。表上应表达出各施工项目的开、竣工时间及其施工持续时间。

近年来,采用时间坐标网络图(时标网络图)表示总进度计划已在大型工程中应用,网络图可以用计算机计算和输出,还可以进行优化,实现最优进度目标、资源均衡目标和成本目标。

14.2.2.2 单位工程施工进度计划的依据和方法

(1)施工进度计划的编制依据

编制单位工程施工进度计划,需要收集下列资料:

①经过审批的建筑总平面图及单位工程全套施工图,以及地质地形图、设备及其基础图;

②施工组织总体设计对本项单位工程的有关规定,施工工期要求及开、竣工日期;

③施工条件、劳动力、材料、构件及机械的供应条件,分包单位的情况等;

④主要分项工程的施工方案,包括施工程序、施工段划分、施工流程、施工顺序、施工方法、技术及组织措施等;

⑤施工定额;

⑥其他有关要求和资料,如工程合同。

(2)单位工程施工进度计划的编制方法

施工进度计划编制步骤流程图如图14-1所示。

①施工项目的划分 施工项目是包括一定工作内容的施工过程,它是施工进度计划的基本组成单元。施工项目的划分是按照施工顺序将拟建单位工程的各个施工过程列出,并结合具体工程的施工特点,加以适当调整,将单位工程分解为若干个施工单元。施工项目主要是现场直接进行建筑物施工的施工过程,如砌筑、安装等,而对于不在现场进行的构件制作和运输等过程,则不单独列出。但对现场就地预制的钢筋混凝土构件的制作,不仅单独占有工期,且对其他施工过程的施工有影响。构件的运输将与其他施工过程的施工密切配合,如过梁、板的吊运,仍需将这类制作和运输过程列入施工进度计划。

②计算工程量 进度计划中的工程量仅是用来计算各种资源需用量,不作为计算工资或工程结算的依据,故不必精确计算,直接套用施工预算的工程量即可。

③套用施工定额 根据所划分的施工项目和施工方法,即可套用施工定额(当地实际采用的劳动定额及机械台班定额),以确定劳动量和机械台班量。施工定额有2种形式,即时间定额和产量定额。时间定额是指某种专业、某种技术等级的工人小组或个人在合理的技术组织条件下,完成单位合格的建筑产品所必需的工作时间,即工日/m^3、工日/m^2、工日/m、工日/t等。时间定额是以劳动工日数为单位,便于综合计算,故在劳动量统计中应用比较普遍。产量定额是指在合理的技术组织条件下,某种专业、某种技术等级的工人小组或个人在单位时间内所应完成合格的建筑产品的数量,即m^3/工日、

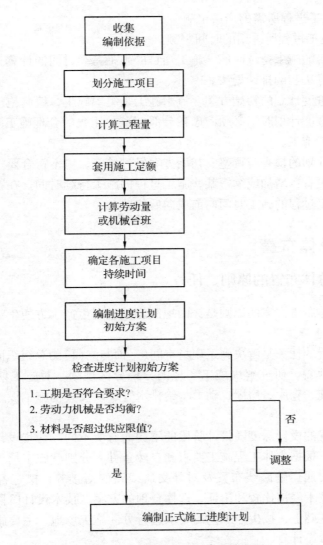

图 14-1 施工进度计划编制步骤流程图

m^2/工日、m/工日、t/工日等。因为产量定额是由建筑产品的数量来表示,具有形象化的特点,故在分配施工任务时应用比较普遍。

④确定劳动量和机械台班数量 劳动量和机械台班数量应根据各分部(分项)工程的工程量及施工方法和现行的施工定额,并结合当地的具体情况加以确定。一般应按下式计算:

$$P = \frac{Q}{S} \tag{14-1}$$

或

$$P = QH \tag{14-2}$$

式中 P——完成某施工过程所需的劳动量(工日)或机械台班数量(台班);
Q——完成某施工过程的工程量;

S——某施工过程所需的产量定额；

H——某施工过程所采用的时间定额。

⑤确定各项目的施工持续时间 施工项目的施工持续时间的计算方法，一般有经验估计法、定额计算法和倒排计划法。

⑥编制施工进度计划的初始方案 流水施工是组织施工、编制施工进度计划的主要方式。编制施工进度计划时，必须考虑各分部（分项）工程的合理施工顺序，力求主要工种的施工班组连续施工。

⑦施工进度计划的检查与调整 初始方案经过检查，对不符合要求的部分需进行调整。调整方法一般有：增加或缩短某些施工过程的施工持续时间。在符合工艺关系的条件下，将某些施工过程的施工时间向前或向后移动。

14.3 施工总体布置

14.3.1 施工总体布置的原则、任务

拟定施工总体布置方案的原则是：因地制宜、有利生产、方便生活、易于管理、安全可靠、经济合理。

施工总体布置的任务是解决施工现场空间（平面与立面）的总组织问题，即根据施工现场附近的地形地貌，研究解决施工场地的分期分区规划，对施工期间所需的交通运输、施工工厂设施、仓库、房屋、动力、给排水管线以及其他施工设施进行平面、立面布置。

施工总体布置的设计深度随设计阶段的不同而有所不同。初步设计时，施工总体布置的主要任务是：根据主体工程施工要求和自然条件，分别就施工场地划分、主要施工工厂设施、场内交通运输路线布置及对外交通线路的衔接等，拟定各种可能的布局方案。然后，通过技术经济比较和论证，选择合理的方案。技术设计阶段，主要是在初步设计选定方案的基础上，按生产工艺的要求进行分区施工场地、主要施工工厂与大型临时设施的具体布置设计。

14.3.2 施工总体布置图

将施工总体布置的成果在地形图上标示出来，就可构成施工总体布置图。一般说来，施工总布置图上应包括以下内容：一切地上和地下已有的建筑物；一切地上和地下拟建的建筑物；一切为施工服务的临时建筑物和临时设施。

施工场地总体布置大致可分为工程准备、主体工程施工和工程完建 3 个阶段。各阶段需解决的主要问题如下：

（1）工程准备

工程准备阶段，主要是人员、设备进场；初步形成风、水、电系统；修建导流工程、临时房建工程以及主体工程开工前必要的施工工厂，如临时骨料筛分、混凝土拌和系统及相应的修配系统与仓库等。

(2)主体工程施工

主体工程施工阶段是工程全面施工的关键阶段，也是施工总体布置要解决的主要问题。为此，必须确保重点，统筹安排。在布置上一般先以开挖工程为主，逐步转为以地基处理、主体工程填筑或混凝土浇筑、金属结构安装工程。

(3)工程完建

工程完建阶段，应做好工程管理单位的厂区规划。随着主体工程施工强度的降低，逐步清还租用的施工场地与设施。

14.4 工程概预算的基本知识

14.4.1 工程概预算的组成费用

14.4.1.1 直接费

直接费指直接耗用在建设工程上的各种费用，包括人工费、材料费、施工机械使用费和其他直接费。

(1)人工费

人工费是指直接从事建设工程施工工人(包括现场内运输等辅助工人)和附属辅助生产工人的基本工资、附加工资和工资性的津贴。

(2)材料费

材料费是指为完成建设工程所需用的材料、构件、零件和半成品的价格以及周转材料的摊销费。材料费是根据建设工程概预算定额规定的材料耗用量和材料预算价格计算的。材料预算价格由5个费用因素组成：材料原价、材料供销部门手续费、包装费、运输费、材料采购及保管费。

(3)施工机械使用费

施工机械使用费是指建设工程施工过程中使用施工机械所发生的费用，包括折旧费、大修理费、经常修理费、替换设备及工具附具费、润滑擦拭材料费、安装拆卸及辅助设施费、机械场外运输费、机械保管费、驾驶人员的工资及津贴、动力费、养路费及牌照税。

(4)其他直接费

其他直接费是指不包括在以上3项直接费以内的，但又直接耗用在建设工程上的各种费用。例如，冬雨季施工增加费，二次搬运费，现场施工生产用水、电、蒸气等。其他直接费的计算有2种形式：一种是直接列入概预算定额分项中，按规定的工程量乘以相应的定额单价；另一种是不列入概预算定额分项中，其计算按规定的计算基础和取费标准进行计取。

14.4.1.2 间接费

间接费指组织和管理施工生产而发生的各项费用，以及在施工中上述直接费用以外的其他费用。此费用是为完成所有建设工程而支出的共同费用，并不是某一单位工程的费用，不能直接计入分部分项工程中，只能采用间接分摊的方法计入各个单位工程中去。间接费包括施工管理费和其他间接费2个部分。

一般将施工管理费划分为企业管理费和施工项目管理费两大项。企业管理费指施工企业经营管理层对企业核算及工程项目的经营、管理所发生的各项费用。施工项目管理费指单位工程现场管理层及施工作业层组织生产施工项目完成过程中所发生的各项费用。

其他间接费项目包括临时设施费、劳动保险基金、技术装备费、流动资金贷款利息、计划利润、税金等费用。

14.4.1.3 设备购置费、工器具及家具购置费

设备购置费是指为购置设计规定的各种机械和电气设备的全部费用。机械设备包括各种工艺设备、动力设备、起重运输设备、实验设备及其他机械设备。电气设备包括各种变电、配电和整流电气设备，电气传动设备和控制设备，弱电系统设备以及各种电器仪表等。设备分为需要安装的设备和不需安装的设备两类。

工器具及生产家具购置费是指新建项目为保证初期正常生产所必须购置的第一套不够固定资产标准的设备、仪器、工卡模具、器具等的费用，不包括备品备件的购置费。该费应随同有关设备列入设备费中。

14.4.1.4 建设工程其他费

建设工程其他费指建设工程建造价和设备购置费以外的费用。它是根据有关规定应在建设投资中支付，并应列入建设项目总概算或单项工程综合概算的费用，主要有国家建设征用土地补偿费、建设基金、建设单位管理费等。

国家建设征用土地补偿费包括：征用集体所有土地补偿费、青苗补偿费、新菜地开发建设基金，被征用土地上的树木、水井、附属物补偿费，迁坟（葬）费，拆迁农民自住房屋补助费，拆除城市私房补偿费，拆迁城乡居民住房安置费，拆迁安置房屋移交房管部门管理的费用，农业人口安置补助费，农业户转为非农业户劳动力安置补助费，超转人员生活补助费，被拆迁人补助费，被拆除企业停产、停业补助费，征地事务费，城市临时用地费，临时使用农村土地补偿费，临时使用农村土地恢复费，耕地占用税，城镇建设土地使用税。国家建设征用土地补偿费是依据国家和地区主管部门发布的条例、办法、标准、规定、通知等文件，并根据规划和土地主管单位批准的建设用地与临时用地面积，按各地区人民政府制订颁发的各项补偿费与安置补助费标准等，归纳汇总进行计算和编制。

建设基金包括："四源"建设费，分散建设市政公用设施建设费，分散建设住宅生活服务设施建设费，住宅区绿化建设费，居住区公园或小区公园建设费，电源建设集资（用电权费），用户外部供电及配电工程补贴费（110kV以下），供电及配电报装检验手续费等。建设基金依据国家和地区有关主管部门发布的条例、办法、标准、规定、通知等文件，归纳汇总进行编制。

建设单位管理费包括：建设单位工作人员的工资、工资附加费、劳保支出、差旅费、办公费、工具用具使用费、固定资产使用费、劳动保护费、零星固定资产购置费、

招募生产工人费、技术图书资料费、合同公证费、工程质量监督检测费、完工清理费、建设单位的临时设施费和其他管理费用性质的开支。建设单位管理费的编制是以单项工程费用总和为基础，按照工程项目的不同规模分别制定的建设单位管理费费率计算，或以管理费用金额总数计取。对于改、扩建项目应适当降低取费费率。

14.4.2　各项基础资料的确定

（1）工程概况和施工定额

工程概况和施工定额包括经过建设、设计和施工单位共同会审的施工图，各省、市、自治区颁发的《施工定额》，以及施工组织设计或施工方案中确定的施工方法、施工顺序、施工机械、技术组织措施、现场平面布置等。

（2）工程投资主要指标

工程投资主要指标主要包括工程总投资、静态总投资、年度价格指数、预备费及其占总投资百分比等。

（3）工程概算编制中应说明的问题

包括其他需要说明的问题。

14.5　施工预算

14.5.1　施工预算的作用和编制依据

施工预算，对于加强施工企业的计划管理，组织施工生产、承包签发施工任务单和限额领料单，实行班组核算，提高劳动生产率、降低工程成本，都起着十分重要的作用。施工预算，是在开工前由施工单位编制的预算，是施工单位内部编制单位工程或分部、分层、分段上的人工、材料、施工机械台班使用数量和直接费的标准，是在施工图预算控制下根据施工定额，结合施工组织设计中的平面布置、施工方法、施工技术组织措施及施工现场的实际情况等编制的。

施工预算一般以单位工程为编制对象。编制一般需要的资料为：施工图纸及其说明书和施工图预算；现行的施工定额和补充定额；施工组织设计或施工方案；建筑材料手册和预算手册；实际勘查与测量资料。

14.5.2　施工预算的内容和编制方法

施工预算主要包括工程量、材料、人工和机械4项。一般以单位建筑工程为对象，按分部工程进行计算。施工预算由编制说明及表格两大部分组成。编制程序如图14-2所示。

施工预算的工程项目，应根据已会审的施工图纸、设计说明的要求和施工组织设计或施工方案规定的施工方法，按施工定额项目划分，并依照施工定额手册的项目顺序排列。

工程量应与已列出的工程项目相对应，按施工定额的有关工程量计算规则进行计

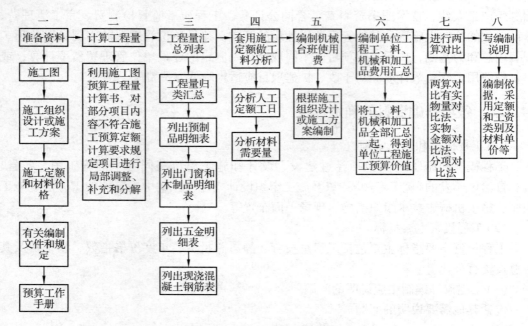

图 14-2　施工预算编制步骤流程图

算。应注意工程项目和计量单位必须与施工定额规定的相一致。

为了考核施工预算是否达到降低工程成本的目的，可将施工图预算与施工预算中的分部工程工、料、机械台班消耗量或价值，列逐项对应的对比表，进行对比，算出节约差或超支额，以便能反映出经济效果。

14.6　施工管理

14.6.1　施工计划管理

14.6.1.1　计划管理的任务和原则

计划管理是施工管理中各项管理工作的核心。主要任务是通过系统分析，合理地使用本企业的人力、物力与财力，把施工生产和经营活动全面组织起来，以生产、经营活动为主体，制定各项专业计划，综合平衡，相互协调，形成一个完整的综合计划，使施工的各环节有计划地进行，做到均衡施工。

计划管理应遵循 4 个原则：①服从于总目标的原则，即各项计划都应有利于促进总目标的实现。②计划领先原则。③计划延展原则，即从上层管理到基层生产施工，人人都要贯彻执行计划，而且长期、中期、近期，年、季、月等各种计划都应做到前后上下互相衔接，形成连贯性。④计划效率原则，即各项计数都要强调效率，如果没有起到指导各项活动的作用，计划就是无效的。

14.6.1.2　计划的编制步骤

编制计划一般要考虑以下几个步骤：

(1)确定目标

视计划的种类而异。

(2)计划准备

为了编制计划,必须摸清情况,准备资料。

(3)计划草案

各项计划往往存在多个可行性方案,需要分别编制草案,以供择优。

(4)计划评价和计划定案

分析各计划草案的优点、缺点、现实性和有关经济指标;选择最优方案作为正式计划。与此同时,还要编制与主体计划相应的专业计划,如成本计划、物资供应计划、机械装备计划等。

14.6.2 施工技术管理

施工技术管理是企业对工程施工中各项技术活动进行科学组织与管理的总称,其目的是对工程施工明确技术责任,保证工程质量。技术管理的业务范围和工作内容主要包括:施工科学研究与实验;根据国家的技术规程规范,编制施工措施计划;健全技术管理制度,进行技术指导、质量管理与安全管理;贯彻施工组织设计,并予以细化,实行现场平面管理;工程技术资料、文件与档案的管理;解决施工中的重大技术问题,如设计变更、设备重大缺陷、施工方案的重大变更和技术困难的解决,技术革新以及工程验收等。技术责任制是技术管理的核心。

14.6.3 施工财务管理

施工企业财务管理是对建筑企业生产经营过程中的资金筹集、投入、使用、收回和分配等资金运动过程进行组织、指挥、监督和调节。施工企业财务管理的任务主要是:合理筹集资金;认真进行投资项目的可行性研究,指导经营决策,降低投资风险,提高投资效益;正确处理投资者、国家、企业和职工之间的利益关系;实行财务监督,维护财经纪律等。

财务管理的基本环节是进行财务预测、制订财务计划、组织财务控制、开展财务分析、实行财务考核。

14.6.4 安全管理

施工项目安全管理就是施工项目在施工过程中,通过对生产因素具体的状态控制,使生产因素不安全的行为和状态减少或消除,不能引发为事故,尤其是不能引发使人受到伤害的事故。使施工项目的效益目标的实现,得到充分的保证。

施工现场的安全管理,重点是进行人的不安全行为与物的不安全状态的控制,落实安全管理决策与目标。消除一切事故,避免事故伤害,减少损失。

为了确保安全生产、防止事故再次发生,要求采取防范措施。措施要有针对性、适用性、可操作性,要指定每项措施的执行者写出完成措施的具体时限。项目经理、主管安全领导和安检人员要及时组织检查验收，并向上级有关部门反馈工地整改情况。

本章小结

本章从施工组织设计，施工进度计划，施工总体布置，工程概预算以及施工管理五大方面对工程中施工组织与施工管理部分进行了详细的介绍，从内容、作用、方法等各个环节为读者提供了较为系统的知识体系。施工组织与管理的宗旨就在于根据生产管理的普遍规律，结合建筑产品生产的特点，合理地组织完成最终建筑产品的全部施工准备和施工过程，充分、合理利用人力、物力，有效地使用时间和空间，保证综合协调施工，如期、安全地完成工程任务，投入使用以创造效益。

思考题

1. 试述施工组织设计的作用和分类。
2. 编制施工组织设计应遵循哪些基本原则？
3. 什么是施工项目进度控制？
4. 如何进行施工项目进度控制，应采取什么措施？
5. 什么是施工组织总设计？其编制程序有哪些？
6. 什么是施工总体方案？在确定施工总体方案时应注意什么？
7. 什么是施工预算？它包括哪些内容？有什么作用？
8. 编制施工预算的依据和条件是什么？
9. 编制施工预算的程序和要求是什么？
10. 何谓工程项目计划管理？其主要作用和特点是什么？
11. 简述工程项目计划编制的原则及程序。
12. 技术管理的主要业务工作有哪些？
13. 施工企业财务管理的基本环节有哪些？
14. 什么是安全管理？其内容是什么？

推荐阅读书目

1. 水土保持工程学．王礼先．中国林业出版社，2000．
2. 生产建设项目水土保持技术规范（GB 50433—2018）．中华人民共和国住房和城乡建设部．中国计划出版社，2008．
3. 水利工程施工．武汉水利电力学院，成都科学技术大学．水利电力出版社，1985．

参考文献

成虎. 1997. 工程项目管理[M]. 北京：中国建筑工业出版社.
丛书编审委员会. 2002. 北京：建筑工程施工项目管理总论[M]. 机械工业出版社.
邓学才. 2000. 北京：施工组织设计的编制与实施[M]. 中国建材工业出版社.
董邑宁. 2005. 北京：水利工程施工与组织[M]. 中国水利水电出版社.
符芳. 1995. 建筑材料[M]. 南京：东南大学出版社.
符芳. 2006. 土木工程材料[M]. 3版. 南京：东南大学出版社.
傅温. 1994. 混凝土工程新技术[M]. 北京：中国建材工业出版社.
高琼英. 2008. 建筑材料[M]. 3版. 武汉：武汉理工大学出版社.
高志义. 1998. 水土保持林学[M]. 北京：中国林业出版社.
葛勇. 2007. 土木工程材料学[M]. 北京：中国建材工业出版社.
国家质量监督检验检疫总局中国国家标准化管理委员会. 1997. 水土保持综合治理 技术规范：GB/T 16453.1~16453.6—2008[M]. 北京：中国标准出版社.
侯子义. 2004. 道路建筑材料[M]. 天津：天津大学出版社.
胡广录. 2002. 水土保持工程[M]. 2版. 北京：中国水利水电出版社.
黄河水利学院. 1961. 水利工程施工（上、下册）[M]. 北京：中国工业出版社.
黄政宇. 2002. 土木工程材料[M]. 北京：高等教育出版社.
江见鲸，李杰，金伟良. 2007. 高等混凝土结构理论[M]. 北京：中国建筑工业出版社.
姜志青. 2004. 道路建筑材料[M]. 北京：人民交通出版社.
柯国军. 2006. 土木工程材料[M]. 北京：北京大学出版社.
李立寒，张南鹭. 2003. 道路建筑材料[M]. 4版. 北京：人民交通出版社.
李上红. 2006. 道路建筑材料[M]. 北京：机械工业出版社.
李世蓉，邓铁军. 2002. 工程建设项目管理[M]. 武汉：武汉理工大学出版社.
李亚杰. 2003. 建筑材料[M]. 4版. 北京：中国水利水电出版社.
梁世连. 2001. 工程项目管理学[M]. 大连：东北财经大学出版社.
柳俊哲. 2005. 土木工程材料[M]. 北京：科学出版社.
马眷荣主编. 2003. 建筑材料词典[M]. 北京：化学工业出版社.
宓永宁，娄宗科. 2004. 土木工程材料[M]. 北京：中国农业大学出版社.
牛光庭，李亚杰. 1993. 建筑材料[M]. 3版. 北京：水利水电出版社.
彭小芹. 2002. 土木工程材料[M]. 重庆：重庆大学出版社.
全国职业高中建筑类专业教材编写组. 1994. 建筑材料[M]. 北京：高等教育出版社.
饶勃. 1993. 实用混凝土工手册[M]. 上海：上海交通大学出版社.
王礼先. 2000. 水土保持工程学[M]. 北京：中国林业出版社.
王秀花. 2003. 建筑材料[M]. 北京：机械工业出版社.
王玉德. 1992. 水土保持工程[M]. 北京：水利电力出版社.
王钊. 2005. 土工合成材料[M]. 北京：机械工业出版社.
魏鸿汉. 2007. 建筑材料[M]. 2版. 北京：建筑工业出版社.

吴芳. 2007. 新编土木工程材料教程[M]. 北京：中国建材工业出版社.

吴科如, 张雄. 2003. 土木工程材料[M]. 上海：同济大学出版社.

伍必庆, 张青喜. 2006. 道路建筑材料[M]. 北京：清华大学出版社. 北京交通大学出版社.

武汉水利电力学院. 成都科学技术大学. 1985. 水利工程施工[M]. 北京：水利电力出版社.

严家伋. 2001. 道路建筑材料[M]. 3版. 北京：人民交通出版社.

严薇. 1999. 土木工程项目管理与施工组织设计[M]. 北京：人民交通出版社.

阎西康, 赵方冉, 伉景付. 2004. 土木工程材料[M]. 天津：天津大学出版社.

杨华全, 李文伟. 2005. 水工混凝土研究与应用[M]. 北京：中国水利水电出版社.

杨静. 2004. 建筑材料[M]. 北京：中国水利水电出版社.

杨培岭. 2004. 现代水利水电工程项目管理理论与实务[M]. 北京：中国水利水电出版社.

袁光裕, 胡志根. 2009. 水利工程施工[M]. 北京：中国水利水电出版社.

张海贵. 2001. 现代建筑施工项目管理[M]. 北京：金盾出版社.

章仲虎. 2001. 水利工程施工[M]. 北京：中国水利水电出版社.

赵正印, 张迪. 2003. 建筑施工组织设计与管理[M]. 郑州：黄河水利出版社.

中国长江三峡开发总公司. 中国葛洲坝水利水电工程集团公司. 2002. 水工混凝土施工规范（新版）[M]. 北京：中国电力出版社.

中华人民共和国国家发展和改革委员会. 2004. 明矾石膨胀水泥：JC/T 311—2004[S]. 北京：中国建材工业出版社.

中华人民共和国国家质量监督检验检疫总局, 中国国家标准化管理委员会. 2000. 冷轧带肋钢筋：GB/T 13788—2007[S]. 北京：中国标准出版社.

中华人民共和国国家质量监督检验检疫总局, 中国国家标准化管理委员会. 2006. 优质碳素结构钢：GB/T 700—2006[S]. 北京：中国标准出版社.

中华人民共和国国家质量监督检验检疫总局, 中国国家标准化管理委员会. 1998. 钢筋混凝土用钢 第2部分 热轧带肋钢筋：GB/T 1499.2—2007[S]. 北京：中国标准出版社.

中华人民共和国国家质量监督检验检疫总局, 中国国家标准化管理委员会. 2002. 结构工程施工质量验收规范：GB 50304—2002[S]. 北京：中国标准出版社.

中华人民共和国国家质量监督检验检疫总局, 中国国家标准化管理委员会. 2006. 硫铝酸盐水泥：GB 20472—2006[S]. 北京：中国标准出版社.

中华人民共和国国家质量监督检验检疫总局, 中国国家标准化管理委员会. 2007. 通用硅酸盐水泥：GB 175—2007[S]. 北京：中国标准出版社.

中华人民共和国国家质量监督检验检疫总局, 中国国家标准化管理委员会. 2002. 预应力混凝土用钢丝：GB 5223—2002[S]. 北京：中国标准出版社.

中华人民共和国国家质量监督检验检疫总局. 中华人民共和国国家标准. 2001. 建筑用卵石、碎石：GB/T 14685—2001[S]. 北京：中国标准出版社.

中华人民共和国国家质量监督检验检疫总局. 中华人民共和国国家标准. 2001. 建筑用砂：GB/T 14584—2001[S]. 北京：中国建筑工业出版社.

中华人民共和国水利部. 2008. 开发建设项目水土保持技术规范：GB 50433—2008[S]. 北京：中国计划出版社.

中华人民共和国水利部. 2001. 雨水集蓄利用工程技术规范：SL 267—2001[S]. 北京：中国水利水电出版社.

周世琼. 1999. 建筑材料[M]. 北京：中国铁道出版社.

周栩. 2004. 建筑工程项目管理手册[M]. 长沙：湖南科学技术出版社.

附录 建筑材料试验

关于试验的说明

一、取样

取样原则为随机抽样，取样方法视不同材料而异。如散粒材料可采用缩分法（四分法），成形材料可采用不同部位切取、随机数码表、双方协定等方法。不论采取何种方法，所抽取的试样必须具有代表性，能反映批量材料的总体质量。

二、仪器设备的选择

不同试验所需设备差异很大，但每一项试验都会涉及到从仪器上读数的问题，而每一项试验要求读数都在一定的精确度内，因此在仪器设备选择上应具有相应的精度（即感量）。

三、试验误差

误差来源有设备误差、测量误差、环境误差、人员误差、方法误差等多方面，但就其性质可分为3类：

（一）系统误差

在测量过程中不发生改变或遵循一定规律变化的误差。这类误差的产生原因明确、误差大小可确定。采取有关措施，就可消除或减弱系统误差。

（二）过失误差（粗大误差，粗误差）

由于操作者本身的主观原因（操作失误、读数错误、计数错误等），或测量仪器不合格等造成的误差。这种误差是无规律的，导致试验错误的结果。因此试验规范规定，剔除某几个最大值、最小值就是为了消除这种误差。

（三）随机误差（偶然误差）

随机误差是指在测试过程中反复测量同一量值时，误差以不确定的方式变化，没有规律性，其大小和特点随机变化的误差。产生随机误差的原因有客观条件的偶然变化、仪器结构不稳定、试样本身不均匀等，可以通过大量试验找出误差的分布规律，用统计法对数据分析和处理后，确定误差的范围，得出可靠的结果。

四、数字修约

各种测量、计算的数值都需要按相关的计量规则进行数字修约。数字修约时应遵循以下规则：

(1)四舍:若舍去数字的第一个数字小于5(不包括5),则舍去,例:将54.343修约到只保留一位小数,修约结果为54.3。

(2)五入:若舍去数字的第一个数字大于5(不包括5),则进一,例:将54.383修约到只保留一位小数,修约结果为54.4。若左边第一个数字等于5而其右边的数字并非全部为零,则进一,例:将54.3501修约到只保留一位小数,修约结果为54.4。

(3)在拟舍去部分的数字中,若左边第一个数字等于5而其右边数字皆为零,所保留的末位数若为奇数则进一,若为偶数(包括0)则不进。例:将54.3500修约到只保留一位小数,修约结果为54.4;将54.8500修约到只保留一位小数,则修约结果为54.8。

(4)所舍去数字若为两位以上数字,不得连续修约。例:将53.4586修约为整数,应修约为53,而不能修约为54(53.459—53.46—53.5—54)。

(5)凡标准中规定有界数值时,不允许采用数字修约的方法。例:含水率测定中,两次测定值与平均值之差不得大于0.3%,即最大差值0.003,而不能将0.0031修约为0.003。

试验一 水泥试验

一、水泥试验的条件

(一)取样要求

按同一生产厂家、同一等级、同一品种、同一编号且连续进场的水泥,袋装水泥不超过200t为一批,散装水泥不超过500t为一批,每批抽样不少于一次。

(二)养护条件

实验室温度为(20 ± 2)℃,相对湿度不低于50%。水泥试样、拌和用水、仪器和用具的温度应与实验室一致。湿气养护箱或雾室的温度为(20 ± 1)℃,相对湿度不超过90%。

二、标准稠度用水量试验(GB/T 1346—2011)

(一)试验目的和标准

测定水泥浆达到标准稠度时的用水量,作为凝结时间和安定性试验用水量的标准。依据 GB/T 1346—2011 规定进行,当采用标准法时:以试杆沉入净浆并距底板(6 ± 1)mm时水泥净浆为标准稠度净浆,其拌和水量为该水泥的标准稠度用水量(P)。当采用代用法时,以试锥下沉深度(30 ± 1)mm时的净浆为标准稠度净浆,其拌和水量为该水泥的标准稠度用水量。

(二)主要仪器

①水泥净浆搅拌机。
②代用法维卡仪如附图1、附图2所示。

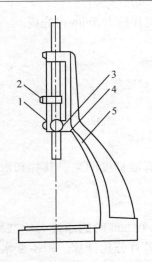
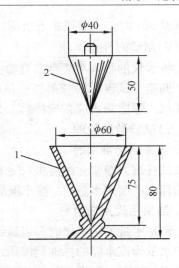

附图1 水泥标准稠度与凝结时间维卡仪
1—标尺 2—指针 3—松紧螺钉 4—金属圆棒 5—铁座

附图2 测定标准稠度用试锥和锥模(单位:mm)
1—锥模 2—试锥

③标准法维卡仪 基本同代用法维卡仪,用试杆取代试锥,用截顶圆锥模取代锥模。

④量水器(最小刻度0.1mL,精度1%),天平(分度值不大于1g,最大称量不小于1 000g)。

(三)试验方法

1. 标准法

① 搅拌机具用湿布擦过后,将拌和水导入搅拌锅内,然后在1~2s内将称好的500g水泥加入水中,防止水和水泥溅出(先放水后放水泥)。

② 拌和时,先将锅放在搅拌机的锅座上,开至搅拌位置,启动搅拌机(由于搅拌过程一般已设置成自动,必须所指示搅拌时间完全归零后,才意味着搅拌结束),低速搅拌120s,停15s,将搅拌机具粘有的水泥浆刮入锅内,接着高速搅拌120s,停机。

③ 搅拌结束后,立即将拌和的水泥浆置于玻璃底板上的试模内,用小刀插捣,轻振数次,刮去多余的净浆。抹平后迅速将试模和底板移至维卡仪上,调整试杆与水泥浆表面接触,拧紧螺丝1~2s后,突然放松,使试杆垂直自由沉入水泥浆中,在试杆停止沉入或放松30s时记录试杆距底板之间的距离。开启试杆后,立即擦净;整个操作应在搅拌后1.5min内完成。

2. 代用法

① 水泥净浆的拌制同标准法的①、②条。

② 采用代用法测定水泥标准稠度用水量时,可采用调整水量法或不变水量法,采用调整水量法时拌和水据经验确定,采用不变水量法时拌和水用142.5mL。

③ 水泥净浆搅拌结束后,立即将拌和好的水泥浆装入锥模中,用小刀插捣,轻振数次,刮去多余的净浆,抹平后迅速放至试锥下面固定的位置上,将试锥与水泥净浆表面接触,拧紧螺丝1~2s后,突然放松,让试锥垂直自由沉入净浆中,到试锥停止下沉或

释放试锥30s时,记录试锥下沉深度。整个操作应在搅拌后1.5min内完成。

(四)试验时注意事项

①维卡仪的金属棒能自由滑动。
②调整至试锥(柱)接触锥模顶面(玻璃板)时指针对准零点。
③沉入深度测定应在搅拌后1.5min以内完成。

(五)试验数据处理

1. 当采用标准法时

以试杆沉入净浆并距底板$(6±1)$mm的水泥浆为标准稠度净浆,其拌和水为该水泥标准的标准稠度用水量P,按水泥质量百分比计算。

2. 当采用代用法时

用调整水量方法测定时,以试锥下沉深度为$(30±1)$mm时的净浆为标准稠度净浆,其拌和水量为该水泥的标准稠度用水量P,按水泥质量百分比计算。用不变水量方法测定时,据试锥下沉深度$S(mm)$按式(附1)计算得标准稠度用水量P。

$$P = 33.4 - 0.185S \quad \text{(附1)}$$

标准稠度用水量也可以从仪器上对应的标尺上读取,当$S<13$mm时,应改用调整水量法测定。

三、水泥凝结时间试验(GB/T 1346—2011)

(一)试验目的和标准

确定水泥的初凝时间和终凝时间,判定其是否满足国家标准,是否满足施工要求。GB 175—2007/XG 1—2009规定硅酸盐水泥初凝时间不得早于45min,终凝时间不得迟于390min;GB 175—2007/XG 1—2009规定普通硅酸盐水泥、火山灰水泥、粉煤灰水泥、复合水泥初凝时间不得早于45min,终凝时间不得迟于10h。

(二)主要仪器、设备

①标准法维卡仪 与测定标准稠度时所用仪器相同,但试杆应换成试针。
②量水器 最小刻度为0.01mL。精度1%。
③天平 最大称量不小于1 000g,分度值不大于1g。
④温热养护箱 温度$(20±1)$℃,相对湿度$>90\%$。

(三)试验方法及结果判定

1. 试件制备

按标准稠度用水量测定方法制备标准稠度水泥净浆(水泥500g,拌和水为标准稠度用水量),一次装满试模振动数次刮平后,立即放入养护箱内,记录水泥加入水中的时间,作为凝结时间的起始时间。

2. 初凝时间确定

试件在养护箱中养护至30min时进行第一次测定。测定时,将试针与水泥浆表面接触,拧紧螺丝1~2s后,突然放松,让试针铅垂自由沉入净浆中,观察试针停止下沉或释放试针30s时指针的读数,并同时记录此时的时间。当试针沉至距底板$(4±1)$mm时,为初凝状态,从水泥加入水中起至初凝状态的时间为初凝时间。

3. 终凝时间的确定

在完成初凝测定后，将试模连同浆体从玻璃板上平移取下，并翻转180°将小端向下放在玻璃板上，再放入养护箱内继续养护，接近终凝时间时，每隔15min测定一次，当试针沉入试体0.5mm时（即环形附件开始不能在试件上留下痕迹时）为终凝状态，从水泥加入水中起至终凝状态的时间为终凝时间。

(四)注意事项

①测定前调整试件接触玻璃板时，指针对准零点。
②整个测试过程试针以自由下落为标准，且沉入位置至少距试模内壁10mm。
③每次测定不能让试针落入原孔，每次测完须将试针擦净并将试模放入养护箱，整个测试防止试模受振。
④邻近初凝，每隔5min测定一次；邻近终凝，每隔15min测定一次。达到初凝或终凝时应立即重复测一次，当两次结论相同时，才能定为达到初凝状态或终凝状态。

四、水泥体积安定性检验(GB/T 1346—2011)

(一)试验目的和标准

检测水泥在凝结、硬化后体积变化的均匀程度，测定水泥的体积安定性，作为评定水泥质量合格的依据之一。

GB 175—2007/XG 1—2009规定：硅酸盐水泥、普通硅酸盐水泥、矿渣硅酸盐水泥、粉煤灰硅酸盐水泥、火山灰硅酸盐水泥、复合硅酸盐水泥，安定性检验必须合格。

(二)主要仪器设备

①煮沸箱。
②雷氏夹 如附图3所示。

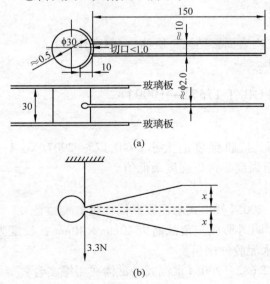

附图3 雷氏夹及受力示意图(单位：mm)
(a)雷氏夹 (b)雷氏夹受力示意图

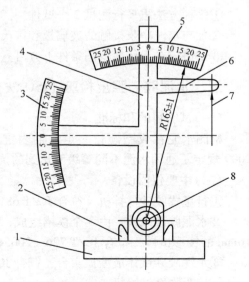

附图4 雷氏夹膨胀值测量仪
1—底座 2—模子座 3—测弹性标尺 4—立柱
5—测膨胀值标尺 6—悬臂 7—悬丝 8—弹簧顶钮

③雷氏夹膨胀值测定仪　附图4所示。标尺最小刻度为1mm。
④水泥净浆搅拌机、湿气养护箱、量水器、天平(感量为1g)等。

(三)试验方法及结果判定

1. 标准法(雷氏法)

① 将备好的雷氏夹放在涂油的玻璃板上,并立即将制好的标准稠度净浆装入雷氏夹,一手轻扶雷氏夹,一手用小刀插捣数次后抹平,盖上涂油玻璃板。置养护箱内养护(24 ± 2)h。

② 调整好煮沸箱水位,使水面在整个煮沸过程中都超过试件,不需中途加水,同时又能保证在(30 ± 5)min内升至煮沸。

③ 脱去玻璃板,取下试件,测量雷氏夹指针尖端间的距离(A)精确到0.5mm,然后将试件放入煮沸箱的试件架上,指针朝上,试件间互不交叉,然后在(30 ± 5)min内加热至沸腾沸并恒沸(180 ± 5)min。

④ 煮沸结束后,立即放掉煮沸箱中的热水,冷却至室温,取出试件,测量雷氏夹指针尖端的距离(c)准确到0.5mm。

⑤ 当煮沸前后两个试件指针尖端距离差($C-A$)的平均值不大于5.0mm时,即认为该水泥安定性合格,当$C-A$相差超过5.0mm时,应用同一样品立即重做一次试验,如果结果仍不满足要求,则认为水泥安定性不合格。

2. 代用法

目测试饼未发现裂缝,钢直尺测量未弯曲(钢直尺和试饼底部紧靠,以两者间不透光为不弯曲)的试饼为安定性合格,当两个试饼判别结果不一致时,该水泥的安定性不合格。安定性不合格的水泥应视为废品。

(四)试验注意事项

①每种方法需平行测试2个试件。
②凡与水泥净浆接触的玻璃板和雷氏夹内表面要稍涂一层油(起隔离作用)。
③试饼应在无任何缺陷条件下方可煮沸。

五、水泥胶砂强度检验(ISO法)(GB/T 17671—1999)

(一)试验目的和标准

检测水泥在成型硬化一定龄期内抗压、抗折强度的大小。GB 175—2007/XG 1—2009规定了通用水泥不同等级应达到的抗压强度、抗折强度最低值。

(二)主要仪器设备

①行星式胶砂搅拌机　符合JC/T 681—2005《行星式水泥胶砂搅拌机》。
②水泥胶砂试模　由3个模槽组成,可同时形成三角截面为40mm×40mm,长度为16mm的棱形试件,符合JC/T 726—2005《水泥胶砂试模》。
③水泥胶砂试体成型振实台　符合JC/T 682—2005《水泥胶砂试体成型振实台》。
④抗折强度试验机
⑤抗压试验机　应符合JC/T 683—2005《水泥抗压夹具》,受压面积为40mm×40mm。

(三)试件制备方法

1. 准备工作

将试模擦净,四周模板与底座的接触面上涂上一层黄油,紧密装配,防止漏浆,内壁均匀涂上一层机油。

2. 水泥砂浆配合比

试验采用中国 ISO 标准砂,对 GB/T 17671—1999《水泥胶砂强度检验方法》(ISO 法)限定的通用水泥,按质量计的配合比为水泥:标准砂:水 = 1:3:0.5 制备,每一锅胶砂形成 3 条试件,需水泥试样(450 ± 2)g,ISO 标准砂(1 350 ± 5)g,水(225 ± 1)mL。

3. 搅拌方法

先将水加入搅拌锅内,再加入水泥,开动搅拌机低速搅拌 30s,在第二个 30s 开始的同时均匀将砂加入,高速再搅拌 30s,停拌 90s;在第一个 15s 内将叶片和锅壁上的胶砂刮入锅中,在高速下继续搅拌 60s 后,停机取下搅拌锅。在各个搅拌阶段中,时间误差应控制在 ±1s 内。总搅拌时间为 4min。

4. 试件成型

胶砂制备后应立即成型,将试模固定在振实台上,将胶砂分两层装入试模,装第一层时每模槽内约放 300g 胶砂,并将料层插平振实 60 次后,再装入第二层胶砂,插平后再振实 60 次,从振实台上取下试模,用金属直尺沿试模长度方向从横向以锯割动作慢慢向另一端移动,将超出试模部分的胶砂刮去并抹平。

5. 试件的养护与脱模

将做好标记的试模放入养护箱内至规定时间拆模,对于 24h 龄期的试件,应在试验前 20min 内脱模,并用湿布覆盖到试验时为止。对于 24h 以上龄期的试件,应在成型后 20~24h 间脱模,并放入相对湿度大于 90% 的标准养护室或水中养护[温度(20 ± 1)℃],养护时不应将试模叠放。

(四)强度测定

1. 试件时间要求

在试验前 15min 从水中取出试件,并用湿布覆盖。先进行抗折试验,后做抗压试验。对于不同龄期的试件,应在下列时间(从水泥加水搅拌开始时算起)内进行强度测定:24h ± 15min,48h ± 30min,72h ± 45min,7d ± 2h,28d ± 8h。

2. 抗折试验

以(50 ± 10)N/s 的速率均匀将荷载加在试件的侧面至折断,记录破坏荷载 F_1。

3. 抗压试验

以折断后保持潮湿状态的 2 个半截棱柱体以侧面为受压面,分别放入抗压夹具内,并要求试件中心、夹具中心、压力机压板中心,三心合一,偏差为 ±0.5mm,以(2.4 ± 0.2)kN/s 的速率均匀加载至破坏,记录破坏荷载 F_c。

(五)试验数据处理

1. 抗折强度

抗折强度按式(附2)计算

$$R_1 = \frac{1.5F_1L}{b^3} \quad (\text{精确至 } 0.1\text{MPa}) \qquad (\text{附 2})$$

式中　F_1——棱柱体折断时的荷载，N；
　　　R_1——抗折强度，MPa；
　　　L——支撑圆柱之间的距离，mm；
　　　b——棱柱体边长，mm。

以一组 3 个棱柱体抗折强度的平均值为试验结果，当 3 个强度值中有超过平均值 ±10% 时，应剔除后再取平均值作为抗折强度试验结果。

2. 抗压强度

抗压强度按式（附 3）计算

$$R_c = \frac{F_c}{A}(\text{精确至 } 0.1\text{MPa}) \qquad (\text{附 3})$$

式中　F_c——受压破坏最大荷载，N；
　　　A——受压面积，mm²（40mm × 40mm）。

以一组 6 个棱柱体得到的 6 个抗压强度的平均值为试验结果。当 6 个测定值中有 1 个超出 6 个平均值的 ±10% 时，取剩下的 5 个抗压强度的平均值为结果；若 5 个测定值中再有超出平均值 ±10% 时，则此组结果作废。

当强度值低于标准要求的最低强度值时，应视为不合格或降低等级。

试验二　混凝土用砂石骨料

一、取样方法

砂石的取样应按批进行，每批总量应小于 400m³ 或 600t。取样部位应在平面上和料堆不同深度上均匀分布，分别在 8 个部位取大致相等的样混合，组成一组试样；取样时应将表层的材料去除。

对于每一组试样，按四分法缩至各项试验所需的样量，砂、石的含水量、堆积密度和紧密密度的检验，所用试样不必缩分，拌匀后直接进行试验。

二、试验条件

试验温度在 15℃ ~ 30℃，试验用水应是洁净的淡水，有争议时可采用蒸馏水。

三、砂的颗粒级配检验（GB/T 14684—2011）

（一）试验目的和标准

测定砂的颗粒级配和细度模数，作为混凝土用砂的技术依据。

GB/T 14684—2011《建设用砂》标准规定：砂的级配应符合符合 3 个级配区的要求（粗砂区、中砂区、细砂区），并据细度模数规定了 3 种规格砂的范围，粗砂：3.7 ~ 3.1；中砂：3.1 ~ 2.3；细砂：2.2 ~ 1.6。

(二)主要仪器

①试验筛　孔径为 9.50mm、4.75mm、2.36mm、1.18mm、0.60mm、0.30mm、0.15mm 的方孔筛，以及筛的底盘和盖各 1 只。

②天平　天平称量 1kg，感量 1g。

③摇筛机。

④烘箱　烘箱能使温度控制在(105±5)℃。

⑤浅盘、硬(软)毛刷、容器、小勺等。

(三)测定方法

①取缩合后的试样约 1 100g，放入烘箱内(105±5)℃烘至恒量，待冷却至室温后，筛除大于 9.5mm 的颗粒(并算出其筛余百分率)，分成相等的两份试样(每份 550g)。

②称取试样 500g(精确至 1g)倒入按孔径大小从上至下组合的套筛上。摇筛 10min 后，取下套筛，按筛孔大小顺序依次逐个进行手筛，筛至每分钟通过量小于试样总量的 0.1%(即 0.5g)为止，通过的试样(即小于筛孔直径的试样)并入下一号筛，并和下一号筛中的试样一起手筛，至各号筛全部筛完为止。

③称量各号筛的筛余量(精确至 1g)，试样在各号筛上的筛余量不得超过按式(附4)计算出的量，若超过应按下列处理方法之一进行。筛分后，如每号筛的筛余量与筛底的剩余量之和同原试样质量之差超过 1% 时，须重新试验。

$$G = \frac{A \times d^{\frac{1}{2}}}{200} \tag{附4}$$

式中　G——在一个筛上的筛余量，g；
　　　A——筛面面积，mm；
　　　d——筛孔尺寸，mm。

处理方法：

①将该粒级试样分成少于按式(附4)计算出的量(至少分成 2 部分)，分别筛分，并以筛余量之和作为该号筛的筛余量。

②将该粒级及以下各粒级的筛余混合均匀，称出其质量(精确至 1g)，再用四分法缩分为大致相等的两份，取其中一份，称出其质量(精确至 1g)，继续筛分。计算该粒级及以下各粒级的分计筛余量时，应根据缩分比例进行修正。

(四)数据处理

①计算分计筛余百分率 a，即各号筛上的筛余量除以试样总量的百分率(精确至 0.1%)。

②计算累计筛余百分率 A，即各号筛上分计筛余百分率与大于该号筛的各号筛上分计筛余百分率的总和(精确至 1.0%)。

③根据各筛的累计筛余百分率 A，查附表 1 或绘制筛分曲线，评定该试样的颗粒级配分配情况。

④按 3.1 中式(3-6)计算砂的细度模数(精确至 0.01)。

⑤筛分试验采用 2 份试样平行试验，并以其试验结果的算术平均值作为测定值。若两次试验所得的细度模数之差超过 0.20，应重新取样试验。

附表1 砂级配区的规定

筛孔尺寸/mm	累计筛余(按质量计)/%		
	Ⅰ区	Ⅱ区	Ⅲ区
9.50	0	0	0
4.75	10~0	10~0	10~0
2.36	35~5	25~0	15~0
1.18	65~35	50~10	25~0
1.60	85~71	70~41	40~16
0.30	95~80	92~70	85~55
0.15	100~90	100~90	100~90

四、砂的表观密度(GB/T 14684—2011)

(一)试验目的和标准

为计算砂的空隙率和混凝土配合比设计提供技术指标。GB/T 14684—2011《建设用砂》规定,混凝土用砂的表观密度大于 2 500kg/m³。

(二)主要仪器设备

①烘箱。
②天平,称量1 kg,感量0.5g。
③容量瓶,500mL。

(三)试验方法

①按规定取样缩分后,称取约660g,放在烘箱中(105±5)℃烘干至恒量,待冷却至室温后,分成大致相等的两份备用。或取饱和面干试样两份,每份600g。

②对于干试件,称取试样300g(精确至1g),将试样装入容量瓶,注入冷开水至接近500mL的刻度处,充分摇动,排除气泡,塞紧瓶塞,静置24h;对于饱和面干试验,静置30min,然后用滴管小心加水至容量瓶500mL刻度处,塞紧瓶塞,擦干瓶外水分,称其质量 G_1(精确至1g)。

③倒出瓶中水和试样,洗净容量瓶,再向瓶内注水(水温相差不超过2℃)至500mL刻度处,塞紧瓶塞,擦干瓶外水分,称其质量 G_2(精确至1g)。

(四)数据处理

砂的表观密度 $\rho_{0,干}$(或饱和面干表观密度 $\rho_{0,饱}$)按下式(附5)计算(精确至0.01g/cm³)

$$\rho_{0,干}(或\rho_{0,饱}) = \left(\frac{m_0}{m_0 + m_2 - m_1} - a_1\right) \times \rho_水 \quad (附5)$$

式中 m_0——烘干试件(或饱和面干试样)质量,g;

m_1——瓶加干试样(或饱和面干试样)再加满水的质量,g;

m_2——水及容量瓶质量和,g;

a_1——称量时水温对视密度影响的修正系数，见试附表 2；
$\rho_水$——水的密度，一般按 $1g/cm^3$ 计算。

附表 2　不同水温下砂的视密度温度修正系数

水温/℃	15	16	17	18	19	20	21	22	23	24	25
a_1	0.002	0.003	0.003	0.004	0.004	0.005	0.005	0.006	0.006	0.007	0.008

五、砂的堆积密度测定（GB/T 14684—2011）

(一)试验目的

用于混凝土配合比设计，也可用于估计运输工具的数量及堆放场的面积。根据细骨料的表观密度和堆积密度还可以计算其空隙率。

(二)主要仪器设备

①天平，称量 10kg，感量 1g。
②容量筒的容积为 1L，内径 108mm，净高 109mm，圆柱形金属筒。
③方孔筛，孔径为 4.75mm。
④烘箱、漏斗或铝制料勺、直尺、浅盘等。

(三)试验方法

①缩取试样约 3L，置于温度为 (105 ± 5)℃ 的烘箱中烘至恒量，冷却至室温，筛除大于 4.75mm 的颗粒，分成大致相等的两份备用。试样烘干后如有结块，应在试验前先予捏碎；
②称取容量筒重量，精确至 1g；
③将其放在不受振动的桌上浅盘中，用料勺从容量筒中心上方 50mm 处将 1 份试样徐徐装入容量筒，直至试样装满并超出容量筒筒口；
④用直尺将多余的试样沿筒口中心线向两边刮平，称出容量筒连试样的总重量，精确至 1g。

(四)数据处理

砂的堆积密度按式(附6)式计算(精确至 $10kg/m^3$)：

$$\rho' = \frac{G_1 - G_2}{V} \qquad (附6)$$

式中　V——容量筒容积，L；
　　　G_1——容量筒和试样总质量，g；
　　　G_2——容量筒质量，g。
堆积密度以 2 次试验结果的算术平均值作为测定值。

六、碎石和卵石的颗粒级配（GB/T 14685—2011）

(一)试验目的和标准

测定不同粒径骨料的含量比例，评定石子的颗粒级配状况，为合理选择和使用粗骨料提供技术依据。GB/T 14685—2011《建设用卵石、碎石》规定：建筑用卵石、碎石必须级配合格，符合标准要求。

（二）主要仪器

①试验用方孔标准筛，孔径为 4.75mm、9.5mm、16.0mm、19.0mm、26.5mm、31.5mm、37.5mm、53.0mm、63.0mm、75.0mm 及 90.0mm 的筛各一只，并附有筛底和筛盖（筛框内径 300mm）。

②烘箱，能使温度控制在（105±5）℃。

③台秤，称量 10kg，感量 1g。

④摇筛机，电动振筛机，振幅（0.5±0.1）mm，频率（50±3）Hz。

（三）试验方法

①取回试样经烘干或风干后，用四分法缩分至不少于附表 3 规定的需用量，称量时精确至 1g。

附表 3　石子筛分析试验试样的最少质量

最大粒径/mm	9.5	16	19	26.5	31.5	37.5	63	75
试样质量/kg，不小于	1.9	3.2	3.8	5.0	6.3	7.5	12.6	16.0

②将称量完毕的试样倒入最上层筛中，将套筛放于摇筛机上，摇筛 10min；当筛号上的筛余量层厚大于试样最大粒径时，应将该号筛上的筛余分成两份后再进行筛分，直至各筛号每分钟的通过量不超过试样总量的 0.1%。并以两份筛余量之和作为该号筛的筛余量。当筛余颗粒的粒径大于 2.0mm 时，筛分过程中允许用手指拨动。

③称量各号筛上的筛余试样，精确至试样总量的 0.1%。各筛上的所有分计筛余量和底盘中剩余量的总和与筛分前测定的试样总量相比，其差值不得超过 1%。

（四）数据处理

①计算分计筛余百分率（精确至 0.1%），计算方法同砂。

②计算累计筛余百分率（精确至 1.0%），计算方法同砂。

③根据各筛的累计筛余百分率，查表评定该试样的颗粒级配，若不符合标准要求，重新取双倍样进行复测，若复测不合格，则判定该试样不合格。

七、碎石或卵石的表观密度测定（GB/T 14685—2011）

（一）试验目的和标准

评定碎石或卵石的质量，并为试样空隙率和混凝土配合比设计提供技术依据，GB/T 14685—2011《建设用卵石、碎石》规定，混凝土用碎石和卵石密度应大于 2 500kg/m³。本方法不宜用于最大粒径大于 40mm 的碎石和卵石。

（二）主要仪器设备

①液体静力天平，称量 5kg，感量 1g。

②吊篮，由孔径小于 5mm 的筛网制成，其直径和高度均为 200mm（亦可用直径 2~3mm 金属线编制成）。

③盛水容器，有溢流孔。
④方孔筛，孔径为4.75mm的筛一只。
⑤烘箱、搪瓷盘、毛刷及刷子、鼓风烘箱等。

（三）试验方法

①试样缩分至略大于附表4规定的质量，风干后筛除小于4.75mm的颗粒，洗刷干净后，分为大致相等的2份备用。

附表4　粗骨料表现密度试验所需试样数量

石子最大粒径/mm	<26.0	31.5	37.5	63.0	75.0
最少试样质量/kg	2.0	3.0	4.0	6.0	6.0

②取试样一份置于吊篮，并浸入盛水的容器中，液面应高出试样表面50mm，浸泡24h后，移到称量用的盛水容器中，并用上下升降吊篮的方法排除气泡（试样不得露出水面），吊篮每升降一次约1s，升降高度为30～50mm。

③测定水温后（此时吊篮应全部浸在水中），称出吊篮及试样在水中的质量 m_1，精确至5g。称量时盛水容器中水面的高度由容器的溢流孔控制。

④提起吊篮，将饱和面干试样倒入瓷盘，放在烘箱中在(105±5)℃温度下烘干至恒温，待冷却至常温后，称出烘干试样质量 m_0，精确至5g。

⑤称出空吊篮在（同温度下）水中的质量 m_2，精确至5g。称量时盛水容器的水面高度仍由溢流孔控制。

（四）数据处理

①按照式（附7）计算表观密度：

$$\rho_0 = \left(\frac{m_0}{m_0 + m_2 - m_1} - \alpha_t\right) \times \rho_水 \quad (附7)$$

式中　ρ_0——表观密度，g/cm³，精确至0.02g/cm³；
　　　m_0——烘干试样的质量，g；
　　　m_1——吊篮及试样在水中的质量，g；
　　　m_2——吊篮在水中的质量，g；
　　　$\rho_水$——水的密度，一般按1g/cm³计算；
　　　α_t——水温对水相对密度修正系数。

②以2次测值的算术平均值作为试验结果。如果2次试验结果之差超过0.02g/cm³，试验必须重做。对颗粒材质不均匀的试样，如果2次试验结果之差超过0.02g/cm³，可取4次测值的算术平均值作为试验结果。

八、碎石或卵石的堆积密度（GB/T 14685—2011）

（一）试验目的和标准

测定碎石或卵石的堆积密度，作为混凝土配合比设计和石料场规划的依据。GB/T 14685—2011《建设用卵石、碎石》规定，混凝土用碎石和卵石的堆积密度应大于1 350kg/m³，空隙率小于47%。

(二)主要仪器

①台秤,称量 10kg,感量 5g。
②磅秤,称量 50kg 或 100kg,感量 50g。
③垫棒,直径 16mm、长 600mm 的圆钢。
④容量筒,规格见附表 5。

附表 5　容量筒的规格要求

最大直径/mm	容量筒体积/L	容量筒规格		
		内径/mm	净高/mm	壁厚/mm
9.5、16.0、19.0、26.5	10	208	294	2
31.5、37.5	20	294	294	3
53.0、63.0、75.0	30	360	294	4

(三)试验方法

1. 按规定取样

当骨料最大粒径为 9.5~16.0mm、16.0~26.5mm、31.5~37.5mm、63~80mm 时,分别取不少于 40kg、60kg、80kg、120kg 试样,烘干或风干后,拌均并把试样分为大致相等的 2 份备用。

2. 松散堆积密度

取试样一份,用小铲将试样从容量筒口中心上方 50mm 处徐徐倒入,让试样以自由落体落下,当容量筒上部试样呈锥体,且容量筒四周溢满时,即停止加料。除去凸出容量筒口表面的颗粒,并以合适的颗粒填入凹陷部分,使得表面稍凸起部分和凹陷部分的体积大致相等(试验过程应防止触动容量筒),称出试样和容量筒的总质量。

3. 紧密堆积密度

取试样一份分为 3 次装入容量筒。装完第一层后,在筒底垫放一根直径为 16mm 的圆钢,将筒按住,左右交替颠击地面各 25 次,再装入第二层,第二层装满后用同样的方法颠实(但筒底所垫钢筋的方向与第一层的方向垂直),然后装入第三次,如法颠实。试样装填完毕,再加试样直至超过筒口,用钢尺沿筒口边缘刮去高出的试样,并用合适的颗粒填平凹处,使表面稍凸起部分与凹陷部分的体积大致相等。称取试样和容量筒的总质量。

(四)数据处理

①按照式(附8)计算松散或紧密堆积密度 ρ'_0,计算精确至 $10kg/m^3$:

$$\rho'_0 = \frac{m_2 - m_1}{V_0} \times 1\,000 \qquad (附8)$$

式中　m_1——容量筒的质量,kg;

m_2——试样和容量筒的总质量,kg;

V_0——容量筒的体积,L。

②按照式(附9)计算空隙率 $P_0(\%)$,计算精确至 1%:

$$P_0 = \left(1 - \frac{\rho'_0}{\rho_0 \times 1\,000}\right) \times 100\% \qquad (附9)$$

式中　ρ'_0——试样的堆积密度，kg/m^3；
　　　ρ_0——试样的干表观密度，g/cm^3。

③堆积密度取 2 次试验测值的算术平均值作为试验结果，精确至 $10kg/m^3$。空隙率取 2 次试验结果的算术平均数，精确至 1%。

九、砂、碎石或卵石的吸水率试验（GB/T 14685—2011）

（一）试验目的和标准

测定砂、碎石或卵石的吸水率试验，作为调整混凝土配合比及施工称量的依据。

（二）主要仪器设备

①天平，称量 1kg，感量 1g。
②烘箱、搪瓷盘、干燥器等。

（三）试验方法

可以与粗骨料表观密度试验同时进行。

①从水中取出试样，用拧干的湿毛巾擦去试样表面的水分，称出饱和面干试样在空气中的质量 m。
②将饱和面干试样倒入瓷盘，放在烘箱中在 (105 ± 5)℃温度下烘干至恒温，待冷却至常温后，称出烘干试样质量 m_0。

（四）数据处理

①按式（附10）计算粗骨料的吸水率，计算精确至 0.1%：

$$W_{吸} = \frac{m - m_0}{m_0} \times 100\% \qquad (附10)$$

式中　m_0——烘干试样的质量，g；
　　　m——饱和面干试样在空气中的质量，g。

②以 2 次测量值的算术平均数作为试验结果。若 2 次测量值之差超过 0.2%，则该组试件的试验结果无效，试验须重做。

试验三　混凝土性能检验

工程施工中取样进行混凝土试验时，取样方法和原则应按照 GB 50204—2002《混凝土结构工程施工质量验收规范》的规定执行，混凝土和易性检验和混凝土立方体抗压强度试验根据 GB/T 50080—2016《普通混凝土拌和物性能试验方法》和 GB/T 50081—2019《混凝土物理力学性能试验方法标准》进行，混凝土抗渗试验根据 SL 352—2020《水工混凝土试验规程》进行。

一、取样要求和试验条件

(一)取样要求

同一组样品应从同一盘混凝土或同一车混凝土中取样。取样量应为试验所需量的 1.5 倍,且不小于 20L。一般在同一盘混凝土或同一车混凝土中的约 1/4、1/2 和 3/4 处之间分别取样,从第一次取样到最后一次取样不宜超过 15min,然后人工搅拌均匀。从取样完毕到开始做各项性能试验不宜超过 5min。

(二)试验条件

试验用原料应提前运入室内,使其与室温一致,拌和混凝土时实验室温度应保持在 (20 ± 5)℃;拌制混凝土时,材料用量以质量计,称量的精度为:骨料为 ±1%,水、水泥和外加剂为 ±0.5%。

二、混凝土拌和物的和易性检测(GB/T 50080—2002)

(一)试验目的

通过坍落度测定,确定实验室配合比,检验混凝土拌和物和易性是否满足施工要求,并制成符合标准要求的试件,以便进一步确定混凝土的强度。本方法适用于测定骨料最大粒径 40mm、坍落度值不小于 10mm 的塑性混凝土拌和物的稠度测定。

(二)主要仪器

①标准坍落度筒,金属制圆锥形,底部内径 200mm,高 300mm,壁厚大于或等于 1.5mm。
②插捣棒、卡尺。
③拌和用刚性不吸水平板:尺寸不宜小于 1.5m×1.5m。

(三)试验方法

①用湿布将搅拌工具擦净并湿润,先把砂和水泥在拌板上拌均匀(用铲从拌板一端均匀翻拌至另一端,再从另一端均匀翻拌回来,如此重复)。再加入石子拌成均匀的干混合物。

②将干混合物堆成堆,中间做一凹槽,将已称量好的水倒入一半左右于凹槽内(不能让水流淌掉),仔细翻拌、铲切,并徐徐加入另一半剩余的水,继续翻拌,直至拌和均匀。

从加水到搅拌均匀的时间控制参考值:拌和物体积为 30L 以下时 4~5min;拌和物体积为 30~50L 时为 5~9min;拌和物体积为 50~70L 时为 9~12min。

③将湿润后的坍落度筒放在不吸水的刚性水平板上,将已拌均匀的混凝土试样用小铲分层装入筒内,数量控制在经插捣后层厚为筒高的 1/3 左右。每层用捣棒插捣 25 次。插捣应沿螺旋方向由外向中心进行,插捣点在截面上均匀分布,插捣筒边混凝土时,捣棒可以稍稍倾斜。插捣底层时,捣棒应贯穿整个深度,插捣第二层和顶层时,捣棒应插透本层至下一层的表面以下。插捣完毕,用捣棒将筒顶搓平,刮去多余的混凝土。注意装料时使坍落度筒保持位置固定。

④小心地垂直提起坍落度筒,不让混凝土试体受到碰撞和震动,筒体的提离过程应

在5～10s内完成。从开始装料于筒内到提起坍落度筒的操作不得间断,并应在150s内完成。将筒安放在拌和物试体一侧(注意整个操作基面要保持在同一水平面),立即测量筒顶与坍落后拌和物试体最高点之间的高度差,以 mm 表示,即为拌和物的坍落度值,如附图5所示。

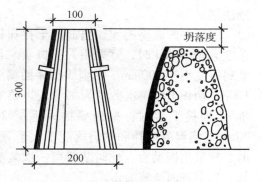

附图5 坍落实验(单位:mm)

⑤进行保水性目测。坍落度筒提起后,如有较多的稀浆从底部析出,试体因失浆使骨料外露,表示该混凝土拌和物保水性能不好。若无此现象,或仅少量稀浆自底部析出,而椎体部分混凝土试体含浆饱满,则表示保水性良好。

⑥黏聚性目测。用捣棒在已坍落的混凝土锥体一侧轻轻敲打,锥体渐渐下沉表示黏聚性良好,反之,锥体突然倒塌,部分崩裂或发生石子离析,表示黏聚性不好。

⑦当坍落度筒提起后,若发现拌和物崩塌或一边剪坏,应立即重新拌和重复试验测定,第二次试验又出现上述现象,则表示该混凝土拌和物和易性不好。

坍落度至少要测量2次,并以两次测量值之差不大于20mm 的测定值为依据,求算术平均值作为测量结果(精确至5mm)。所测拌和物坍落度值若小于10mm,说明该拌和物稠度过干,宜采用其他方法测定。

(四)调整方法

当测得的坍落度小于施工要求的坍落度值,可在保持水灰比 W/C 不变的同时,增加5% 或10% 的水泥、水的用量,若测得的坍落度大于施工要求的坍落度值,可在保持砂率 S_p 不变的同时,增加5% 或10%(或更多)的砂石用量。若黏聚性或保水性不好,则需适当调整砂率,并尽快拌和均匀,重新测定,直到和易性符合要求为止。

三、混凝土立方体抗压强度试验(GB/T 50081—2002)

(一)试验目的

测量混凝土抗压强度。

(二)主要仪器设备

①压力试验机或万能试验机,使试件破坏时的荷载位于全量程的20%～80% 范围以内。

②钢垫板,平面尺寸不小于试件的承压面积。

③试模,由铸铁或钢制成的立方体,试件尺寸根据混凝土中骨料最大粒径选用,见附表6。

④标准养护室,温度(20±2)℃,相对湿度大于95%。

⑤振动台,频率(50±3)Hz,空载振幅0.5mm。

(三)试验制备

①试模拼装牢固,振捣时不变形,在拼装好的试模内壁刷一薄层矿物油。

② 如果混凝土拌和物的骨料最大粒径超过试模最小边长的1/3 时,应将大骨料用湿

筛法剔除。

③试件的成型捣实。当混凝土拌和物坍落度大于70mm时，宜采用人工捣实。每层装料厚度小于100mm，用金属捣棒插捣。每100cm²面积上插捣次数约为12次（以捣实为准）。插捣上层时，捣棒要插入下层20~30mm。当混凝土拌和物坍落度不大于70mm时，宜采用振动台，此时装料可一次装满试模，振至表面泛浆为止。

附表6　试件尺寸选用表

试件横截面尺寸/(mm×mm)	骨料最大粒径/mm
100×100	31.5
150×150	40
200×200	63

④试件成型后，在混凝土初凝1~2h，需进行抹面，要求沿模口抹平。

⑤成型后的带模试件用湿布或薄膜覆盖表面，在(20±3)℃的室内静置24~48h，然后拆模并编号。

⑥拆模后的试件应立即送入标准养护室[室温(20±3)℃、相对湿度90%以上]中养护，试件之间应保持10~20mm的距离，放在架上，避免用水直接冲淋试件。当无标准养护室时，试件可在温度为(20±3)℃的静水中养护，水的pH值不应小于7。

⑦每一龄期的试件个数，除特殊规定外，一般为一组3个试件。

（四）试验方法

①将试件擦拭干净，测量尺寸（测量精确至1mm），并检查外观。据此计算试件的承压面积。如实测尺寸与公称尺寸之差不超过1mm，可按公称尺寸进行计算。

试件承压面积的不平度应为每100mm不超过0.05mm，承压面与相邻面的不垂直度不应超过±1°。

②将试件安放在实验机的下压板上，试件的承压面应与成形时的顶面垂直。试件的中心应与试验机下压板中心对准。试验应连续而均匀的加荷，混凝土强度等级低于C30时，其加荷速度为0.3~0.5MPa/s；反之，为0.5~0.8MPa/s。当试件接近破坏而开始迅速变形时，停止调整试验机油门，直到试件破坏。记录破坏荷载。

（五）数据处理

抗压强度f_{cc}按下式（附11）计算（精确至0.1MPa）：

$$f_{cc}=\frac{P}{A} \tag{附11}$$

式中　P——破坏荷载，N；

A——试件承压面积，mm²。

四、混凝土抗渗性试验（SL 352—2020）

（一）试验目的

确定混凝土试件的抗渗性等级是否满足设计要求。

（二）主要仪器设备

①混凝土渗透仪　HS—40型混凝土渗透仪或其他符合要求的混凝土渗透仪。

②试模　上口内径175mm、下口内径185mm，或直径和高度均为150mm（须与渗透

仪配套)。

(三)试件制备

抗渗性试件以6个试件为一组,试件成型后24h拆模养护,养护要求与混凝土立方体抗压强度试验相同。

(四)试验方法

①到达试验龄期(一般为28d)时,晾干表面,将熔化的石蜡火漆混合物(石蜡:火漆≈4:1)或其他防水材料均匀滚涂与试件侧面,再用螺旋加压器或压力机将试件压入经预热的抗渗仪试件套模内(预热温度约50℃),要求试件与套模的底面压平为止,待试件套模稍冷却后,即可解除压力。

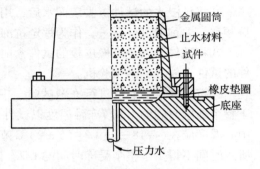

附图6 混凝土抗渗示意图

②用水泥加黄油密封时,其用量比为(2.5~3):1。试件表面晾干后,用三角刀将密封材料均匀地刮涂在试件侧面上,厚约1~2mm,套上试模压入,使试件与试模底齐平。

③排除渗透仪管路系统的空气,并将密封好的试件安装在渗透仪上,如附图6所示。

④试验开始时,施加0.1MPa的水压力,以后每隔8h增加0.1MPa的水压,并随时观察试件端面是否出现渗水现象(即出现水珠或潮湿痕迹)。

⑤当6个试件中有3个试件表面渗水时可停止试验,记录此时的水压力H(MPa)。

(五)数据处理

抗渗等级按式(附12)计算:

$$W = 10H - 1 \qquad (附12)$$

式中 W——抗渗等级;

H——6个试件中有2个渗水时的水压力,MPa。

若压力加至规定值,在8h内,6个试件中表面渗水的试件少于2个,则试件的抗渗等级大于规定值。

五、混凝土抗冻性试验(SL 352—2020)

(一)试验目的

确定混凝土试件的抗冻性等级是否满足设计要求。

(二)主要仪器设备

①混凝土全自动快速冻融试验机。

②动弹性模量测定仪 频率测量范围不小于100Hz~10kHz。

③试模 规格为100mm×100mm×400mm的棱柱体。

④试件盒 由0.5~1.0mm镀锌铁皮或不锈钢板制作,长度约为120mm、高度不小于500mm。

⑤橡皮板 一般为厚4mm、宽100mm、长800mm左右,板上均匀的打有直径约

15mm 的小孔，孔间净距约 15mm。实验时将两块橡皮板十字交叉地装入试件盒中。

⑥台秤　称量 10kg，感量 5g。

（三）试验步骤

①试件的成型与养护与混凝土抗压强度相同，试验以 3 个试件为一组。试验龄期如无特殊要求时，一般为 90d。到达试验龄期前的 4d，将试件放在（20±3）℃的水中浸泡 4d。

②将已浸水的试件擦去表面水后，用动弹性模量测定仪测出试件的横向（或纵向）自振频率，并称取试件质量，作为评定抗冻性的起始值。并做必要的外观描述。

③将试件装入垫有橡皮板的试件盒内，加入清水，使其没过试件约 5mm。将装有试件的试件盒放入冻融试验机。

④按所规定的制度进行冻融试验，一次冻融循环历时 2~4h，用于融化的时间不少于整个冻融时间的 1/4。冻融温度以试件中心温度控制，在受冻及融化的终了时，试件中心温度应在（-18±2）℃~（5±2）℃范围。试件受冻时，每个试件从 6℃降至 -15℃所用时间不得少于整个受冻时间的 1/2；试件融化时，每个试件从 -15℃升到 6℃所用的时间不得少于整个融化时间的 1/2；试件内外温差不宜超过 28℃。冻融之间的转换时间不应超过 10min。

⑤通常每做 25 次冻融循环对试件测试一次。也可根据试件抗冻性的高低确定测试的间隔次数。测试时，小心将试件取出，冲洗干净，擦去表面水，进行称量及横向（或纵向）自振频率的测定，并做必要的外观描述。测试完毕后，将试件调头重新装入试件盒，注入清水，继续试验。

⑥试验因故中断，应将试件在受冻状态下保存。

⑦达到下述情况之一时，试验即可停止：

a. 冻融至预定的循环次数；

b. 相对动弹性模量下降至 60%；

c. 质量损失率达 5%。

（四）试验结果处理

①相对动弹性模数按式（附 13）计算：

$$P_n = \frac{f_n^2}{f_0^2} \times 100\% \tag{附13}$$

式中　P_n——n 次冻融循环后相对冻弹性模数，%；

　　　f_n——试件 n 次冻融循环后的自振频率，Hz；

　　　f_0——试件初始自振频率，Hz。

②质量损失率按式（附 14）计算：

$$W_n = \frac{m_0 - m_n}{m_0} \times 100\% \tag{附14}$$

式中　W_n——n 次冻融循环后试件质量损失率，%；

　　　m_0——试件初始质量，kg；

　　　m_n——n 次冻融循环后试件质量，kg。

③以3个试件的算术平均值作为试验结果。当相对动弹性模量下降至60%,或质量损失率达5%(无论哪个指标先达到)的冻融循环次数,即为混凝土的抗冻等级(用 F 表示)。

试验四 砂浆试验

一、取样要求及试验条件

(一)取样要求

实验用料应根据不同的要求,从同一盘搅拌或同一车运送的砂浆中取出,或在实验室用机械或人工拌制。施工中取样进行砂浆试验时,应在使用地点的砂浆槽、砂浆运送车或搅拌机出料口,至少从3个不同的部位取样。所取样的数量应多于试验用料的1~3倍。

(二)试验条件

拌和时室温应为(20±5)℃,砂子应采用孔径5mm的筛子筛过。在材料称量时要求:水泥、外加剂精确至±0.5%。

二、砂浆稠度和分层度检验(JGJ 70—2009)

(一)试验目的

通过控制砂浆稠度和分层度,控制砂浆用水量,判定砂浆工作性能的优劣。

(二)主要仪器

①砂浆搅拌机。

②砂浆稠度测定仪 如附图7所示,由试锥、容器和支座3部分组成。试锥高度为145mm、锥底直径为75mm、试锥连同滑杆的质量应为(300±2)g;盛载砂浆容器的筒高为180mm、锥底内径为150mm;支座分底座、支架及刻度显示3个部分。

③砂浆分层度筒 内径为150mm、上节高度为200mm、下节带底净高为100mm,上、下层连接处需加宽到3~5mm,并设有橡胶热圈,如附图8所示。

④拌和钢板。

⑤磅秤 称量50kg,感量50g。

⑥台秤 称量10kg,感量5g。

⑦钢制捣棒 直径10mm、长350mm,端部磨圆。

⑧拌和铲、馒刀、量筒、盛器、木锤、秒表等。

(三)试验方法

1. 试样制备

在试验室制备砂浆拌和物时,所用材料应提前24h运入室内。拌和时试验室内的温度应保持在(20±5)℃;需要模拟施工条件下所用的砂浆时,所用原材料的温度宜与施工现场保持一致。试验所用原材料应与现场使用材料一致。砂应通过公称粒径5mm筛。

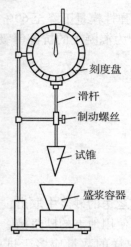

附图7 砂浆稠度测定仪

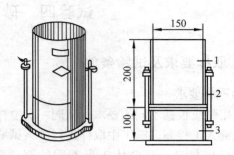

附图8 砂浆分层度测定仪（单位：mm）
1-无底圆筒 2-连接螺栓 3-有底圆筒

(1) 人工拌和法

①人工拌和法在钢板上进行，将拌和钢板和拌和铲用湿布润湿后（但表面应无明水），先将砂倒在拌和钢板上，然后加入水泥，用拌和铲自拌和钢板一端翻拌至另一端，如此重复，直到充分拌匀（颜色应均匀）。

②然后将混合均匀的干混合物在拌和钢板上集拢成堆，并在中间做一凹槽；将称好的石灰膏（或黏土膏）倒入凹槽中，再加入适量的水将石灰膏（或黏土膏）调稀（若为水泥砂浆，则将称好的水的一半倒入凹槽中），然后与水泥、砂混合物共同拌和；将剩余水逐次加入并继续拌和，直到拌和物色泽一致。水泥砂浆每翻拌一次，需用拌和铲将全部砂浆压切一次。拌和时间一般需3~5min（从加水完毕时算起）。

(2) 机械搅拌法

①正式搅拌前，先拌适量砂浆（与正式拌和的砂浆配合比相同），使搅拌机内壁粘附一薄层水泥砂浆，以使正式拌和时的砂浆配合比成分准确。

②先将称量好的砂、水泥装入搅拌机内。

③开动搅拌机，将水徐徐加入（若是混合砂浆，则需将石灰膏或黏土膏用水稀释至浆状随水加入），加完水后继续搅拌约3min。

④将砂浆拌和物倒入拌和钢板上，用拌和铲人工翻拌2次，使其均匀。

2. 稠度试验

①用少量润滑油轻擦滑杆，再将滑杆上多余的油用吸油纸擦净，使滑杆能自由滑动。

②用湿布擦净将盛浆容器和试锥表面，将拌和好的砂浆拌和物一次装入盛载砂浆容器，使砂浆表面低于容器口约10mim。用捣棒自容器中心向边缘均匀地插捣25次，然后轻轻地将容器摇动或敲击5~6下，使砂浆表面平整，然后将容器置于砂浆稠度测定仪的底座上。

③拧松试锥滑竿的制动螺丝，手扶着试锥并向下移动滑杆，当试锥尖端与砂浆表面刚好接触时，拧紧制动螺丝；下压齿条侧杆，使其下端刚好接触滑杆上端，并将指针调

至对准刻度盘零点。

④拧松制动螺丝,同时启动秒表计时,使试锥自由沉入砂浆中;10s时立即拧紧制动螺丝,下压齿条侧杆使其下端接触滑杆上端;从刻度盘上读出下沉深度(精确至1mm)即为砂浆的稠度值。

⑤盛载砂浆容器内的砂浆,只允许测定一次稠度,重复测定时,应重新取样测定。

3. 分层度试验

①将拌和好的砂浆拌和物先按上述稠度试验方法测定其稠度作为初始值。

②然后将砂浆拌和物一次装入分层度筒内,待装满后,用木锤在分层度筒周围距离大致相等的4个不同部分分别轻轻敲击1~2下,若砂浆沉入到低于分层度筒口,则应随时添加砂浆,然后刮去多余的砂浆,并用镘刀抹平。

③静置30min后,去掉上节200mm砂浆,将剩余下部100mm砂浆倒入搅拌锅内重新拌2min,然后再按上述的稠度试验方法测定其稠度。前后2次测得的稠度之差即为该砂浆的分层度值(mm)。

(四)数据处理

1. 稠度试验结果的处理

①取2次试验结果的算术平均值作为砂浆稠度的试验结果,计算精确至1mm。

②若2次试验值之差大于20mm时,则应重新取样测定。

2. 分层度试验结果的处理

①取2次试验结果的算术平均值作为该砂浆的分层度值,mm。

②若2次分层度试验值之差大于10mm,应重做取样试验。

三、砂浆立方体抗压强度试验(JGJ/T 70—2009)

(一)试验目的

测定砂浆的抗压强度,以确定砂浆的等级。

(二)主要仪器

①压力试验机 精度为±1%,试件的预计破坏荷载,应不小于压力机量程的20%,且不大于全量程的80%。

②振动台 空载中台面的垂直振幅应为(0.5±0.05)mm,空载频率应为(50±3)Hz,空载台面振幅均匀度不大于10%,一次试验至少能固定3个试模。

③垫板 试验机上、下压板及试件之间可垫以钢垫板,垫板的尺寸应大于试件的承压面,其不平度应为每100mm不超过0.02mm。

④试模 尺寸为70.7mm×70.7mm×70.7mm的带底试模,试模内表面的不平度应为每100mm不超过0.05mm,组装后各相邻面的不垂直度不应超过±0.5°。

⑤钢制捣棒 直径为10mm,长为350mm,端部应磨圆。

⑥镘刀等。

(三)试件制作及养护

①采用立方体试件,每组试件3个;应用黄油等密封材料涂抹试模的外接缝,试模内涂刷薄层机油或脱模剂;将拌制好的砂浆拌和物一次性装满砂浆试模,成型方法根据

稠度而定：

当稠度≥50mm时，采用人工振捣成型。即用捣棒均匀地由边缘向中心按螺旋方式均匀插捣25次，插捣过程中若砂浆沉落低于试模口，应随时添加砂浆，可用油灰刀插捣数次，并用手将试模一边抬高5~10mm各振动5次，使砂浆高出试模顶面6~8mm。

当稠度<50mm时，采用振动台振实成型。即将将拌和好的砂浆拌和物一次装满试模，放置到振动台上，振动时试模不得跳动，振动5~10s或持续到表面出浆为止，不得过振；待表面水分稍干后，将高出试模部分的砂浆沿试模顶面刮去并抹平。

②试件制作后应在室温为(20±5)℃的环境下静置(24±2)h，当气温较低时，可适当延长时间，但不应超过两昼夜。然后对试件进行编号、拆模；试件拆模后应立即放入温度为(20±2)℃、相对湿度为90%以上的标准养护室中养护。养护期间，试件彼此间隔不小于10mm，混合砂浆试件上面应覆盖以防有水滴在试件上。

（四）实验方法

①将养护到一定龄期（一般为28d）的砂浆试件从养护室内取出，用湿布覆盖，并尽快试验。

②试验前将试件表面擦试干净，测量尺寸，并检查其外观，并据此计算试件的承压面积，若实测尺寸与公称尺寸(70.7mm)之差不超过1mm，可按公称尺寸进行计算承压面积。

③将试件安放在试验机的下压板（或下垫板）上，试件的承压面应与成型时的顶面垂直，试件中心应与试验机下压板（或下垫板）中心对准。

④开动试验机，当上压板与试件（或上垫板）接近时，调整球座，使接触面均衡受压。承压试验应连续而均匀地加荷，加荷速度应为0.25~1.5kN/s（砂浆强度不大于5MPa时，宜取下限；砂浆强度大于5MPa时，宜取上限），当试件接近破坏而开始迅速变形时，停止调整压力试验机油门，直至试件破坏，然后记录破坏荷载N_u(N)。

（五）数据处理

①砂浆立方体抗压强度，按式（附15）计算：

$$f_{m,cu} = \frac{N_u}{A} \tag{附15}$$

式中　$f_{m,cu}$——砂浆立方体试件的抗压强度，MPa，计算结果精确至0.1MPa；
　　　N_u——试件破坏时的荷载，N；
　　　A——试件承压面积，mm²。

②砂浆立方体试件抗压强度平均值f_2：以3个试件测量值的算术平均值的1.3倍作为该组试件的砂浆立方体试件抗压强度平均值（精确至0.1MPa）。

③当3个测值中的最大值或最小值中如有一个与中间值的差值超过中间值的15%时，则把最大值及最小值一并舍除，取中间值作为该组试件的抗压强度值；如最大值和最小值与中间值的差均超过中间值的15%，则该组试件的试验结果无效。

混凝土和砌体质量检测技术

随着工程质量监督管理体制的完善，工程质量检测技术成为检验工程质量的重要手段,检测结果成为工程验收的依据,并在工程质量鉴定、仲裁中发挥重要作用。国内常用的混凝土和砌体质量检测方法见附表7。

附表7 混凝土和砌体质量检测的常用方法及特点

检测方法	检测目的	仪器和检测原理	优点	缺点
回弹法	①混凝土构件的强度 ②砌筑砂浆的强度	回弹仪; 通过测定构件的表面硬度来推算其抗压强度	快捷,无破损检测	只能检测构件表面,同一点不可重复
超声法	①混凝土构件的内部缺陷 ②混凝土构件的强度 ③砂浆的强度	超声波仪; 通过超声波在构件内的传播来推断	可检测构件内部,无破损检测	影响检测精度的因素多
超声回弹综合法	①混凝土构件的强度 ②砂浆的强度	二者结合	精度较高,无破损检测	测试复杂
钻蕊法	①混凝土构件的强度 ②砂浆的强度	从构件中钻取蕊样,测定抗压强度	精度较高	局部半破损检验,取样部位须修复
拔出法	①混凝土构件的强度 ②砂浆的强度	在施工时埋设锚固件,测拔出力	精度较高	
贯入法	砌筑砂浆的抗压强度	测定测钉贯入砂浆的深度,推算其强度	—	
点荷法	砌筑砂浆的抗压强度	从砌体中取砂浆,并测其荷载值,推求强度	操作简单	

在以上检测方法中,采用回弹仪检测混凝土的强度是最普遍、常用的方法,在此作简要介绍。

一、检测方法

(一)检测区的要求

①每一结构或构件数不应少于10个,对某一方向尺寸小于4.5m且另一方向尺寸小于0.3m的构件,其测区数可适当减少,但不应少于5个。

②相邻两测区的间距应控制在2m以内,测区离构件边缘的距离不宜大于0.5m,且不宜小于0.2m。

③测区应选取在混凝土构件的侧面,回弹仪与检测面垂直,若不能满足此要求,也可按非水平方向,以混凝土构件的表面(浇筑面)和底面为检测面,但需对回弹值修正,由JGJ/T 23—2011《回弹法检测混凝土抗压强度技术规程》的附录查取。

④测区的面积控制在$0.04m^2$为宜。测区宜选在构件的两个对称的可测面上,也可选在一个可侧面上。测区应均匀分布,构件的受力及薄弱部位必须布置测区并避开预埋铁件。

⑤测试面应清洁、平整,不应有疏松层、接缝、饰面层、浮浆、油垢、蜂窝、麻面等,必要时可用砂轮、砂纸等清除,但不应有残留的粉末和碎屑。

⑥测区应清晰地标在构件上并进行编号,编号应与记录一致。记录上同时应将测区示意图和测区外观质量进行描述。

(二)测点的要求

①测点不应弹击在气孔、外露石子等表面有缺陷处。每一个测点只允许弹击一次。

②测点宜在测区内均匀布置,相邻测点的间距应不小于20mm,测点距构件边缘或外露铁件、钢筋的距离不小于30mm。

③每一个测区记取16个回弹值,每一个测点的回弹值读至1分度数。

二、测定数据的筛选

①计算测区平均回弹值时,应从该区的16个回弹值中剔除3个最大值和3个最小值,余下的10个回弹值进行平均。

②当回弹仪呈非水平方向检测混凝土侧面或呈水平方向检测混凝土浇筑表面(或底面)时,应进行修正。

③当回弹仪既非水平方向又非混凝土侧面时,应先进行角度修正,将修正后的值再进行浇筑面或底面修正。

三、强度计算

(一)检测结构或构件混凝土强度的2种方法

①单个检测 适用于单独的结构或构件的检测,检测数量根据混凝土质量的实际情况而定。

②批量检测 适用于在相同的生产工艺条件下,混凝土强度等级相同,原材料、配合比、成型工艺、养护条件基本一致且日期相近的同类结构或构件。按批进行检测的构件,抽检构件数量不得少于同批构件总数的30%,且构件数量不得少于10件。

(二)构件混凝土强度推定值 $f_{cu,e}$ 的确定

结构或构件的混凝土强度推定值,是指相应于强度换算值总体分布中保证率不低于95%的结构或构件中的混凝土抗压强度值。

①当该结构或构件测区数少于10个时,以最小值为该构件的混凝土强度推定值 $f_{cu,e}$

$$f_{cu,e} = f^c_{cu,min} \qquad (附16)$$

式中 $f^c_{cu,min}$——该批每个构件中最小的测区混凝土强度的换算值,MPa,精确至0.1MPa。

②当该结构或构件测区数不少于10个,或按批量检测时,按下列公式计算该批构件的混凝土强度推定值 $f_{cu,e}$

$$f_{cu,e} = m^c_{f_{cu}} - 1.654 s^c_{f_{cu}} \qquad (附17)$$

式中 $m^c_{f_{cu}}$——结构或构件测区混凝土强度换算值的平均值,MPa;

$s^c_{f_{cu}}$——结构或构件测区混凝土强度换算值的标准差,MPa。

(三)批量检测构件

对于按批量检测的构件,当该批构件混凝土强度标准差出现下列情况时,则该批构

件应全部按单个构件检测。

①当该批构件混凝土强度平均值小于 25MPa 时：$s^c_{f_{cu}} > 4.5\text{MPa}$。

②当该批构件混凝土强度平均值不小于 25MPa 时：$s^c_{f_{cu}} > 5.5\text{MPa}$。

(四)结构或构件的测区强度平均值

结构或构件的测区强度平均值可根据各测区的强度换算值计算，当测区数为 10 个及以上时，应计算强度的标准差。

$$mf^c_{cu} = \frac{1}{n}\sum_{i=1}^{n} f^c_{cui} \qquad (附18)$$

$$sf^c_{cu} = \sqrt{\frac{\sum_{i=1}^{n}(f^c_{cui})^2 - n(mf^c_{cu})^2}{n-1}} \qquad (附19)$$

式中 mf^c_{cu}——结构或构件测区混凝土强度换算值的平均值，MPa；

n——对于单个构件，取一个构件的测区数，对于批量构件，取被抽检构件测区数之和；

sf^c_{cu}——结构或构件测区混凝土换算值的标准差，MPa；

f^c_{cui}——测区混凝土强度换算值。